Euclides
Elemente,

für

den gegenwärtigen Zustand der Mathematik
bearbeitet, erweitert und fortgesetzt

von

Johann Andreas Christian Michelsen,
Professor der Mathematik und Physik am Berlinischen Gymnasium.

Erste Abtheilung.

Mit Kupfern.

Berlin, 1791.
Bey Carl Matzdorff.

Es scheint, du fürchtest, der Pöbel werde dir vorwerfen, daß du unnütze Wissenschaften in deinen Erziehungsplan bringest. Die Wissenschaften, wovon wir reden, haben wohl noch einen andern wichtigen Nutzen, den nemlich, daß sie das Organ der Seele, das durch die übrigen Beschäftigungen des Lebens ausgelöscht und geblendet ist, wieder reinigen und beleben; ein Organ, dessen Erhaltung doch tausendmal wichtiger ist, als die Erhaltung der Augen des Leibes.

Worte des Sokrates zum Glaukon, der den Nutzen der Arithmetik und Geometrie in den Geschäften des gemeinen Lebens erkannt hatte, in Plato's Republik im 7ten Buche.

Vorrede.

Wenn ich die Grundsätze, welche ich bey der Ausarbeitung gegenwätiger Elemente unverrückt vor Augen zu behalten gesucht habe, hier ausführlich mittheilen wollte: so würde ich theils die Grenzen einer Vorrede überschreiten, theils unzweckmäßig handeln, indem eine solche Auseinandersetzung nicht für diejenigen gehört, für welche dieses Buch geschrieben seyn soll. Wer meine Theorie über den Begriff der Mathematik und ihre Theile, desgleichen über das Verhältniß der Mathematik zu der Philosophie und den übrigen Wissenschaften, so wie auch über die Art, wie dieselbe denjenigen vorgetragen werden müsse, die sich den gelehrten Disciplinen zu widmen beschlossen haben, und endlich über den Unterschied des Unterrichts in der Mathematik auf Schulen von dem auf Universitäten, oder bey Anfängern und bey solchen die nicht mehr Anfänger sind, kennen lernen, und sich so die Versetzung nach meinem Standpunkte möglich machen will, den muß ich auf meine Beyträge zur Beförderung des Studiums der Mathematik verweisen, worin ich mich über alle diese Punkte hinlänglich erklärt habe: hier darf ich bloß folgendes sagen.

Es sollen diese Elemente allerdings Euclides Elemente, aber nicht bloß neu übersetzt und mit einigen Anmerkungen versehen, sondern für den gegenwärtigen Zustand der Mathematik bearbeitet, erweitert und fortgesetzt enthalten, um zu einem Lehrbuche bey der Unterweisung in der Mathematik, insbesonbesondere auf Schulen, zu dienen. Mein Wunsch ist, sie so einzurichten, daß auf Schulen, wo wöchentlich zwey Stunden der Mathematik gewidmet werden, vom zehnten bis zum sechszehnten Jahre, und bey Unterweisungen, wo vier Stunden wöchentlich auf die Mathematik verwendet werden können, in einem Zeitraume von drey Jahren, diejenigen, die darnach auf eine zweckmäßige Art unterrichtet werden, so viel mathematische Kenntnisse und Fertigkeiten erlangen können, als nöthig sind, um, selbst ohne alle weitere mündliche Unterweisung, jedes Feld der Mathematik mit glücklichem Erfolge zu durchwandern. Möglich sind dergleichen Elemente, davon bin ich überzeugt; aber freylich ist es deswegen noch nicht ausgemacht, daß sie mir glücken werden: indeß warum sollte ich Bedenken tragen, nach mehrjährigen ernstlichen Vorbereitungen dazu einen Versuch zu wagen? Wer mein Buch gebrauchen will, entweder um andere darnach zu unterrichten, oder daraus durch eigenen Fleiß und ohne mündliche Anleitung die Mathematik zu erlernen, dem werde ich, theils in meiner Anleitung zur Selbsterlernung der Geometrie in Briefen, davon der erste Band in der Ostermesse 1790 erschienen ist, theils in meinen monatlichen Beyträgen zur Beförderung des Studiums der Mathematik alles dazu erforderliche nach und nach mitzutheilen mich bestreben. Und hiermit empfehle ich auch diesen Versuch der gütigen Beurtheilung der Kenner.

Berlin, den 1 Julius 1791.

Euclides

Elemente,

für

den gegenwärtigen Zustand der Mathematik bearbeitet, erweitert und fortgesetzt.

Erste Abtheilung.

Erster Abschnitt.

Erstes Buch.

1. Erklärungen.

Der Name Mathematik bedeutet Wissenschaft, das heißt, Inbegriff dessen, was wir ohne Beyhülfe der Erfahrung wissen. Die genauere Bestimmung der Grenzen der Mathematik gehört an einen andern Ort.

Man muß also, wenn man die Mathematik auf die ihrer Natur gemäße Art erlernen will, während dieses Bestrebens alles vergessen, was in die Sinne fällt, oder alles, wovon man sich irgend vorzustellen im Stande ist, daß es nicht da seyn könne.

So bleibt außer dem, was in uns denkt, nichts übrig als der Raum, den wir anschauend uns vorstellen, nicht denken; als unbegrenzt uns vorstellen, nicht als unendlich, oder man müßte dieses Wort in seiner etymologischen Bedeutung nehmen wollen.

Aber bloße Anschauungen befriedigen unsere Denkkraft nicht, am wenigsten Anschauungen des Unbegrenzten. Und wodurch sollten wir die Theile des unbegränzten Raums deutlich von einander unterscheiden? Also ist der unbegränzte Raum eigentlich nur das Feld, nicht der Gegenstand der Mathematik, und wir sind gezwungen, weil deutliche Vorstellungen für unsere Seele Bedürfniß sind, darin vom Einfachen auszugehen.

1. Punkt ist, was keine Theile hat.

Indeß auch bloß ausgehen können wir vom Punkte, nicht dabey verweilen; denn daß man keinen Punkt mit den Sinnen oder der Einbildungskraft erreichen könne, bietet sich bey einigem Nachdenken von selbst dar, so wie auch das, daß wir uns den Punkt denken können, wo und so oftmals wir wollen. Eben deswegen ist es uns ferner möglich, in dem unbegrenzten Raume so viele Punkte zu denken, als es irgend beliebt; aber je mehr wir uns denken, desto zusammen gesetzter und verworrener wird die Vorstellung, die wir

dabey

dabey haben. So wird es nothwendig stufenweise von einem Punkte zu mehrern fortzugehen.

Wollen wir uns außer dem Punkte, von welchem wir ausgehen, noch einen denken, so kann solches entweder so geschehen, daß wir uns diesen nicht da vorstellen, wo wir jenen annahmen, oder so, daß der andere eben da gedacht werde, wo der erste war. Im ersten Falle können wir uns beyde zugleich, im andern aber nur nach und nach vorstellen, oder sie schwinden in einen zusammen. Auf diese Weise zeigt sich eine doppelte Art, das Feld der Mathematik zu bebauen, durch Geometrie und Arithmetik.

Wir können uns keine zwey Punkte außer einander vorstellen, ohne dabey das zu gedenken, was zwischen denselben liegt. Dies ist eine bloße Länge. Genau genommen liegt das zwischen zwey angenommenen Punkten, was durch dieselben vollkommen bestimmt wird, und dieses ist die Länge, welche sich von dem einen jener Punkte zu dem andern in einerley Richtung fort erstreckt.

2. Linie heißt, was bloß lang ist.

3. Gerade nennt man die Linie, welche sich von jedem der beyden sie bestimmenden Punkte zu dem andern in einerley Richtung fort erstreckt.

Wir sind nicht im Stande uns irgend zwey Punkte, die nicht in einen zusammen schwinden sollen, anders als so zu denken, daß dadurch eine zwischen ihnen liegende gerade Linie bestimmt werde. So wird es Foderung

derung, und zwar Forderung im höchsten Sinne: Zwischen jeden zwey auf die angeführte Art gedachten Punkten eine gerade Linie sich vorzustellen. Aber in jeder geraden Linie kann man sich zwischen den sie bestimmenden Punkten unzählige andere (auch unendlich viele?) gedenken, und daher bekommen jene den Namen, gegebene Punkte Hiernach läßt sich die erwähnte Forderung auch auf diese Art ausdrucken: Zwischen jeden zwey gegebenen Punkten eine gerade Linie zu gedenken.

Durch zwey gegebene Punkte wird die zwischen ihnen liegende gerade Linie genau und völlig bestimmt, und die Vorstellung dieser geraden Linie giebt die Entfernung der gedachten Punkte. Ein gegebener Punkt und eine Entfernung desselben von einem andern bestimmen nicht eben so den andern Punkt; aber noch läßt sich nicht ganz entwickeln, worauf diese beyden Dinge führen.

Man denke sich zwey Punkte, die nicht zusammen fallen, und die gerade Linie zwischen ihnen nach dem Merkmale, daß sie sich von jedem der beyden sie bestimmenden Punkte zu dem andern in einerley Richtung fort erstrecke; so wird die Möglichkeit erhellen, jede gegebene, das heißt, durch zwey gegebene Punkte bestimmte gerade Linie nach Gefallen zu verlängern

Nach dieser Betrachtung dessen, worauf zwey gegebene Punkte führen, bleibt für jetzt nichts übrig als zu drey gegebenen, das heißt, einander nicht bestimmenden Punkten fortzugehen. Diese können nicht in

Einer

Einer geraden Linie befindlich seyn, dies wären drey in einer geraden Linie gegebene Punkte.

Stellen wir uns dergleichen vor, so denken wir uns dabey zugleich, und auch dieses nothwendiger Weise, was dazwischen liegt und dadurch bestimmt wird. Zwischen je zweyen von drey gegebenen Punkten liegt eine gerade Linie, und also ist das, was zwischen drey gegebenen Punkten liegt, mit dem, was zwischen den drey durch sie gegebenen geraden Linien liegt, einerley. Dieses ist nicht bloß lang sondern auch breit.

4. **Fläche heißt, was bloß lang und breit ist.**

Aber in jeder von den zwischen je zweyen der drey gegebenen Punkte befindlichen geraden Linien kann man sich unzählige Punkte, und zwischen je zweyen von diesen mehrfach unzähligen Punkten wieder eine gerade Linie gedenken, u. s. f. Genau und völlig bestimmt liegt also zwischen drey gegebenen Punkten die Fläche, in der man zwischen jeden zwey Punkten eine gerade Linie sich denken kann, deren Punkte insgesammt in jene Fläche fallen.

5. **Ebene Fläche oder Ebene heißt die Fläche, in welcher man zwischen jeden zwey darin angenommenen oder gegebenen Punkten eine gerade Linie ziehen kann, die ganz in dieser Fläche liegt.**

Jede gegebene gerade Linie kann nach Gefallen verlängert werden, und es thut dabey nichts, ob diese Linie unmittelbar oder mittelbar gegeben sey. Wendet man jetzt diese Forderung bey drey gegebenen Punkten, und den drey durch sie gegebenen geraden Linien an: so gelangt man dadurch zu der Vorstellung einer unbe-

grenzten

grenzten Ebene, welche, da sie den unbegrenzten Raum in zwey, von einer Seite wenigstens, begrenzte Theile theilt, aber auch bloß dieses thut, ein eingeschränkteres Feld uns darbietet, nach dessen Bebauung wir erst hoffen können, mit glücklichem Erfolge weiter zu gehen.

Von jetzt an stellen wir uns daher eine unbegrenzte Ebene vor, und denken uns alles, was wir untersuchen werden, in ihr Auf diese Art gelangen wir zur **ebenen Geometrie oder Planimetrie.**

Auch diese unbegrenzte Ebene denken wir uns nicht, sondern schauen sie an mit dem Auge der Seele, und stellen sie uns als unbegrenzt vor, aber nicht als unendlich; sollte sie uns etwas anders seyn, als was sie uns durch diese Anschauung ist? Auf diese Art sind wir, aus eben den Gründen wie bey dem unbegrenzten Raume, in der ebenen Geometrie gezwungen vom Punkte auszugehen.

Ein Punkt in einer unbegrenzten Ebene bietet uns nichts weiter dar, als was wir schon bey Einem Punkte im unbegrenzten Raume gehabt haben.

Zwey Punkte führen hier zuerst auf alles dasjenige wieder, was schon vorhin da gewesen ist. Aber nehmen wir darauf einen Punkt und eine Entfernung von einem andern an: so können wir diesen zweyten Punkt bey unveränderter Entfernung von dem ersten in der unbegrenzten Ebene an verschiedenen Orten uns vorstellen. Auf diese Art haben wir nicht mehr als zwey gegebene Punkte, selbst wenn wir uns den zweyten an allen bey der angenommenen Entfernung möglichen Orten denken. Gehen wir daher auch hier stufenweise,

fenweise, so gelangen wir, wenn wir den zweyten Punkt nicht mehr als zweymal nehmen, zum ebenen Winkel, zum geradlinigen Winkel, zur senkrechten Linie, zum rechten, stumpfen und spitzen Winkel.

6. **Ein ebener Winkel ist die Neigung zweyer Linien gegen einander, die in einer Ebene in einem Punkte zusammen kommen.**

7. **Geradlinig heißt ein Winkel, wenn die Linien, welche ihn haben oder einschließen, gerade Linien sind.**

Schenkel; Spitze oder Scheitel; Nebenwinkel.

8. **Wenn eine gerade Linie so auf einer andern steht, daß die Nebenwinkel gleich sind: so heißt sie darauf senkrecht.**

9. **Ein rechter Winkel ist derjenige, der seinem Nebenwinkel gleich ist.**

10. **Stumpf heißt ein Winkel, wenn er größer ist, als ein rechter.**

11. **Spitz wird ein Winkel genennt, wenn er kleiner ist als ein rechter Winkel.**

Stellen wir uns nunmehr den zweyten Punkt allenthalben vor, wo er, bey unveränderter Entfernung von dem gegebenen ersten Punkte, seyn kann: so erhalten wir eine begrenzte Ebene, und zwar von der Beschaffenheit, daß alle Punkte in der Begrenzung von dem gedachten ersten Punkte gleich weit entfernt sind.

12. **Eine ebene Figur ist eine von allen Seiten begrenzte Ebene.**

Sei-

Seiten; Umfang; Figur ohne Beywort.

13. Ein Kreis ist eine Figur, die von einer einzigen Linie dergestalt begrenzt wird, daß alle gerade Linien, die von einem gewissen Punkte innerhalb der Figur nach jener Linie gezogen werden können, einander gleich sind.

Umkreis; Mittelpunkt; Durchmesser; Halbmesser; Halbkreis.

Wie groß oder wie klein die Entfernung zwischen den beyden gegebenen Punkten sey, darauf kommt hierbey nichts an; und es ist daher in einer unbegrenzten Ebene, dergleichen jetzt unser Feld ist, möglich: Aus jedem gegebenen Punkte mit jeder gegebenen geraden Linie einen Kreis beschrieben zu gedenken.

So bald zwey Punkte gegeben sind, müssen wir uns zwischen denselben, oder wir bleiben bey dunkeln und unentwickelten Vorstellungen stehen, eine gerade Linie denken; und haben wir dieses gethan, so können wir nicht nur die durch jene Punkte gegebene gerade Linie nach Gefallen verlängern, sondern auch aus jedem Entpunkte derselben mit ihr einen Kreis beschrieben uns vorstellen; und auch dieses wird für uns nothwendig, wenn wir das vor uns liegende Feld wirklich anbauen wollen. Verlassen wir daher auch jetzt noch nicht zwey gegebene Punkte, sondern handeln, ehe wir zu mehrern fortgehen, erst hiernach: so schafft unsere Einbildungskraft nach und nach, was Fig 1. bis Fig. 5. dem Auge sich sinnlich darstellt, ohne dabey gleichwohl ihrer Wirksamkeit eine Grenze gesetzt zu finden.

den. Ein aufmerksamer Blick darauf, mit Zurückerinnerung an die da gewesenen Erklärungen, leitet, wenn schon ohne ganz die Deutlichkeit und Gewißheit und Völligkeit zu gewähren, welche bey den vorher gefundenen Gegenständen statt fand, auf folgende Dinge nebst ihren Erklärungen.

14. Geradlinige Figuren sind Figuren, die von geraden Linien eingeschlossen werden.

15. Ein Dreyeck, ist eine dreyseitige:

16. Ein Viereck ist eine vierseitige;

17. Ein Vieleck ist eine mehr als vierseitige Figur.

18. Ein gleichseitiges Dreyeck ist, welches drey gleiche Seiten hat.

19. Ein gleichschenkliches Dreyeck ist, welches zwey gleiche Seiten hat.

20. Ein ungleichseitiges Dreyeck ist, welches drey ungleiche Seiten hat.

21. Rechtwinklig heißt ein Dreyeck, wenn darin ein rechter Winkel ist.

22. Stumpfwinklig, wenn darin ein Winkel stumpf ist.

23. Spitzwinklich, wenn darin alle drey Winkel spitz sind.

24. Ein Quadrat ist ein Viereck, welches gleichseitig und rechtwinklig ist.

25. Ein

25. Ein Rechteck ist ein Viereck, welches rechtwinklig aber nicht gleichseitig ist.

26. Ein Rhombus ist ein Viereck, welches gleichseitig aber nicht rechtwinklig ist.

27. Ein Rhomboides ist ein Viereck, dessen Gegenseiten und Gegenwinkel gleich sind, das aber dabey weder gleichseitig noch rechtwinklig ist.

28 Jede andere vierseitige Figur heißt entweder Trapezium oder Trapezoides.

29. Gerade Linien in Einer Ebene, die nicht zusammen laufen, so weit man sie auch von beyden Seiten verlängern mag, heißen parallel

Allein nun zwingt uns das Verlangen nach deutlichen und gewissen Vorstellungen die gleichsam daliegende Masse, anstatt dieselbe durch weiter fortgesetzte Anhäufung in ein Chaos zu verwandeln, genau zu betrachten, und sorgfältig zu entwickeln. Von Kindheit an ans Sinnliche gewöhnt wird dabey der Gebrauch sinnlicher Darstellungen für uns zum Bedürfniß, Aber bloß als Erleichterungsmittel der Untersuchung dürfen wir diese Darstellungen brauchen, oder wir erwerben uns, nicht mathematische Kenntnisse, sondern nur Kenntnisse von mathematischen Gegenständen, die jenen Beynamen nicht verdienen. Damit solches allenthalben und ohne Gefahr der Selbsttäuschung geschehe, legen wir es uns als ein unverbrüchliches Gesetz auf, dabey bloß nach solchen Regeln zu verfahren, deren Rechtmäßigkeit nicht nur bereits durch das Vorhergehende ausser allem Zweifel gesetzt

ist,

ist, sondern bey deren Befolgung auch keine Erfahrung sich einmischen kann. Auf diese Art bekommen wir

2. Forderungen.

1. Von jedem Punkte nach jedem andern eine gerade Linie zu ziehen.

2. Eine begrenzte gerade Linie in gleicher Richtung zu verlängern.

3. Aus jedem Punkte in jedem Abstande einen Kreis zu beschreiben.

Nach diesen Forderungen dürfen wir also handeln, so oft wir wollen; wir müssen aber nur dann und nur so oft es wollen, als die angezeigte Absicht solches erfordert. Uebrigens sind alle sinnliche Darstellungen, welche wir nach denselben hervorbringen, nichts weiter als einzelne Beyspiele von den allgemeinen Objecten, welche wir uns denken; und es kommt daher bey ihnen nichts von alle dem in Betrachtung, was sie besonders und nicht mit jenen Objecten gemein haben.

Warum dürfen wir, denn es ist Gesetz, fürs erste zu keiner Figur, welche wir zeichnen wollen, mehr Instrumente als Linial und Zirkel brauchen?

Die dritte Forderung läßt sich in jedem Falle, für den sie gehört, zweymal anwenden. Da, wenn dieses geschieht, der zweyte Kreis durch den Mittelpunkt des ersten Kreises, und weil sein Mittelpunkt in dem Umfange desselben ist, auch durch Punkte geht, die außerhalb desselben liegen: so schneidet der Umfang des zweyten Kreises den ersten allemal wenigstens in zweyen Punkten. Daß hierbey vorausgesetzt werde: Beyde Kreise seyen in Einer Ebene, bedarf wohl kaum einer Erinnerung.

Eben so muß jede gerade Linie, die durch einen Punkt innerhalb und durch einen Punkt außerhalb eines Kreises geht, verlängert, den Umkreis wenigstens in zweyen Punkten schneiden; dagegen jede zwey gerade Linien, die nicht in Eine zusammen fallen sollen, nicht mehr als einen Punkt mit einander gemein haben können.

Wendet man sich nun zur genauern Untersuchung der durch die im Anfange stehenden Erklärungen gegebenen Gegenstände, und fängt dabey, um auch hier stufenweise zu gehen, von zwey Punkten und der durch sie bestimmten geraden Linie an: so findet man bald Gelegenheit verschiedene allgemeine Sätze zu bemerken, nach welchen in einzelnen Fällen zu urtheilen, wir uns nicht entbrechen können, selbst wenn wir darauf zuvor gar nicht aufmerksam gemacht worden sind. Dergleichen Sätze führen mit Recht den Namen Grundsätze, und es ist allerdings nützlich, sich dieselben deutlich vorzustellen, und geläufig zu machen. Hier sind sie; in der Folge sollen die Oerter bemerkt werden, wo man sie zuerst deutlich wahrzunehmen veranlaßt wird.

3. Grundsätze.

1. Zwey Dinge, die Einem Dritten gleich sind, sind selbst einander gleich.

2. Wenn Gleiches zu Gleichem gesetzt wird, so sind die Aggregate gleich.

3. Wenn von Gleichem Gleiches weggenommen wird, so sind die Reste gleich.

4. Wenn

4. Wenn zu Ungleichem Gleiches gesetzt wird, so sind die Aggregate ungleich.

5. Wenn von Ungleichem Gleiches weggenommen wird, so sind die Reste ungleich.

6. Zwey Dinge, davon jedes das Doppelte von Einem Dritten ist, sind einander gleich.

7. Zwey Dinge, davon jedes die Hälfte von Einem Dritten ist, sind einander gleich.

8. Dinge, die einander decken, sind einander gleich.

9. Das Ganze ist größer als sein Theil.

10. Alle rechte Winkel sind einander gleich.

11. Zwey gerade Linien, die von einer dritten geschnitten werden, und daben so beschaffen sind, daß die beyden innern an einer Seite liegenden Winkel zusammen kleiner als zwey rechte Winkel sind, treffen, genugsam verlängert, an eben der Seite zusammen.

12. Zwey gerade Linien schließen keinen Raum ein.

Fängt man nunmehr die gedachte genauere Untersuchung wirklich an, in der Absicht, nirgends eher als nach Erwerbung deutlicher, gewisser und vollständiger Kenntnisse zufrieden zu seyn, und, wenn man hie und da dies Ziel nicht gleich zu erreichen im Stande ist, sobald man mehr Kräfte sich erworben, von neuem demselben entgegen zu streben: so ist die Hauptregel welche man zu beobachten hat, diese: **Man fange jedes-**

 mal

mal vom Einfachsten an, und gehe stufenweise zum Zusammengesetztern fort Nennt man die Behauptungen, welche man von den untersuchten Gegenständen findet, Sätze: und zwar, wenn sie Eigenschaften davon angeben, Lehrsätze, und wenn sie lehren, wie etwas gemacht werden könne und müsse, Aufgaben: so kann nach dem Bisherigen folgendes zum Leitfaden hinreichen.

4. Sätze.

1. Satz. Aufgabe.

Ueber einer gegebenen geraden Linie ein gleichseitiges Dreyeck zu beschreiben.

Auflösung.

Man beschreibe aus den beyden Endpunkten der gegebenen Linie mit ihr zwey Kreise, und verknüpfe einen ihrer Durchschnittspunkte mit den gedachten Endpunkten durch gerade Linien.

Beweis.

Die gegebene gerade Linie liegt mit jeder gezogenen verknüpfenden Linie, paarweise genommen, zwischen dem Mittelpunkte und dem Umfange Eines Kreises.

Bey dieser Aufgabe findet sich schon Gelegenheit, nach dem ersten Grundsatze zu handeln, und denselben als einen Grundsatz zu bemerken. Man muß aber auf die Regeln und Sätze, welche die Seele, so bald sie

dazu

dazu veranlaßt wird, gleichsam aus sich selbst hergiebt, in der Mathematik die äußerste Aufmerksamkeit verwenden, um dieselben nach und nach zu sammlen, und in jedem vorkommenden Falle zu brauchen, weil die Erfahrung uns darin nicht zu Hülfe kommen soll, und wir also ohne jene Regeln und Sätze nichts hervorbringen und finden können.

Man findet auf dem beschriebenen Wege bey der ersten Figur nichts, und eben so bey der zweyten. In der dritten ist zwar BF oder AE von den Verlängerungen der AB in gegebener Größe abgeschnitten worden, aber dieses geht die Linie AB selbst nichts an, und daher giebt solches auch keinen Satz an die Hand. Also erst durch die vierte Figur wird man auf die vorstehende Aufgabe geleitet. Aber hier ist nunmehr BF auch der BC, der AC, der BD und der AD gleich, und so kann man sich allerdings vorstellen, daß daselbst von einer gegebenen unbegrenzten geraden Linie ein Stück abgeschnitten sey, welches einer andern gegebenen Linie gleich ist. Allein die besondern Umstände, unter welchen solches geschehen ist, machen eine deutliche und völlige Vorstellung des hier statt findenden Falles äusserst schwer, und man ist daher genöthiget ihn allgemeiner zu machen. Dabey braucht die erste der gegebenen geraden Linien nicht unbegrenzt, sondern nur größer zu seyn als die andere. Auf diese Art kommt man zu der Aufgabe: Es sind zwey ungleiche gerade Linien gegeben; man soll von der größern eine der kleinern gleiche Linie wegnehmen. Die Auflösung derselben bietet sich von selbst dar, wenn man nur nach den Forderungen und Grundsätzen handelt. Aber sie wird zu zusammen gesetzt, und es ist daher besser sie in zwey zu theilen.

Uebrigens muß man, wenn man sich die geometrischen Gegenstände sinnlich darstellt, um sie desto leichter und bequemer untersuchen zu können, auch ihre Darstellungen benennen, um sich darüber ebenfalls auf eine leichte und kurze Art zu erklären. Bey geradlinigen Figuren ist dazu weiter nichts nöthig, als daß man den Punkten, wodurch sie bestimmt werden, und zwar in der Ordnung, in welcher man sich diese Punkte denken muß, die Buchstaben irgend eines Alphabets in ihrer natürlichen Folge beyfüge. Der Bequemlichkeit und Kürze wegen drucken die Mathematiker auch Worte und Sätze öfters mit Zeichen aus, die gelegentlich vorkommen werden.

2. Satz. Aufgabe.

An einen gegebenen Punkt eine gerade Linie zu legen, welche einer andern gegebenen geraden Linie gleich sey.

Erläuterung.

Es sey, Fig. 6, A der gegebene Punkt, und BC die Linie, welcher die daran zu legende gerade Linie gleich seyn soll.

Auflösung.

Man ziehe AB, und beschreibe darüber das gleichseitige Dreyeck ABD. Ferner verlängere man die Seiten DA und DB, und beschreibe aus B mit BC einen Kreis, um BE gleich BC zu bekommen. Endlich

lich beschreibe man mit DE einen Kreis, welcher die DA in F schneide. So ist AF die verlangte gerade Linie.

Beweis.

Da BC und BE, und eben so DE und DF, desgleichen DB und DA einander gleich sind, so sind nach dem dritten Grundsatze, der sich hier zuerst darbietet, auch BE und AF, und nun nach dem ersten AF und BC einander gleich; und es geschieht daher der Aufgabe durch das Vorhergehende in dem angenommenen Falle ein Genüge.

Ob der Punkt, wo Fig. 6. der Buchstabe B steht, als der Anfangspunkt der Linie BC betrachtet werde, oder der andere, wie solches Fig. 7 und 9. statt findet; desgleichen ob das gleichseitige Dreyeck DAC nicht nach der Gegend zu, wo BC liegt, oder in dieser Gegend beschrieben werde, wie Fig. 8 und 9; und endlich, ob A von B wenig oder viel entfernt sey, thut hierbey nichts zur Sache: die Auflösung und der Beweis bleiben eben dieselben. Folglich ist die gegebene Auflösung und der geführte Beweis allgemein in jedem Falle brauchbar und gültig. (Sollte es etwa noch mehr Rücksichten geben als die genannten?)

Ohne auf einen einzelnen Fall zu sehen, würde die Auflösung so haben gegeben werden können. Man ziehe von dem gegebenen Punkte nach dem Anfangspunkte der gegebenen Linie eine gerade Linie, und beschreibe darüber ein gleichseitiges Dreyeck. Ist dieses geschehen, so verlängere man die Seiten des beschriebenen Dreyecks, welche auf der zu Anfange gezogenen Verknüpfungslinie stehen, über die Endpunkte derselben hinaus, und beschreibe aus dem Anfangspunkte der gegebenen Linie mit dieser Linie einen Kreis. Eben dieses thue man aus der Spitze des Winkels des gleichseitigen Dreyecks, welcher der Verknüpfungslinie gegenübersteht, mit der Entfernung dieser Spitze von dem Punkte, in welchem der erste Kreis die Verlängerung der durch den Anfangspunkt der gegebenen Linie gehenden Seite schneidet. Auf diese Art wird der Aufgabe ein Genüge geleistet.

Ist aber diese Auflösung weitläuftiger und schwerer als die vorhergehende, so würde es der Beweis noch weit mehr seyn, wenn man dabey auf keine Figur Rücksicht nehmen wollte. Und denkt man sich unter A den Punkt, an welchen die verlangte Linie gelegt werden soll, unter B den Anfangspunkt der gegebenen Linie, unter D die Spitze des Winkels, welcher der Linie AB gegenübersteht, und versteht dabey die Verlängerung der Seiten DA und DB so, daß die Verlängerung von D über A und B, oder die zuletzt genannten Punkte, hinaus geschehen solle: so ist die erste Auflösung eben so allgemein als diese zweyte, und der geführte Beweis behält ebenfalls nichts, was ihn nur auf einen oder den andern Fall allein einschränkte.

Wenn man sich an mehrern Fällen übt, auf diese Art die auf bestimmte Figuren sich beziehenden Benennungen allgemein zu denken: so gelangt man darin bald zu einer Fertigkeit, insbesondere, wenn man daneben von Zeit zu Zeit, wo es keine Weitläuftigkeit

und

und keine Schwierigkeit verursacht, die Figur erst nach der Auflösung zur Erläuterung derselben braucht.

Anstatt über AB ein gleichseitiges Dreyeck zu beschreiben, hätte man durch Befolgung der obigen Forderungen dasselbe bekommen, aber sowohl der Weg selbst als seine Beschreibung wären weitläuftiger geworden. Im Grunde ist die Auflösung, nicht nur der ersten sondern auch dieser zweyten Aufgabe, nichts anders als eine zweckmäßige Zusammensetzung der gedachten drey Forderungen.

Wenn BE kleiner ist als AB, so läßt sich AF auch auf die Art finden, welche Fig. 10. befolgt worden ist. Wie unterscheidet sich das Verfahren dabey von dem vorhin beobachteten? und warum kann hier dieser Fall übergangen werden?

3. Satz. Aufgabe.

Es sind zwey ungleiche gerade Linien gegeben; man soll von der größern eine der kleinern gleiche Linie wegnehmen.

Auflösung.

Man lege an den Endpunkt der größern Linie, von welchem aus die gedachte Linie weggenommen werden soll, eine der gegebenen kleinern gleiche Linie, und beschreibe darauf aus jenem Endpunkte mit der daran gelegten geraden Linie einen Kreis.

Erläuterung.

Soll z. B. von AB, Fig. 11, eine der CD gleiche Linie weggenommen werden, und zwar von B aus:

so lege man an B die BE der CD gleich, und beschreibe aus B mit BE einen Kreis, welcher die BA so schneiden wird, daß BF der CD gleich ist.

Beweis.

Denn es ist BE gleich CD, und BF gleich BE, oder sowohl CD als BF der BE, und folglich auch CD und BF einander gleich.

Der Kürze wegen druckt man das Gleichseyn zweyer Dinge dadurch aus, daß man zwischen ihre Benennungen das Zeichen = setzt. So heißt z. B. A = B: das was A bedeutet, ist gleich dem, was B vorstellt. Hat man also dabey die 11te Figur vor Augen, so kann man den so eben geführten Beweis auf folgende Art aufschreiben. Es ist

BE = CD, und
BF = BE, also auch
BF = CD.

In der Folge wird daher dieses Zeichen häufig gebraucht werden.

Bis hieher leitet uns jetzt die 4te Figur. Wenden wir uns nunmehr zur fünften, so erblicken wir darin noch den beyden gleichseitigen Dreyecken CAB und DAB zwey gleichschenklige, nemlich das Dreyeck ACD und das Dreyeck BCD. Da die Menge der in der 5ten Figur gezogenen Linien die Betrachtung dieser letzten Dreyecke erschwert, so schaffen wir nach der Entwerfung Eines gleichschenkligen Dreyecks alle überflüssige Linien wieder weg, und bekommen auf diese Art die 12te Figur. Aber wozu hilft sie uns? So wie sie

Fig.

Fig. 12. steht, zu nichts; allein blicken wir zurück nach dem bereits gegangenen Wege, forschen wir nach der Art, wie wir das Bisherige gefunden haben: so zeigt sich, daß die Anwendung der Forderungen uns unsere Gegenstände in einer solchen Gestalt vor Augen stellte, daß alles der bloßen Wahrnehmung offen da lag; und jetzt haben wir außer den Forderungen in den Auflösungen der dagewesenen Aufgaben ähnliche Mittel, die noch schneller zu eben dem Ziele führen. Wir wollen also, Fig. 13, AB nach D, und AC nach E verlängern, von der weiter fortgesetzten Verlängerung CE die Linie CF = BD abschneiden, und die geraden Linien BF und CD ziehen. Auf diese Art bekommen wir acht Dreyecke, deren Namen sind:

ABC; ABF; ACD; BCD; BCF; BCG; BGD; CGF;

Jedes einzeln genommen läßt weiter nichts möglich, als daß wir uns seine Seiten nach den Winkeln, welchen sie gegenüberstehen, und seine Winkel nach den gegenüberliegenden Seiten vorstellen. Bey der Vergleichung je zweyer bemerkt man, indem man zuvörderst das Dreyeck ABC mit jedem der übrigen zusammen nimmt, daß dasselbe mit einigen von diesen eine Seite und einen Winkel, und mit andern bloß eine Seite gemein oder gleich habe. Stellt man darauf das Dreyeck ABF mit den übrigen, und zuvörderst mit dem Dreyecke ACD zusammen, so zeigt sich, daß

$\triangle$ABF mit dem $\triangle$ACD
AB = AC
AF = AD, und
A gemein

habe;

habe. So viel Uebereinstimmung macht eine sorgfältigere Untersuchung nöthig. Wir zeichnen daher beyde Dreyecke, wie Fig. 14, besonders; stellen uns dabey die angeführten Beschaffenheiten vor; überlegen genau, was das sagen wolle, zwey gerade Linien, oder zwey geradlinige Winkel seyen einander gleich; nehmen dabey den achten Grundsatz, und für gerade Linien und geradlinige Winkel auch das Recht ihn umzukehren, wahr, so wie sich schon vorher, weil AB = AC, und BD = CF ist, der zweyte Grundsatz darbieten konnte; und gelangen, indem wir alles, so viel als möglich, anwenden, zu einem Lehrsatze.

4. Satz. Lehrsatz.

Wenn in einem Dreyecke zwey Seiten einzeln genommen, nebst dem von ihnen eingeschlossenen Winkel, zweyen einzelnen Seiten eines andern Dreyecks und dem Winkel derselben gleich sind: so ist in beyden Dreyecken alles gleich.

Beweis.

Denn legt man die eine Seite des einen Dreyecks auf die gleiche Seite des andern, so daß beyde sich decken, so fallen die Spitze der von den gegebenen Seiten eingeschlossenen gleichen Winkel und ein Schenkel derselben auf einander, und da die Winkel sich gleich sind, so lassen sie sich nunmehr auch so legen, daß der zweyte Schenkel des Winkels in dem zweyten Dreyecke auf dem zweyten Schenkel des

Winkels

Winkels in dem ersten Dreyecke zu liegen komme. Geschieht dieses, so liegen die Anfangspunkte von beyden zusammen, die Schenkel selbst auf einander und es müssen folglich, da sie gleich sind, auch ihre Endpunkte zusammen fallen. Auf diese Art liegen aber auch die Endpunkte der dritten Seite beyder Dreyecke auf einander, und es decken sich daher auch diese, und mit ihnen die ganzen Dreyecke.

Erläuterung.

Es sey Fig. 14.

AB = DE; AC = DF; und BAC = EDF.

Da AB = DE: so kann man DE so auf AB legen, daß D mit A, E mit B, und also die Seite DE mit der Seite AB zusammenfalle Nun soll auch BAC = EDF seyn, und wir haben D auf A, und DE auf AB gelegt; also läßt sich nun der Winkel EDF so auf den Winkel BAC legen, daß beyde zusammen fallen, und DF auf AC zu liegen komme. Endlich soll AC = DF seyn, und D liegt auf A, und DF auf AC; folglich müssen auch die Endpunkte F und C zusammenfallen. Es liegt also nunmehr E auf B, und F auf C, also auch EF auf BC; und da dabey DE mit AB, und DF mit AC zusammenfällt, so decken sich die ganzen Dreyecke ABC und DEF, und es ist daher alles in beyden gleich.

Von zweyen Seiten und dem eingeschlossenen Winkel in den beyden Dreyecken ABC und DEF, wußten wir, daß sie gleich waren, und also von drey Stücken; durch gehörige Benutzung dieser Kenntniß haben wir von eben so viel Stücken eben dasselbe gefunden, und zwar mit der Gewißheit, daß wir überzeugt sind, es müssen diese letzten drey Dinge allemal einzeln einander gleich seyn, so oft es jene sind. Ueberlegen wir nun, wodurch sich die gedachten drey letzten Dinge unterscheiden, so zeigt sich bald, daß sie den gegebenen Dingen gegenüberstehen. Wir können also den bewiesenen Lehrsatz auch auf folgende Art ausdrucken: Wenn in zweyen Dreyecken zwey Seiten und der von diesen Seiten eingeschlossene Winkel, einzeln genommen, einander gleich sind: so sind nicht nur die ganzen Dreyecke einander gleich, sondern auch die Winkel in ihnen, welche den gegebenen Seiten und die Seiten, welche dem gegebenen Winkel gegenüberstehen.

Die Zusammenstellung des Dreyecks ABF, Fig. 13, mit den noch übrigen Dreyecken führt auf nichts neues. Geht man also zu dem Dreyecke BCD fort, so findet man bey der Vergleichung desselben mit dem Dreyecke BCF zuvörderst, daß beyde eine Seite gleich, und eine andere gemein haben. Es ist nemlich BD = CF, und BC = BC, denn auf diese Art kann man ausdrucken, daß die Seite BC den Dreyecken BCD und BCF gemein sey Erinnert man sich dabey, daß nach dem vorhergehenden Satze

$\triangle ABF = \triangle ACD$ ist, weil

AB = AC

AF = AD, und

BAF = CAD war;

und folglich auch

BFA = CDA

ABF = ACD und

BF = CD

seyn müsse: so bietet sich hier sogleich eine Gelegenheit dar, den vorhergehenden Lehrsatz anzuwenden. Es ist nemlich

$\triangle BCD = \triangle CBF$, weil

BD = CF

CD = BF, und

BDC = CFB ist.

Also weiß man nunmehr auch, daß

BCD = CBF und

CBD = BCF seyn muß.

Vergleicht man endlich den Satz

ABF = ACD mit folgendem

CBF = BCD nach dem 3ten Grundsatze: so findet man

ABC = ACB.

5. Satz. Lehrsatz.

In einem jeden gleichschenkligen Dreyecke sind die Winkel über der Grundlinie, und wenn man die Schenkel verlängert, auch die Winkel unter der Grundlinie einander gleich.

Der

Der Beweis dieses Satzes braucht hier wohl nicht wiederholt zu werden.

Daß in einem gleichseitigen Dreyecke alle drey Winkel einander gleich seyn müssen, ist eine hieraus sehr leicht fließende Folgerung.

Ob hier der sich selbst überlassene Schüler der Mathematik daran denken werde, den Lehrsatz von der Gleichheit der Winkel über der Grundlinie in jedem gleichschenkligen Dreyecke umzukehren, und die Gründe für die Rechtmäßigkeit dieser Umkehrung aufzusuchen; oder ob er nicht vielmehr glauben werde, zur Vergleichung anderer Paare von den in der 13ten Figur enthaltenen Dreyecken fortgehen zu müssen? will ich nicht entscheiden. Der gedachte Lehrsatz zeigt die Abhängigkeit der Gleichheit der Winkel eines Dreyecks von der Gleichheit der ihnen gegenüberstehenden Seiten; also eine Eigenschaft, welche diesen Winkeln in Vergleichung mit einander zukommt, und zwar wegen einer Eigenschaft, welche die ihnen gegenüberstehenden Seiten in Vergleichung mit einander haben. Vorhin hatten wir Gelegenheit, in Ansehung einer äußern Beschaffenheit der Seiten und Winkel eines Dreyecks etwas wechselseitiges zu bemerken, nemlich, so wie jede Seite einem bestimmten Winkel gegenübersteht, so liegt auch dieser Winkel umgekehrt jener Seite gegenüber. Sollte etwa dieser Umstand Einfluß genug haben können, den Gedanken an die erwähnte Umkehrung zu erregen? Dem sey indeß wie ihm wolle, so gehört die Kenntniß von der Rechtmäßigkeit der Umkehrung des vorhergehenden Lehrsatzes zur Vollständigkeit der Einsicht in die Natur des gleichschenkligen Dreyecks; und läßt man sich an

dem

dem gegenwärtigen Orte verleiten sie zu vernachlässigen; so wird man in der Folge gezwungen, das Versäumte nachzuholen, und muß es alsdann, der bessern Uebersicht wegen, doch an seinen eigentlichen Ort bringen.

Es entsteht also die Frage: Läßt sich der vorhergehende Lehrsatz umkehren? oder: Sind, wenn sich in einem Dreyecke zwey Winkel gleich sind, auch die diesen Winkeln gegenüberstehende Seiten einander gleich? Gesetzt auch, daß man des zuletzt bewiesenen Lehrsatzes wegen geneigt wäre diese Frage zu bejahen, so hätte man doch dazu noch kein Recht, welches in der Mathematik bloß gewisse Gründe geben. Also bleibt weiter nichts übrig als die Untersuchung, welcher von den beyden möglichen Fällen statt finden könne, und welcher nicht? Daß die gedachten Seiten gleich seyn müssen, dies zu zeigen fehlt es uns an Mitteln; also frägt sich, ob sie ungleich seyn können?

6. Satz. Lehrsatz.

Wenn in einem Dreyecke zwey Winkel gleich sind, so sind sich auch die diesen Winkeln gegenüberstehende Seiten gleich.

Beweis.

Denn sollten in einem Dreyecke ABC, Fig. 15, worin die Winkel ABC und ACB einander gleich sind, die diesen Winkeln gegenüber stehende Seiten AC und AB ungleich seyn: so wäre eine davon größer als die andere. Gesetzt AB wäre größer als AC, so müßte ein Theil der AB, z. B. BD, der AC gleich seyn, und man könnte auf AB, von B aus, BD = AC abschneiden. Thäte man dieses und zöge darauf DC: so würde man

BC = BC
DB = AC, und
DBC = ACB

haben, und demnach behaupten müssen, daß die ganzen Dreyecke DBC und ACB sich deckten, und also auch die Winkel DCB und ABC einander gleich wären. Nun sollte aber ABC = ACB seyn, und diese Behauptung mit der, DCB = ABC, verbunden, gäbe DCB = ACB, welches unmöglich ist, da ein Theil nicht so groß seyn kann als das Ganze, wovon er ein Theil ist. Es kann also in dem Dreyecke ABC, wenn darin ABC = ACB seyn soll, AB nicht größer als AC, und da bey der angestellten Untersuchung AB bloß als eine der Gegenseiten AB und AC betrachtet wurde, auch überhaupt AB der AC nicht ungleich seyn.

Man hätte auch so schließen können. Sollten in einem Dreyecke ABC, Fig. 16, worin die Winkel ABC und ACB gleich sind, die Gegenseiten AC und AB ungleich seyn: so wäre eine davon kleiner als die andere. Gesetzt AB wäre kleiner als AC, so könnte man AB über A hinaus verlängern, und BD = AC machen. Thäte man dieses und zöge darauf DC: so würde man

BC =

BC = BC
DB = AC, und
DBC = ACB

haben, und deswegen behaupten müssen, daß die ganzen Dreyecke DBC und ACB sich deckten, und folglich auch die Winkel DCB und ABC einander gleich wären. Nun sollte aber ABC = ACB seyn, und diese Behauptung mit der, DCB = ABC, verbunden, gäbe DCB = ACB, welches hier aus eben dem Grunde wie vorhin unmöglich ist. Es kann also AB nicht kleiner als AC, und überhaupt AB der AC nicht ungleich seyn.

Der hier geführte Beweis unterscheidet sich von den Beweisen der vorhergehenden Lehrsätze und Auflösungen auf eine merkliche Art. Bey den Beweisen des ersten bis fünften Satzes legten wir den Zusammenhang der zu beweisenden Behauptungen mit andern bekannten, und entweder an und für sich außer allem Zweifel gesetzten oder bereits vorher ausgemachten Sätzen, durch Anführung der zwischen beyden befindlichen Mittelsätze dar; bey dem Beweise des gegenwärtigen Satzes zeigen wir, daß alles dasjenige falsch sey, was der zu beweisenden Behauptung entgegensteht, und schließen daher auf die Wahrheit der Behauptung. Jene Beweise heißen directe, dieser wird ein indirecter oder ein apogogischer Beweis genennt.

Uebrigens findet sich hier Gelegenheit zur Bemerkung des neunten Grundsatzes.

Setzt man nunmehr die Vergleichung der in der 13ten Fig. enthaltenen Dreyecke fort: so findet sich bey den Dreyecken BCD und BCF der merkwürdige Umstand, daß die Gleichheit derselben schon durch das

Vorhergehende bekannt ist, und sie jetzt als zwey Dreyecke erscheinen, die eine Seite gemein, und zwey einander gleich haben. Es liegt daher die Frage sehr nahe: Ob sich nicht etwa auch aus der Gleichheit aller drey Seiten zweyer Dreyecke die Gleichheit der ganzen Dreyecke herleiten lasse? oder: Ob ein Dreyeck, so wie vorhin durch zwey Seiten und dem eingeschlossenen Winkel, etwa auch durch drey Seiten bestimmt werde?

7. Satz. Lehrsatz.

Wenn auf einer geraden Linie in ihren Endpunkten zwey in Einem Punkte zusammentreffende gerade Linien aufgestellet sind: so können keine zwey andere, diesen gleiche gerade Linien in eben den Endpunkten und an eben der Seite aufgestellet werden, ohne ebenfalls in jenem Punkte zusammen zu treffen.

Beweis.

Denn sollten z. B. wenn Fig. 17. die geraden Linien AC, BC in den Endpunkten A und B über der Linie AB in dem Punkte C zusammentreffend aufgestellet worden sind, zwey andere AC und BC gleiche gerade Linien AD und BD in eben den Endpunkten A und B, und nach eben der Seite über AB so aufgestellet werden können, daß sie nicht in dem Punkte C, sondern in irgend einem andern Punkte zusammentråfen: so sey D dieser andere Punkt. Man ziehe

ziehe CD. Da bey den angeführten Bedingungen AC = AD, und BC = BD wäre, so müßte auch

ACD = ADC, und BCD = BDC

seyn. Aber aus dem ersten Satze würde folgen, daß

ADC größer als BCD,

und aus dem andern, daß

ADC kleiner als BCD

wäre; und da dieses nicht mit einander bestehen kann, so können die geraden Linien AD und BD, wenn sie AC und BC gleich, und mit ihnen in eben den Punkten A und B, und nach eben der Seite über AB in Einem Punkte zusammengestellt werden sollen, in keinem andern Punkte D, sondern nur in dem Punkte C zusammentreffen.

Man könnte den Punkt D auch so fallen lassen, wie die 18te Figur zeigt. Zöge man nun ebenfalls CD, und verlängerte außerdem die AC und AD nach E und F: so hätte man, weil AC = AD, und BC = BD seyn soll,

ECD = CDF, und BCD = BDC;

und aus dem ersten von diesen beyden Sätzen folgte, daß

BCD kleiner als CDF,

so wie aus dem andern, daß

BCD größer als CDF

wäre; und diese beyden Behauptungen sind eben so einander widersprechende Urtheile, als die vorhergehenden.

Lassen sich außer diesen beyden Fällen in Ansehung des Punktes D noch andere denken, welche hier ebenfalls berührt werden müßten?

8 Satz. Lehrsatz.

Wenn in zweyen Dreyecken alle Seiten, einzeln genommen, sich gleich sind: so sind auch die ganzen Dreyecke einander gleich, so daß sie sich decken.

Erläuterung.

Wenn in den beyden Dreyecken ABC und DEF, Fig. 19, AB = DE, BC = EF, und CA = FD, oder alle Seiten, einzeln genommen, gleich sind: so sind auch die ganzen Dreyecke ABC = DEF einander gleich und decken sich.

Beweis.

Denn legt man EF auf BC so, daß E auf B und F auf C fällt, und das Dreyeck DEF auf eben die Seite der BC, auf welcher das Dreyeck ABC liegt: so ist DE = AB, und DF = AC, und es können daher DE und DF in der beschriebenen Lage in keinem andern Punkte als in A zusammentreffen.

Jetzt wird es Zeit, zu der 5ten Figur zurück zu kehren. Vermittelst der bereits gefundenen Lehrsätze nimmt man darin bald wahr, daß

1. $\triangle CAD = \triangle CBD$ sey, weil
$CA = CB$
$AD = BD$, und
$CD = CD$

ist, und lernt also die Gleichheit der Winkel ACD und BCD, der Theile des Winkels ACB, kennen. Ferner sieht man nunmehr, daß auch

2. $\triangle ACG = \triangle BCG$ sey, weil
$AC = BC$
$CG = CG$, und
$ACG = BCG$

ist, und wird dadurch auf die Gleichheit der Linien AG und GB, der Theile der Linie AB, und der Winkel CGA und CGB, zweyer Nebenwinkel, und hierdurch auf die senkrechte Lage der Linie CG gegen die Linie AB geführt. Es ist aber die ganze 5te Figur durch Befolgung der Forderungen zu Stande gebracht worden; und nehmen wir hierauf Rücksicht, und überlegen dabey was für verschiedene Fälle die Figur enthalte: so gelangen wir zu folgenden Aufgaben.

9. Satz. Aufgabe.

Einen gegebenen geradlinigen Winkel in zwey gleiche Theile zu theilen.

Auflösung.

Man nehme auf dem einen Schenkel des gegebenen Winkels einen Punkt an, schneide auf dem andern, von der Spitze aus, ein Stück ab, welches dem Stücke des ersten Schenkels zwischen der Spitze und dem angenommenen Punkte gleich sey, und ziehe von dessen Endpunkte nach dem angenommenen Punkte eine gerade Linie. Beschreibt man über dieser Linie ein gleichseitiges Dreyeck, und zieht aus der Spitze desselben nach der Spitze des gegebenen Winkels eine gerade Linie: so theilt diese den Winkel, wie es die Aufgabe verlangt.

Erläuterung.

Es sey BAC, Fig. 20, der gegebene geradlinige Winkel. Nimmt man in AB den Punkt D an, macht AE = AD, zieht DE, beschreibt über DE das gleichseitige Dreyeck DFE und zieht FA: so theilt diese FA den Winkel BAC in die beyden gleichen Theile DAF und EAF.

Beweis.

Denn es ist alsdann

△DAF = △EAF, weil

DA = EA

DF = EF, und

AF = AF ist; und folglich auch

DAF = EAF.

10. Satz. Aufgabe.

Eine gegebene begrenzte gerade Linie in zwey gleiche Theile zu theilen.

Auf-

Auflösung.

Es heiße die gegebene gerade Linie AB, Fig. 21. Man beschreibe auf ihr das gleichseitige Dreyeck ACB, und theile den der AB darin gegenüber liegenden Winkel ACB in zwey gleiche Theile: so wird die Theilungslinie CD die AB in D, worin sie dieselbe trifft, in zwey gleiche Theile theilen.

Beweis.

Da CA = CB, CD = CD, und ACD = BCD ist, so decken sich die Dreyecke ACD und BCD, und es ist deswegen auch AD = DB.

11. Satz. Aufgabe.

Auf einer gegebenen geraden Linie in einem in ihr gegebenen Punkte eine senkrechte Linie zu errichten.

Auflösung.

Es sey AB, Fig. 22, die gegebene Linie, und C der in ihr gegebene Punkt. Man nehme auf AB, von C aus, CD = CE, beschreibe über DE das gleichseitige Dreyeck FDE und ziehe FC: so ist FC auf AB in C senkrecht.

Beweis.

Denn da CD = CE, FD = FE, und FC = FC ist: so decken sich die Dreyecke FCD und FCE, und die Nebenwinkel FCD und FCE sind einander gleich, und folglich FC in C senkrecht auf AB.

12. Satz. Aufgabe.

Auf eine gegebene unbegrenzte gerade Linie von einem außerhalb derselben befindlichen Punkte eine senkrechte Linie herabzufällen.

Auflösung.

Es sey AB, Fig. 23, die gegebene Linie, und C der außer ihr gegebene Punkt. Man nehme auf der andern Seite der AB einen Punkt D an, beschreibe aus C mit der Linie CD einen Kreis, ziehe aus C nach den Durchschnittspunkten des Kreises und der gegebenen geraden Linie E und F, die Linien CE und CF, und theile den Winkel ECF in zwey gleiche Theile: so wird die Theilungslinie CG durch den gegebenen Punkt C gehen und auf AB senkrecht seyn.

Beweis.

Denn es ist CE = CF, CG = CG, und GCE = GCF; folglich decken sich die Dreyecke GCE und GCF, und die Nebenwinkel CGE und CGF sind gleich, und daher auch CG auf AB senkrecht.

Auf diese Art hat uns die Behandlung einer geraden Linie nach den oben stehenden Forderungen, und die Betrachtung der dadurch erhaltenen Gegenstände nach den auf sie folgenden, aber während der Untersuchung sich

sich erst deutlich darbietenden, Grundsätze, zu zwölf Sätzen geleitet, welche die Gleichheit theils gerader Linien, theils geradliniger Winkel, theils geradliniger Dreyecke betreffen; und es war bloße Verkürzung des zu nehmenden Weges, wenn wir hinterher, statt der Forderungen, Aufgaben mit ihren Auflösungen, und statt der Grundsätze Lehrsätze anwandten. Jetzt am Ende des Weges, welchen uns bey dieser Behandlungsart die gerade Linie an die Hand gab, und von der Nutzbarkeit desselben durch mehrere darauf gesammlete Früchte überzeugt; was können wir besseres thun, oder was bleibt uns übrig, als den zunächst folgenden zusammengesetztern Gegenstand eben derselben Behandlungsart zu unterwerfen? Dieses ist der geradlinige Winkel, und zur Erleichterung stellen wir uns denselben Fig. 24. sinnlich dar. Durch Befolgung der ersten Forderung erhalten wir daraus erst die 25ste und dann die 26ste Fig., und beyder Erwägung führt zu folgenden Sätzen.

13. Satz. Lehrsatz.

Ist eine gerade Linie auf einer andern aufgestellt, so sind die Nebenwinkel dieser beyden geraden Linien entweder zwey rechte Winkel, oder zusammen genommen zweyen rechten Winkeln gleich.

Beweis.

Denn sind die gedachten Nebenwinkel einander gleich, so sind sie zwey rechte Winkel. Sind sie aber ungleich, wie Fig. 25 und 27: so errichte man in B auf BC, Fig. 27, senkrecht die gerade Linie BE. Alsdann ist

$$CBE = ABC + ABE,\ \text{also}$$
$$CBE + EBD = ABC + ABE + EBD.$$
Nun ist aber auch
$$ABD = ABE + EBD.\ \text{und also}$$
$$ABC + ABD = ABC + ABE + EBD.$$
Hieraus folgt
$$ABC + ABD = CBE + EBD = 2R.$$

Das Zeichen + vertritt hier die Stelle des Worts, und; und der Buchstabe R steht der Kürze wegen statt des Ausdrucks, rechter Winkel.

Eine sehr leichte Folge aus diesem Lehrsatze ist: Ein jeder Nebenwinkel ist so gros als zwey rechte Winkel weniger dem andern. Braucht man statt des Worts weniger das Zeichen —: so ist darnach Fig. 25.
$$ABC = 2R - ABD,\ \text{und}$$
$$ABD = 2R - ABC.$$

14. Satz. Lehrsatz.

Wenn mit einer geraden Linie AB, Fig. 28. in Einem Punkte derselben B zwey andere nicht an Einer Seite befindliche gerade Linien BC und BD Winkel ABC und ABD, machen, welche zusammen genommen zweyen rechten Winkeln gleich sind: so liegen die Linien BC und BD nach einer geraden Linie an einander.

Beweis.

Wäre CBD nicht Eine gerade Linie: so würde die durch die Verlängerung der CB entstehende ge-

rade

rade Linie CBE eine von den Lagen bekommen müssen, welche die 29ste und 30ste Figur darstellen. In diesem Falle aber müßte nach dem vorhergehenden Lehrsatze

$$ABC + ABE = 2R$$

seyn; und da nach der im gegenwärtigen Lehrsatze stehenden Bedingung auch

$$ABC + ABD = 2R$$

seyn soll: so flösse aus diesen beyden Behauptungen

$$ABC + ABE = ABC + ABD$$

und hieraus

$$ABE = ABD$$

welches unmöglich ist.

15. Satz. Lehrsatz.

Wenn zwey gerade Linien einander schneiden: so sind ihre Scheitelwinkel gleich.

Beweis.

Denn es ist jeder Scheitelwinkel so groß als zwey rechte Winkel weniger dem zwischen beyden liegenden gemeinschaftlichen Nebenwinkel.

Erläuterung.

Es seyen die Linien AEB und CED, Fig. 31., zwey in dem Punkte E sich schneidende gerade Linien: so sind AED und CEB, desgleichen AEC und CEB, desgleichen AEC und DEB Scheitelwinkel,

weil

weil sie die Spitze gemein haben, und die Schenkel des einen Winkels auf die Verlängerungen der andern Schenkel fallen. Nun ist

AED = 2R — AEC oder = 2R — DEB,

und

CEB = 2R — AEC oder = 2R — DEB,

folglich

AED = CEB.

Eben so ist

AEC = 2R — CEB oder = 2R — AED,

und

DEB = 2R — CEB oder = 2R — AED,

folglich auch

AEC = DEB.

Auf diese Art läßt sich der Beweis des jetzigen Lehrsatzes führen, wenn man die Folgerung aus dem 13ten Satze zu Hülfe nimmt. Will man dieses nicht thun, so kann man auch auf folgende Art schließen. Es ist

AED + AEC = 2R, und
AEC + CEB = 2R, folglich
AED + AEC = AEC + CEB, und dieserwegen
AED = CEB.

rc.

Weiter führt uns jetzt die Betrachtung eines geradlinigen Winkels nicht, und wir wenden uns daher, nicht zur senkrechten Linie, weil dieselbe schon dagewesen ist, auch nicht zum Kreise, weil wir dazu noch nicht Kenntnisse genug besitzen, sondern zum geradlinigen Dreyecke, und zwar so, daß wir dasselbe völlig auf dem bishe-

bisherigen Wege zu behandeln und zu untersuchen anfangen. Wollte man indeß die Zeichnung, welche man, um sich die Erforschung der Eigenschaften des geradlinigen Dreyecks zu erleichtern, zum Grunde legt, bloß nach den Forderungen abändern: so würde dieses öfters ein sehr weitläuftiger Weg werden, und man gebraucht daher mit Vortheil außer den Forderungen auch die Auflösungen der dagewesenen Aufgaben. Dieses vorausgesetzt ist es nicht schwer zu erkennen, worauf sich die Ordnung unter folgenden Sätzen und die Art ihrer Auseinandersetzung gründe.

16. Satz. Lehrsatz.

Wenn man eine Seite eines Dreyecks verlängert, so ist der äußere Winkel größer als jeder innere ihm gegenüberstehende Winkel.

Erläuterung.

Es sey die Seite BC des Dreyecks ABC, Fig 32, nach D verlängert, so soll der äußere Winkel ACD größer seyn, als jeder der innern gegenüber stehenden Winkel BAC und ABC. Also ist zweyerley zu beweisen, welches mit Hülfe eines gewöhnlichen Zeichens auf folgende Art ausgedruckt werden kann:

1. ACD > BAC
2. ACD > ABC.

Beweis.

1. Man theile, Fig. 33, die Seite AC so in E, daß AE = EC sey, ziehe BE, verlängere diese Linie nach

nach F, bis EF = BE wird, und ziehe FC. Alsdann ist

$\triangle$FEC = $\triangle$BEA, Sätz 4; also
ACF = BAC, und
ACD = ACF + FCD > BAC.

2. Man verlängere, Fig. 34, außer BC nach D, auch die Seite AC nach G: so ist nach dem so eben Bewiesenen nicht nur

ACD > BAG, sondern auch
BCG > ABC. Nun ist aber
ACD = BCG, und folglich
ACD nicht nur > BAC, sondern auch > ABC.

17. Satz. Lehrsatz.

In jedem Dreyecke sind jede zwey Winkel, zusammen genommen, kleiner als zwey rechte Winkel.

Beweis.

Denn verlängert man eine Seite eines geradlinigen Dreyecks: so ist der äußere Winkel mit dem innern Nebenwinkel zusammen zweyen rechten Winkeln gleich. Folglich muß eben dieser innere Winkel mit jedem der beyden übrigen zusammen genommen, weil jeder von diesen kleiner als der gedachte äußere Winkel ist, weniger als zwey rechte Winkel seyn.

18. Satz.

18. Satz. Lehrsatz.

In jedem Dreyecke steht der größern Seite auch der größere Winkel gegenüber.

Erläuterung.

Wenn z. B. in dem Dreyecke ABC Fig. 35, AC > AB ist: so ist auch der Winkel ABC größer als der Winkel ACB.

Beweis.

Denn macht man AD = AB, so ist, nachdem man BD gezogen hat,

ABD = ADB, und also
ABC > ADB. Nun ist aber
ADB > ACB, Satz 16; also noch mehr
ABC > ACB.

19. Satz. Lehrsatz.

In jedem Dreyecke steht dem größern Winkel auch die größere Seite gegenüber.

Beweis.

Denn sollte in dem Dreyecke ABC, Fig. 36, worin ABC > ACB ist, nicht AC > AB seyn: so würde entweder AC = AB, oder AC < AB seyn müssen. Wäre aber AC = AB, so müßte auch ABC = ACB; und wäre AC < AB, so müßte ABC < ACB seyn. Beydes streitet wider die Voraussetzung, da ABC > ACB seyn soll.

20. Satz. Lehrsatz.

In jedem Dreyecke sind jede zwey Seiten, zusammen genommen, größer als die dritte.

Erläuterung.

Man nehme irgend zwey Seiten eines Dreyecks ABC, Fig. 37, z. B. BA und AC: es sind dieselben, zusammen genommen, allemal größer als die dritte BC.

Beweis.

Denn verlängert man BA nach D, so daß AD = AC wird, so ist, nachdem man DC gezogen,

ACD = ADC, also

BCD > ADC; und folglich

BD > BC, oder

BA + AC > BC, indem BD = BA + AD = BA + AC ist.

21. Satz. Lehrsatz.

Wenn in einem Dreyecke auf einer seiner Seiten in ihren Endpunkten zwey gerade Linien aufgestellt werden, welche innerhalb zusammentreffen: so sind solche kleiner als die beyden übrigen Seiten des Dreyecks, schließen aber einen größern Winkel ein.

Erläuterung.

So ist, Fig. 38, BDC > BAC, aber BA + AC > BD + DC.

Be-

Beweis.

Denn verlängert man BD nach E, so ist zuvörderst $BDC > BEC$, und $BEC > BAC$; folglich noch mehr $BDC > BAC$. Ferner ist

$$BA + AE > BE, \text{ also}$$

$$BA + AE + EC > BE + EC, \text{ oder}$$

1. $\quad BA + AC > BE + EC.$ Dann ist

$$DE + EC > DC, \text{ also}$$

$$BD + DE + EC > BD + DC, \text{ oder}$$

2. $\quad BE + EC > BD + DC.$

Aus der Verbindung von 1 und 2 aber folgt sehr leicht

$$BA + AC > BD + DC.$$

22. Satz. Aufgabe.

Aus dreyen geraden Linien, welche dreyen andern gegebenen geraden Linien gleich, und wovon je zweye zusammen größer als die dritte sind, ein Dreyeck zu machen.

Auflösung.

Es seyen die drey gegebenen geraden Linien A, B und C, Fig. 39. Man ziehe eine unbegrenzte gerade Linie DE, und nehme darauf $DF = A$, $FG = B$, und $GH = C$. Dann beschreibe man aus F mit FD den Kreis DKL, und aus G mit GH den Kreis KHL, und ziehe KF und KG.

Beweis.

Da KF = FD = A; KG = GH = C; GF = B ist; so sind die Seiten des Dreyecks KGF den gegebenen geraden Linien gleich, und das Dreyeck KGF so beschaffen, als es verlangt worden.

23. Satz. Aufgabe.

Auf eine gegebene gerade Linie an einen in ihr gegebenen Punkt einen Winkel zu setzen, der einem gegebenen geradlinigen Winkel gleich sey.

Auflösung.

Soll der Winkel DCE, Fig. 40, auf AB an A gelegt werden, so nehme man sowohl in CD als in CE einen Punkt D und E, und ziehe DE. Dann beschreibe man das Dreyeck AGF, so daß AG = CE, AF = CD und FG = DE sey, wodurch man FAG = DCE erhalten wird.

Beweis.

Denn da △FAG = △DCE, und FG = DE ist, so muß auch FAG = DCE seyn.

Bis jetzt ist es Ein Dreyeck gewesen, was uns beschäftiget hat. Sollten wir die Kenntniß, welche wir uns davon erworben haben, nicht zu benutzen suchen, um die in einigen von den ersten Sätzen angefangene Vergleichung zweyer Dreyecke fortzusetzen? Wenn in zweyen Dreyecken zwey Seiten und der eingeschlossene Winkel gleich sind, so ist in ihnen alles gleich; was wird statt finden, wenn darin zwey Seiten gleich, die

wird

eingeschlossenen Winkel aber ungleich sind? Dies ist die erste von den sich darbietenden Fragen. Ferner enthalten der 4te und 8te Satz zwey Fälle, wo das Dreyeck durch drey Stücke bestimmt wird. Also liegt nach ihr auch die Frage nahe: Giebt es nicht noch mehrere Fälle dieser Art?

24. Satz. Lehrsatz.

Wenn in zweyen Dreyecken zwey Seiten, einzeln genommen, gleich, die eingeschlossenen Winkel aber ungleich sind: so sind auch die dritten Seiten dieser Dreyecke ungleich.

Beweis.

Es sey Fig. 41. AB = DE und AC = DF, aber BAC > EDF. Man mache EDG = BAC, DG = AC = DF, und ziehe EF und FG. Da auf diese Art
$\triangle$EDG = $\triangle$ABC, wird, so ist
EG = BC. Nun ist, weil DG = DF,
DFG = DGF, also
DFG > EGF, und noch mehr
EFG > EGF. Folglich ist auch
EG oder BC > EF.

25. Satz. Lehrsatz.

Wenn in zweyen Dreyecken zwey Seiten, einzeln genommen, gleich, die dritten Seiten aber ungleich sind, so sind auch die diesen dritten Seiten gegenüberstehende Winkel ungleich.

Beweis.

Es sey, Fig. 42, AB = DE und AC = DF, aber BC > EF. Sollten die Winkel A und D nicht ungleich, sondern gleich seyn, so müßten sich die ganzen Dreyecke decken, und dann könnte nicht BC > EF seyn. Ja es muß selbst A > D seyn. Denn wollte man D > A annehmen, so wäre nach dem vorhergehenden Lehrsatze EF > BC.

26. Satz. Lehrsatz.

Wenn in zweyen Dreyecken eine Seite und zwey, dieser Seite auf einerley Art liegende, Winkel gleich sind, so sind die ganzen Dreyecke gleich, so daß sie sich decken.

Erläuterung.

Da entweder beyde erwähnte Winkel an der gegebenen Seite liegen, oder einer ihr gegenüberstehen kann: so sind hier zwey Fälle von einander zu unterscheiden. Es sollen nemlich, wenn, Fig. 43, AB = DE angenommen wird, nicht nur, wenn

1. BAC = EDF, und ABC = DEF, sondern auch wenn
2. ABC = DEF, und ACB = DFE ist,

die beyden Dreyecke ABC und DEF so einander gleich seyn, daß sie sich decken.

Beweis.

Es mag ein Fall statt finden, was für einer will, so fließt aus den Voraussetzungen, daß BC = EF ist. Denn sollte dieses nicht statt finden, so müßte eine von diesen Linien größer seyn. Man nehme an, es sey BC > EF, mache deswegen BG = EF, und ziehe AG. Nun wäre

$$\triangle ABG = \triangle DEF, \text{ und daher}$$
$$BAG = EDF, \text{ und}$$
$$AGB = DFE.$$

Es soll aber im ersten Falle BAC = EDF, und im andern ACB = DFE seyn, und man hätte also in jenem, BAC = BAG, und in diesem, AGB = ACB, welches beydes unmöglich ist.

Ueberlegen wir nun, ehe wir weiter gehen, was wir bis jetzt eigentlich untersucht haben, so war es

1. die gerade Linie, vom 1sten bis zum 12ten Satze;

2. der geradlinige Winkel, vom 13ten bis zum 15ten Satze;

3. das geradlinige Dreyeck, vom 16ten bis zum 26sten Satze.

Was die bey der Untersuchung dieser Gegenstände befolgte Methode betrifft, so haben wir ununterbrochen, Handeln nach den Forderungen, und Beobachten nach den Grundsätzen, abwechseln lassen, und sobald wir Aufgaben und Lehrsätze gefunden hatten, bey den fernern Untersuchungen jene statt der Forderungen, und diese statt der Grundsätze gebraucht. Dieses letztere Verfahren diente zur

Verkürzung, und konnte eingeschlagen werden, weil die Auflösungen der Aufgaben aus den Forderungen, und die Beweise der Lehrsätze aus den Grundsätzen zusammen gesetzt waren. Auch hierbey giengen wir stufenweise. Wir wandten nemlich die Forderungen und Aufgaben nur immer so weit an, bis wir dadurch zu Wahrnehmungen oder Beobachtungen in den Stand gesetzt waren; und konnten wir es öfter und weiter thun, so geschahe solches immer erst nach den durch die ersten Anwendungen möglich gemachten Bemerkungen.

Bey dem ersten Gegenstande, der geraden Linie, würde man, wenn man bey den ersten Anwendungen der Forderungen hätte stehen bleiben wollen, bloß die 3te Figur bekommen haben, die zu keinem Satze führt. Wir waren also dadurch gezwungen, den Gebrauch der Forderungen auch auf die Punkte C und D auszudehnen, und gelangten so zur 4ten und 5ten Figur. Es war ferner deswegen nöthig, alles, was die 5te Figur darstellte, genau zu betrachten, und damit so lange fortzufahren, bis nichts mehr übrig war, weil alle dabey gefundene Sätze nicht Eigenschaften der geraden Linie betrafen, welche doch das Ziel seyn mußten. Hätte dieser Umstand nicht statt gefunden, so hätte man nach der Erfindung der ersten Aufgabe zu drey Punkten fortgehen können, und würde dann die zweyte Aufgabe ohne alle Verbindung mit der dritten gefunden haben, so wie darauf vier Punkte zur dritten Aufgabe geleitet haben würden. Allein ein so schnelles Forteilen zu immer mehrern Punkten würde bald zum Stillstehen und Zurückkehren gezwungen, und sich eben dadurch als fehlerhaft

gezeigt

gezeigt haben, so daß der von uns sogleich gegangene Weg hinterher doch zu erwählen gewesen wäre.

Es treffen hier, wie mich dünkt, mehrere merkwürdige Umstände zusammen. Einmal findet man bey diesem ersten Versuche das, was man zu finden glauben konnte, Eigenschaften nemlich der geraden Linien selbst, durch alle Mittel, welche man in der Gewalt hat, nicht; wird aber eben dadurch ohne seine Absicht zu mehreren Sätzen geleitet, die man sonst nicht so bald gefunden haben würde, und die man gleichwohl nicht zu früh kennen lernen konnte. Auf diese Art bietet die Mathematik, wenn sie auf die rechte Art behandelt wird, die Mittel zum leichten und glücklichen Fortkommen von selbst dar. Zum andern sieht man sich dabey in die Nothwendigkeit versetzt, die Forderungen theils mehrmals und auf mannigfaltige Art, theils selbst mit den durch sie gefundenen Aufgaben anzuwenden, und lernt also auch in diesem Stücke von Anfang an die rechte Art des Verfahrens. Drittens sind die ersten von den gefundenen Sätzen sehr leicht, die folgenden schwerer, und die letzten wieder durch die wenige Mühe, welche sie nöthig machen, angenehm. Wie nutzbar kann diese Bemerkung — früh gemacht — werden, da oft die anfängliche Leichtigkeit Geringschätzung des Gegenstandes der Untersuchung, und die nachmalige Schwierigkeit Furcht vor demselben erzeugt. Endlich hat man darin ein Beyspiel, daß es bey unsern Untersuchungen gerade nicht darauf ankomme, ob wir das Ziel, welches wir uns dabey vorsetzen, wirklich erreichen: sie können durch Hinleitung zu andern Wahrheiten öfters noch in höherm Grade nützlich seyn.

Vom vierten Satze an verlassen wir die 5te Figur, sind aber nach dem 8ten Satze im Stande, daber Untersuchungen anzustellen, wozu wir vorher noch nicht fähig waren. Also zeigt sich sehr frühzeitig Gelegenheit zu erfahren, daß man, nach Erwerbung mehrerer Kenntnisse, schon untersuchte Gegenstände mit Nutzen von neuem zur Betrachtung vornehmen könne. Dies muß Veranlassung werden, am Ende jedes Theils des Weges, auf welchem man das Gebiet der Mathematik durchwandert, zurückzublicken, um zu sehen, ob man nicht die darauf erworbenen Kenntnisse nun noch mit neuen zu vermehren im Stande sey?

Die Untersuchungen, worauf der zweyte Gegenstand führt, sind sehr einfach und wenige.

Die Sätze vom 16ten bis zum 20sten findet man leicht, wenn man das Dreyeck zuvörderst nach der zweyten Forderung abändert, und versucht, was sich von von dem so veränderten Dreyecke behaupten lasse, und darauf auch die dritte Forderung anwendet. Der 21ste Satz hängt unmittelbar mit dem 20sten zusammen, und die beyden folgenden findet man, wenn man überlegt, wozu man das Bisherige brauchen könne? Wenn man sichs nicht zur Regel macht, jeden Gegenstand nicht eher zu verlassen, als bis man nichts mehr bey ihm zu entdecken vermögend ist: so kann man den 17ten, den 19ten und 21sten Satz, so wie in dem Vorhergehenden den 6ten und 14ten Satz leicht übersehen. Es ist daher diese Regel eben so wichtig als natürlich, und um so mehr wird jetzt, da wir am Ende eines Theils von unserm

Wege

Wege stehen, ein sorgfältiger Rückblick in der vorhin beschriebenen Absicht wichtig.

Schon nach dem 12ten Satze hätten wir diesen Rückblick mit Vortheil thun können. Wenden wir nemlich die Aufgaben im 12ten Satze auf das gleichseitige und gleichschenklige Dreyeck an, so finden wir, daß eine aus der Spitze eines gleichseitigen oder gleichschenkligen Dreyecks auf die gegenüberstehende Seite senkrecht herabgezogene gerade Linie, diese Seite und die ganzen Dreyecke in zwey gleiche Theile theilt. Ferner bietet sich bey der Anwendung des 10ten und 11ten Satzes bey eben diesen Dreyecken der Satz dar, daß eine aus dem Halbirungspunkte der Grundlinie eines gleichseitigen oder gleichschenkligen Dreyecks aufgerichtete senkrechte Linie durch die Spitze gehe, und ebenfalls beyde Dreyecke halbire. Wendet man die Aufgabe im 12ten Satze bey ungleichseitigen, spitzen und stumpfwinkligen Dreyecken an, so bemerkt man wenigstens, daß sich ein spitzwinkliges Dreyeck in zwey rechtwinklige theilen, und ein stumpfwinkliges außerdem durch Hinzufügung eines rechtwinkligen in ein rechtwinkliges Dreyeck verwandeln lasse. — Weit deutlicher aber zeigt sich der Nutzen dieses Verfahrens nach dem 26sten Satze, wovon wenigstens ein Beyspiel hier stehen mag.

Wenn man außerhalb einer geraden Linie einen Punkt annimmt, so lassen sich von demselben nach der geraden Linie unzählige andere gerade Linien ziehen. Unter diesen giebt es indeß nicht mehr als Eine senkrechte, und unter den übrigen nicht mehr einander gleiche, als zwey. Es sey Fig. 44. AB die gegebene gerade Linie

Linie und C der außer ihr gegebene Punkt. Aus C läßt sich nach AB nicht mehr als eine senkrechte Linie herabfällen. Denn ist CD auf AB senkrecht, so können es CE, CF, ꝛc. CG, CH, ꝛc. nicht seyn, weil sonst wider den 17ten Satz auch die bey E, F, G und H nach D zu liegenden Winkel rechte Winkel seyn müßten. Ferner ist nach dem 19ten Satze CE > CD; CF > CE; CM > CE; ꝛc. CG > CD; CH > CG; ꝛc. und es können daher von diesen schiefen Linien nicht mehr als zwey einander gleich seyn, und nur, wenn sie auf verschiedenen Seiten der senkrechten Linie CD liegen. Es ist aber z. B. CE = CG, wenn entweder DE = DG, oder ECD = GCD gemacht worden ist. Hiernach sind also zwey rechtwinklige Dreyecke auch einander gleich, wenn zwey den rechten Winkel nicht einschließende Seiten einander gleich sind. Denn ist, Fig. 45, B = E = R, und dabey AB = DE und AC = DF: so fällt, wenn man DE mit AB zusammenfallen läßt, die EF auf die BC, weil E = B ist, und DF auf AC, weil, wenn sie nicht auf AC, sondern auf die eine oder die andere Seite von AC fallen sollte, DF entweder kleiner oder größer seyn müßte als AC. Auch gelangt man auf diesem Wege zu dem Satze, daß unter allen geraden Linien, die von einem Punkte außer einer geraden Linie nach derselben gezogen werden können, die senkrechte Linie die kürzeste sey, weswegen man denn auch diese senkrechte Linie braucht, um die Entfernung eines Punkts von einer geraden Linie auszudrucken.

So wie die beyden gleichen Linien, CF und CG z. B., Fig. 44, welche man aus C nach AB schief ziehen kann, auf zweyen verschiedenen Seiten der senkrechten

Linie

Linie CD liegen: so fallen dieselben nur dann auf die beyden durch eine schiefe Linie gemachten Seiten, wenn diese kleiner ist als sie; ist sie hingegen größer, so kommen jene, ihr, auf einer und derselben Seite zu liegen, und zwar auf der, wo die senkrechte Linie CD sich befindet. Sind daher in zweyen stumpfwinkligen Dreyecken der stumpfe Winkel und zwey ihn nicht einschließende Seiten gleich, so decken sich die ganzen Dreyecke. Denn ist Fig. 46, B = E, und beyde stumpf, desgleichen AB = DE, und AC = DF: so fällt, wenn man DE mit AB zusammenlegt, EF auf BC, weil B und E gleich sind, und DF auf AC, weil, wenn dieses nicht statt finden sollte, DF entweder größer oder kleiner seyn würde als AC. Eben dieses läßt sich endlich von zwey spitzwinkligen Dreyecken behaupten, wenn die dem gegebenen Winkel gegenüberstehende Seite größer ist als die anliegende; und so findet man daher, daß zwey Seiten und ein von denselben nicht eingeschlossener Winkel ebenfalls ein Dreyeck bestimmen, wenn nur die dem gegebenen Winkel gegenüberstehende Seite größer ist, als die an demselben liegende.

Zu eben diesen Sätzen hätte man auch auf einem andern Wege kommen können. Ueberdenkt man nemlich das Gefundene, um es unter allgemeine Titel zu bringen, und sich dadurch die Uebersicht und den fernern Gebrauch desselben zu erleichtern: so gehören der 4te, der 8te und der 20ste Satz unter die Rubrik: Bestimmung der Dreyecke aus den möglich wenigsten Stükken. Nun werden dazu allemal drey Stücke erfordert, und unter denselben muß wenigstens eins eine Seite

seyn

seyn. Aber so wie bey einer Seite die beyden gegebenen Winkel einen doppelten Fall geben, so läßt sich auch bey zwey Seiten in Ansehung des außer ihnen gegebenen Winkels dergleichen denken. Bemerkt man dieses an dem gegenwärtigen Orte, so ist die Frage natürlich: Ob auch zwey Seiten eines Dreyecks, und ein von diesen Seiten nicht eingeschlossener Winkel das Dreyeck bestimmen? und um darüber gewiß zu werden, bleibt nichts übrig, als zur Vergleichung zweyer solcher Dreyecke vermittelst des Aufeinanderlegens seine Zuflucht zu nehmen.

Der Versuch, das Gefundene unter wenige allgemeine Titel zu bringen, kann am Ende eines Abschnitts der Uebersicht und des fernern Gebrauchs wegen nothwendig seyn, und die Veranlassung dazu liegt in der Natur der Seele selbst. Stellt man ihn aber am gegenwärtigen Orte ausführlich an, so bekommt man nicht nur in Vergleichung mit den gefundenen Sätzen eine große Anzahl von Rubriquen, sondern man ist, bey aller Mühe, die man sich geben mag, nicht im Stande, dieselben auf eine leichte Art zusammen zu stellen, und noch weniger die gefundenen Sätze darnach in einer bessern Ordnung unter einander zu verbinden. Es rührt dies daher, weil man den Weg des Anschauens, nicht aber den Weg des Denkens gegangen ist. Ohne allen Nutzen hat man indeß gleichwohl einen solchen Versuch nicht zu halten; er zwingt wenigstens, bey der seinetwegen erforderlichen Wiederholung, das Gefundene von einer andern Seite anzusehen.

Durch wiederholte Befolgung derselben Forderungen und Aufgaben, oder durch eine mannigfaltigere Verbindung

bindung derselben, gelangt man ebenfalls bald zu Erweiterungen, bald zu vortheilhaften Vorbereitungen. Hat man z. B. den 9ten und 10ten Satz auf einen gegebenen geradlinigen Winkel oder eine gegebene gerade Linie angewandt, und behandelt darauf, fortgesetzt, die erhaltenen Theile nach eben diesen Sätzen: so findet man, wie man einen geradlinigen Winkel und eine gerade Linie, nach und nach, in zwey, in vier, in acht, in sechszehn gleiche Theile u. s. f. theilen könne. Verlängert man ferner, wie Fig. 47, zwey einen Winkel eines Dreyecks ABC einschließende Seiten AC und BC über die Spitze dieses Winkels hinaus, und beschreibt aus C mit AC und BC Kreise: so bekommt man, nachdem man die Endpunkte von CD = BC und CE = AC durch die gerade Linie DE verknüpft hat, das Dreyeck CDE dem Dreyecke ABC durchaus gleich, und die Seiten CE und CD desselben mit den Seiten AC und BC in einer Linie. Dergleichen Dreyeck braucht man aber künftig in der praktischen Geometrie. So sehr beträchtlich ist freylich alles dieses an und für sich nicht, es kann es aber durch die Richtung, welche die Bemerkung desselben der Seele ertheilt, in der Folge in einem sehr hohen Grade werden.

Das Hauptmittel endlich, dessen wir uns zur Erfindung der Gegenstände bedienten, war der Punkt, also etwas, was wir bloß durch eine negative Definition kennen, und worüber sich allenfalls noch streiten ließe, ob es auch etwas sey? Gleichwohl ist daher nicht der mindeste Nachtheil für die Gewißheit und Deutlichkeit bey dem entstanden, was wir vermittelst der Punkte hervorbrachten,

ten, und, nachdem wir es durch die Forderungen dazu vorbereitet hatten, wahrnehmend untersuchten. Zwey Punkte geben einmal die gerade Linie, dann den geradlinigen Winkel, und zuletzt den Kreis; den geradlinigen Winkel aber geben auch drey Punkte, wenn man von den dreyen zwischen ihnen möglichen geraden Linien nur zweye zieht. Zum geradlinigen Winkel führt also ein doppelter Weg, und eben so ist auch der Weg zum geradlinigen Dreyecke zwiefach. Man gelangt nemlich dazu theils, wenn man, wie S. 14 f., bey der geraden Linie die Forderungen anwendet, theils, indem man alle drey zwischen drey gegebenen Punkten mögliche gerade Linien zieht. Bey der nach der Anmerkung S. 16. anzustellenden genauern Untersuchung nehmen wir zuvörderst die Gegenstände bloß so weit, als sie durch die angenommenen Punkte, indem jeder nur einmal gedacht wird, vermittelst der Forderungen gegeben werden, und wenden, um diese Gegenstände in der natürlichen Stufenfolge zu bekommen, die Forderungen in ähnlicher Stufenfolge an. Das Erste ist deswegen nothwendig, weil die übrigen durch zwey und drey Punkte bestimmten Gegenstände, wenn man nemlich den einen Punkt in einer bestimmten Entfernung von dem oder den übrigen allenthalben sich gedenkt, viel zusammengesetzter sind. Auf diese Art fällt in die Augen, warum bey der bisherigen genauern Untersuchung der gefundenen Gegenstände der Kreis noch auf der Seite gelassen wurde, so wie auch, daß durch diese Untersuchung die durch zwey und drey Punkte gegebenen geometrischen Gegenstände bey weitem noch nicht erschöpft sind. Ob wir zu dem gerad-

geradlinigen Winkel auf dem einen oder dem andern von den gedachten Wegen gelangen, ist nicht ganz gleichgültig. Auf dem ersten nehmen wir die Arten des geradlinigen Winkels leichter wahr, auf dem andern liegt die Anwendung der Forderungen näher. Dieser Umstand stellt die Verbindung beyder Wege als vortheilhaft dar, und bereitet dadurch vor, nachher auch bey den Dreyecken das auf dem S. 14. 15 beschriebenen Wege Gefundene mit dem auf dem zweyten Wege Entdeckten in Verbindung zu betrachten. Thut man dieses, so läßt sich die Art, ein gleichschenkliges Dreyeck aus den dazu nöthigen Stücken zu beschreiben, so wie auch die Behauptung, daß ein rechtwinkliges und stumpfwinkliges Dreyeck nicht mehr als Einen rechten oder stumpfen Winkel hat, nicht verfehlen; und zugleich nimmt man wahr, daß man bey den Aufgaben im 9ten, 10ten, und 11ten Satze statt des daselbst gebrauchten gleichseitigen Dreyecks ebenfalls ein gleichschenkliges nehmen kann, wenn nur der Schenkel desselben die halbe Grundlinie an Größe übertrifft; findet ferner eine bequemere Art, dem 23sten Satze ein Genüge zu thun, und stößt endlich bey der Anwendung des 16ten, des 18ten und 20sten Satzes auf die einzelnen Arten der Dreyecke, auf manche nicht unangenehme und für die Folge nicht ganz unwichtige Modification.

Und nun ist es Zeit, den bisher gegangenen Weg weiter fortzusetzen, d. h. zur Untersuchung des Gegenstandes fortzugehen, der durch vier Punkte bestimmt wird. Nehmen wir also vier Punkte, A, B, C, D, Fig. 48. an, und ziehen dazwischen nach der ersten Forderung so viel Linien, bis wir einen von den bisherigen verschiedenen Gegenstand erhalten: so bekommen wir denjenigen, welchen die 49ste Figur darstellt. Nach der zweyten Forderung verändert, wird derselbe in den Fig. 50. abgebildeten verwandelt, und hierbey haben wir Gelegenheit, Wechselswinkel, äußere und innere gegenüber stehende, und innere an einer Seite liegende Winkel kennen zu lernen. Da wir aber dadurch bloße Namen-Erklärungen erhalten, und die dritte Forderung keinen Nutzen leisten würde: so sehen wir zwar, daß nun zwey gerade Linien, die von einer dritten geschnitten werden, untersucht werden sollten, erblicken aber noch keinen Weg, diese Untersuchung mit Erfolge anzustellen. Wollten wir etwa auch noch die Linie AC ziehen, so beobachteten wir bey der Anwendung der Forderungen nicht die gehörige Ordnung, und was könnte solches überdem auch helfen?

Zwey gerade Linien, die von einer dritten geschnitten werden, können also ohne alle weitere Bestimmung der Gegenstand unserer Untersuchung nicht werden; was ist natürlicher, als daß wir dieselben mit einer gewissen Bestimmung annehmen, und dabey diese Bedingung die mit jenen Linien immer verbundenen Winkel betreffen lassen. Auf diese Art gelangen wir zu zwey geraden Linien, die von einer dritten so geschnitten werden, daß entweder Wechselwinkel, oder ein äußerer und ein innerer gegenüber stehender Winkel einander gleich, oder zwey innere an einer Seite liegende Winkel, zusammengenommen, so groß als zwey rechte Winkel sind. Wie dergleichen Linien beschaffen seyen, lehren die folgenden

Sätze,

Sätze, zu welchen durch das Vorhergehende der Uebergang hinlänglich geebnet ist.

27. Satz. Lehrsatz.

Wenn zwey gerade Linien, die von einer dritten geschnitten werden, unter gleichen Wechselwinkeln gegen dieselbe geneigt sind, so sind sie parallel.

Erläuterung.

So sind z. B. AB und CD, Fig. 51, parallel, wenn AEF = EFD ist.

Beweis.

Denn sollten AB und CD nicht parallel seyn, so müßten sie, verlängert, an irgend einer Seite zusammentreffen. Es geschehe solches in einem Punkte G. Unter dieser Voraussetzung bildeten entweder GAE und GCF oder GBE und GDF mit EF ein Dreyeck mit verlängerten Seiten, und es müßte dann im ersten Falle EFD > AEF, im zweyten aber AEF > EFD seyn.

28. Satz. Lehrsatz.

Wenn bey zwey geraden Linien, die von einer dritten geschnitten werden, entweder ein äußerer Winkel dem innern ihm gegenüber stehenden gleich, oder zwey an einer Seite liegende Winkel, zusammen genommen, so groß als zwey rechte sind, so sind diese beyden geraden Linien parallel.

Erläuterung.

So ist, Fig. 52, AB parallel CD, wenn entweder EGB = GHD, oder BGH + GHD = 2R ist.

Beweis.

Denn ist erstlich EGB = GHD, so ist auch AGH = GHD, und deswegen AB, nach S. 27, CD parallel. Ist aber zweytens BGH + GHD = 2R, so hat man außerdem AGH + BGH = 2R, und daraus folgt AGH + BGH = BGH + GHD, so wie hieraus, AGH = GHD. Und nunmehr läßt sich wieder der 27ste Satz anwenden.

Auf diese Art sind wir also zur Untersuchung der Parallel-Linien geführt worden, und hatten uns durch die vorhergehenden Sätze überzeugt, daß der Begriff, den wir uns oben, S. 16, davon machten, kein chimärischer Begriff ist. So wie aber die gedachten Sätze Kennzeichen der Parallel-Linien darlegen, so machen uns die zunächst folgenden mit Eigenschaften derselben bekannt, und es ist nicht nöthig, die Erfindungsart dieser Sätze weitläuftig zu beschreiben, da man durch die Umkehrung der vorhergehenden auf sie geführt wird. Aber desto mehr erfordert der Beweis derselben unsere Aufmerksamkeit.

29. Satz. Lehrsatz.

Wenn zwey parallele Linien von einer dritten geschnitten werden, so sind

1. die Wechselswinkel einander gleich;
2. jeder äußere Winkel gleich dem innern ihm gegenüber stehenden;
3. jede zwey innere an einer Seite liegende Winkel, zusammen genommen, so groß als zwey rechte.

Beweis.

Denn sollten 1) die Winkel AGH und GHD, Fig. 53, einander nicht gleich seyn, so wäre einer von ihnen größer als der andere. Es sey AGH > GHD. Da alsdenn auch EGB > GHD wäre, so würde, wenn man, Fig. 54, GHb = EGB auf GH an H legte, der Schenkel Hb außerhalb HD fallen, und damit bloß den Punkt H gemein haben. Dieses vorausgesetzt rücke man den Winkel GHb, aber so, daß man den Schenkel GH auf der EH lasse, nach und nach bis G hinauf, und stelle sich dabey HD und Hb unbegrenzt verlängert vor. Da auf diese Art der Punkt H aus dem Schenkel HD nach G hinauf ruckte, alle übrige in Hb gedenkbare Punkte aber anfänglich unter HD lägen: so könnte dadurch kein Theil des Schenkels Hb über HD zu

 liegen

liegen kommen, wofern nicht zuvor alle in ihm gedenkbare Punkte nach und nach durch HD gegangen wären, weil sonst die Linien HD und Hb irgend einmal mehr als einen Punkt mit einander gemein haben, also auch ganz zusammenfallen müßten, und dann H nicht außer CD liegen könnte. Es müssen folglich bey dieser Hinaufrückung des Winkels GHb nach G, wenn man Hb durch willkührlich darin angenommene Punkte in Theile theilte, auch diese Theile nach und nach durch HD geführt werden, wenn sie über HD zu liegen kommen sollten; und setzt man daher der Verlängerung der HD und der Hb keine Grenzen: so würden, was auch für eine Menge von Theilen von Hb über HD dadurch gebracht worden wären, gleichwohl immer noch mehrere unter HD bleiben. Folglich würden sich auch die Schenkel Hb und HD noch schneiden, wenn EHb mit EGB zusammenfiele. Da aber alsdenn auch Hb mit GB zusammenfallen würde, und also was von Hb wahr wäre, auch von GB, unbegrenzt verlängert, gelten müßte: so erhellet hieraus, daß die Winkel EGB und GHD oder AGH und GHD nicht einander ungleich seyn können, wenn AB und CD, bey keiner noch so weit fortgesetzten Verlängerung, zusammentreffen sollen, sondern nothwendig einander gleich seyn müssen. Wenn also zwey parallele Linien von einer dritten geschnitten werden,

so

so sind allemal die Wechselwinkel einander gleich. Aber auch

2. jeder äußere Winkel gleich dem innern ihm gegenüber stehenden. Denn ist, Fig. 53, AGH = GHD, so ist AGH = EGB, und folglich auch EGB = GHD. Endlich sind auch

3. jede zwey innere an einer Seite liegende Winkel, zusammen genommen, zweyen rechten Winkeln gleich. Denn ist, Fig 53, AGH = GHD, so ist, weil AGH + HGB = 2R, auch GHD + HGB = 2R.

Auf diese Art mit den Kennzeichen und den Haupteigenschaften der Parallel-Linien bekannt, die wir anfänglich bloß durch verneinende Merkmale uns dachten, sind wir im Stande, die Parallel-Linien nun auch bejahender Weise zu beschreiben. Da nemlich jede zwey Parallel-Linien mit einer dritten sie schneidenden geraden Linie die äußern Winkel den innern gegenüber stehenden Winkeln gleich haben, und umgekehrt jede zwey von einer dritten geschnittene gerade Linien, wenn sie diese Winkel gleich haben, parallel sind: so lassen sich Parallel-Linien durch solche gerade Linien erklären, die in Ansehung ihrer Neigung gegen eine dritte nicht von einander verschieden, oder in Ansehung ihrer Lage gegen dieselbe einander gleich sind. Es bleibt aber diese Erklärung eingeschränkt, so lange man nicht annehmen darf, daß der Winkel, durch welchen die gedachte Neigung bestimmt wird, ohne Unterschied jeder Winkel seyn könne; und so entsteht noch vor der

Festsetzung und dem Gebrauche derselben die Frage: **Ob von zweyen parallelen Linien die andere von jeder geraden Linie geschnitten werden, welche die eine schneidet?** Nun läßt sich aus dem Beweise des vorhergehenden Satzes der Satz hernehmen: **Zwey gerade Linien, die von einer dritten geschnitten werden, so daß die beyden innern an einerley Seite liegende Winkel, zusammen genommen, kleiner als zwey rechte sind, treffen, gehörig verlängert, an eben der Seite zusammen.** Ferner läßt sich vermittelst dieses Satzes das Recht, vorstehende Frage zu bejahen, leicht erkennen. Denn es sey, Fig. 56, AB der CD parallel, und EF schneide die AB in G unter irgend einem Winkel. Zieht man beliebig GH, so ist allemal $AGH + GHC = 2R$, also $FGH + GHC < AGH + GHC < 2R$, und es müssen daher GF und HC, gehörig verlängert, endlich zusammen treffen. Man kann also hiernach die obige Erklärung der Parallel-Linien allerdings uneingeschränkt zum Grunde legen, und da man dadurch gerade Linien kennen lernt, die relativ betrachtet, einander gleich sind, so frägt sich vor allen andern: Ob der erste Grundsatz, der absolute Gleichheit voraussetzte, auch gegenwärtig angewandt werden könne?

30. Satz. Lehrsatz.

Zwey gerade Linien, welche einer dritten parallel sind, sind einander selbst parallel.

Beweis.

Beweis.

Es sey, Fig. 56, sowohl AB als AC der EF parallel, und GK schneide diese geraden Linien in G, H und K. Alsdann ist

1) AGH = GHF, und 2) GHF = GKD;

also auch

AGH = GKD, und daher AB der CD parallel.

Da wir zur fernern Untersuchung der Parallel-Linien die sinnliche Darstellung derselben bedürfen, so fällt in die Augen, warum zunächst folge:

31. Satz. Aufgabe.

Durch einen gegebenen Punkt eine gerade Linie einer andern gegebenen parallel zu ziehen.

Auflösung und Beweis.

Es sey A, Fig. 57, der gegebene Punkt, und BC die gegebene gerade Linie. Man nehme in BC einen Punkt D an, ziehe AD, mache DAE = ADC, und verlängere EA nach F: so ist EF der BC parallel, weil DAE = ADC ist.

Was diese Aufgabe verlangt, haben wir bereits beym 16ten Satze, ohne den gegenwärtigen Erfolg dabey wahrnehmen zu können, geleistet. Erinnern wir uns daher zurück, so bietet sich dar der

32. Satz. Lehrsatz.

Wenn man eine Seite eines Dreyecks verlängert, so ist der äußere Winkel den beyden innern gegen-

gegenüberstehenden Winkeln, zusammen genommen, gleich. Auch sind alle drey Winkel eines Dreyecks so groß als zwey rechte.

Beweis.

Es sey, Fig. 58, die Seite BC des Dreyecks ABC nach D verlängert. Man ziehe CE der BA parallel. Dann ist

1. ACE = BAC; ECD = ABC; folglich ACD = BAC + ABC
2. BAC + ABC + ACB = ACD + ACB = 2R.

Vier ohne alle weitere Bedingung gegebene oder angenommene Punkte, führten zu Gegenständen, die wir wegen ihrer Allgemeinheit noch zu schwer fanden, und durch Hinzufügung einer Bedingung gelangten wir zu den Parallel-Linien, so daß wir davon mehreres wahrzunehmen im Stande waren. Nehmen wir jetzt zwey Parallel-Linien ohne alle weitere Bestimmung, so sehen wir wieder nicht, wie wir unsern Weg weiter fortsetzen können. Was bleibt uns also übrig, als theils zwey einander gleiche Parallel-Linien zu nehmen, oder zwey von einer dritten schneiden zu lassen, die eine zu begrenzen, und durch ihren Endpunkt mit der schneidenden Linie eine Parallele zu ziehen.

33 Satz. Lehrsatz.

Wenn zwey gerade Linien gleich und parallel sind; so sind die geraden Linien, welche man zwischen

zwischen ihren Endpunkten an einerley Seite ziehen kann, auch gleich und parallel.

Beweis.

Es sey, Fig. 59, AB der CD gleich und parallel, und AC und BD gezogen. Zieht man nun auch BC, so ist nach dem 4ten Satze △ABC = △DBC, folglich AC = DB; ACB = DBC, und dieses letzten Umstandes wegen AC der DB parallel.

34. Satz. Lehrsatz.

In jedem Parallelogramm sind die Gegenseiten und Gegenwinkel einander gleich. Auch wird dasselbe durch die **Diagonale** in zwey gleiche Theile getheilt.

Beweis.

Es sey, Fig. 60, AB der DC, und AC der BD parallel. Zieht man BC, so ist nach dem 26sten Satze △ABC = △DCB, und daher AB = DC, AC = DB, BAC = CDB und ABD = ACD.

Auf diese Art sind wir zu einer Gattung von Vierecken, denen nemlich, deren Gegenseiten parallel sind, oder zu den Parallelogrammen gekommen. So wie wir bey den Dreyecken, zum Theil selbst noch vor der eigentlichen Untersuchung dieser Art der Figuren, die Stücke bemerkt haben, auf welchen die Gleichheit zweyer Dreyecke beruht: so ist eben dieses bey den Parallelogrammen unser erstes Geschäft. Daß zwey Parallelogramme

gramme einander gleich sind, wenn sie zwey Seiten, einzeln genommen, und den von diesen Seiten eingeschlossenen Winkel gleich haben; bietet sich dabey so von selbst dar, daß es kaum besonders bemerkt werden darf. Auch läßt sichs wegen des 34sten Satzes nicht übersehen, daß durch Einen Winkel eines Parallelogramms alle übrige bestimmt werden; und untersucht man daher die in Ansehung sowohl der Seiten als der Winkel bey den Parallelogrammen möglichen Fälle: so lernt man das Quadrat, das Rechteck, den Rhombus, und den Rhomboides als Arten der Parallelogramme kennen. Will man weiter gehen, so entsteht die Frage: Wie zwey Parallelogramme beschaffen seyen, welche eine Seite gemein oder gleich, und die ihr gegenüber stehende in einer geraden Linie haben, welche mit der, worin jene liegt, parallel ist? Erinnert man sich am Ende der Untersuchung dieser Frage an den zweyten Theil des 34sten Satzes: so wird man zu einer ähnlichen Frage in Ansehung der Drenecke geleitet. Nach ihr ist die Vergleichung der Parallelogramme mit Dreyecken möglich, und so die Ordnung unter folgenden Sätzen bestimmt.

35. Satz. Lehrsatz.

Parallelogramme auf einerley Grundlinie und zwischen einerley Parallelen sind einander gleich.

Beweis.

Die 60ste Figur stellt die drey Fälle dar, welche hierbey vorkommen können. In einem jeden der-

derselben hat das Parallelogramm ABCD mit dem Parallelogramme EBCF das Dreyeck oder Viereck Q gemein, und in dem ersten und zweyten sind die Dreyecke P und R, in dem dritten aber die Vierecke P und R einander gleich. Die Gleichheit der Dreyecke P und R läßt sich nach dem 4ten, dem 8ten und dem 26sten Satze, nach dem letzten am leichtesten, darthun, und die Gleichheit der Vierecke P und R beruht auf folgendem Schlusse. Es ist das Dreyeck P + S dem Dreyecke S + R gleich, und zwar aus eben den Gründen, aus welchen die Dreyecke P und R in den beyden ersten Fällen es sind. Also ist nach dem 3ten Grundsatze auch das Viereck P dem Vierecke R gleich. Es ist folglich in allen drey Fällen.

$$Q = Q$$

$$P = R; \text{ also}$$

$$P + Q = Q + R, \text{ d. h.}$$

$$ABCD = EBCF.$$

36. Satz. Lehrsatz.

Parallelogramme auf gleichen Grundlinien und zwischen einerley Parallelen sind einander gleich.

Beweis.

Es seyen ABCD und EFGH, Fig. 61, Parallelogramme, und BC = FG. Zieht man BE und CH, so ist nach dem vorhergehenden Lehrsatze

ABCD

ABCD = EBCH; und EBCH = EFGH, folglich ABCD = EFGH.

37. Satz. Lehrsatz.

Dreyecke auf einerley Grundlinien und zwischen einerley Parallelen sind einander gleich.

Beweis.

Es sey, Fig. 62, AD parallel BC. Verlängert man AD an beyden Seiten und zieht BE der AC und CF der BD parallel: so ist EBCA = DBCF, und die Dreyecke ABC und DBC von diesen Parallelogrammen Hälften.

38. Satz. Lehrsatz.

Dreyecke auf gleichen Grundlinien und zwischen einerley Parallelen sind einander gleich.

Beweis.

Es sey, Fig. 63, BC = EF, und AD der BF parallel. Verlängert man wieder AD an beyden Seiten, und zieht BG der CA, und FH der ED parallel: so sind die Parallelogramme GBCA und DEFH einander gleich, und die Dreyecke ABC und DEF Hälften von ihnen.

39. Satz. Lehrsatz.

Gleiche Dreyecke auf einerley Grundlinie und an einerley Seite, liegen zwischen einerley Parallelen.

Beweis.

Beweis.

Denn sollten z. B., Fig. 64, die Dreyecke ABC und DBC einander gleich, und AD der BC nicht parallel seyn: so würde irgend eine andere durch A gelegte gerade Linie AE der BC parallel seyn müssen. Aber alsdann müßte △ABC = △EBC, und also, wegen der Voraussetzung des gegenwärtigen Satzes, auch △DBC = △EBC seyn, welches unmöglich ist.

40. Satz. Lehrsatz.

Gleiche Dreyecke auf gleichen Grundlinien und an einerley Seite, liegen zwischen einerley Parallelen.

Beweis.

Denn sollte, Fig. 65, △ABC = △DCE, und AD der AE nicht parallel seyn: so sey AF der AE parallel. Dann wäre △ABC = △FCE, und also da △ABC = △DCE seyn soll, auch △DCE = △FCE, welches widersprechend ist.

41. Satz. Lehrsatz.

Wenn ein Parallelogramm und ein Dreyeck auf einerley Grundlinie und zwischen einerley Parallelen liegen: so ist das Parallelogramm doppelt so groß als das Dreyeck.

Beweis.

Beweis.

Man nehme das Parallelogramm ABCD und das Dreyeck EBC, Fig. 66, zum Beyspiele, und ziehe AC. Dann ist △ABC = △EBC, und △ABC = ½ABCD. Folglich auch △EBC = ½ABCD.

42. Satz Aufgabe.

Es ist ein Dreyeck gegeben. Man soll demselben ein Parallelogramm unter einem gegebenen geradlinigen Winkel gleich machen.

Auflösung.

Es sey ABC, Fig. 67, das gegebene Dreyeck, und D der gegebene Winkel. Man theile BC in E in zwey gleiche Theile, lege auf EC an E den Winkel FEC = D, ziehe CG der EF, und AG der BC parallel: so ist FECG = △ABC.

Beweis.

Denn zieht man AE, so ist nach dem 40sten Satze △ABE = △ AEC, und FECG = 2△AEC = △ABE + △AEC.

Jetzt am Ende der Vergleichung der Parallelogramme überhaupt genommen, wozu wir durch die Bemerkungen über das nach der ersten Forderung veränderte Parallelogramm in den Stand gesetzt waren, kehren wir zu einem Parallelogramme zurück, und verändern dasselbe nach der zweyten Forderung durch Verlängerung seiner Seiten. Hierdurch wird das Parallelogramm, ABCD z. B. Fig. 68, so verändert, als es diese

Figur

Figur darstellt. Nehmen wir nun eine von den Verlängerungen, die Verlängerung von AB z. B, in E begrenzt an, so ergiebt sich nach der ersten und zweyten Forderung die 69ste, und durch Befolgung des 31sten Satzes die 70ste Figur. Sie leitet zu folgendem Satze.

43. Satz. Lehrsatz.

In jedem Parallelogramme ABCD, Fig. 71, sind die Ergänzungen der Parallelogramme um der Diagonale, DK und KB, einander gleich.

Beweis.

Denn es ist, Fig. 71, wo AKC eine Diagonale von dem Parallelogramme AC ist,

$$\triangle(P + V + T) = \triangle(Q + R + S),$$

und aus eben dem Grunde auch

$P = Q$ und $T = S$; also nach dem 3ten Grundsatze

$$V = R.$$

Das Parallelogramm V hat mit dem Parallelogramme R gleiche Winkel; also sieht man hieraus, wie man ein Parallelogramm in ein ihm gleichwinkliges von einer gegebenen Seite verwandeln kann. Aber jedes Dreyeck läßt sich in ein Parallelogramm verwandeln. Also folgt

44. Satz. Aufgabe.

Ein gegebenes Dreyeck C, Fig. 72, in ein Parallelogramm mit einer gegebenen Seite AB und einem gegebenen Winkel D zu verwandeln.

Auflösung.

Man mache ein dem Dreyecke C gleiches Parallelogramm DEFG, Fig. 72, unter dem Winkel EFG = D, verlängere DG in H, so daß GH der gegebenen Seite AB gleich werde, ziehe HF, und verlängere diese HF und die DE, bis sich beyde in I begegnen. Endlich lege man durch H die HK der DE, und durch I die IK der DG parallel, und verlängere noch GF und EF nach L und M. Ist dies geschehen, so hat man in FK das verlangte Parallelogramm.

Beweis.

Denn einmal ist FK = DEFG = C. Ferner ist FM = GH = AB. Endlich ist MFL = GFE = D.

Sind mehr als ein Dreyeck gegeben, so lassen sich hiernach alle in Parallelogramme verwandeln, welche eine Seite und außer ihr die Winkel gleich haben. Aber alle diese Parallelogramme lassen sich auch zu Einem Parallelogramme mit eben der Seite und eben den Winkeln zusammensetzen, und so folgt

45. Satz. Aufgabe.

Eine gegebene geradlinige Figur in ein Parallelogramm mit einem gegebenen geradlinigen Winkel zu verwandeln.

Auf-

Auflösung und Beweis.

Es sey ABCD, Fig. 73, die gegebene Figur, und E der gegebene Winkel. Man ziehe die Diagonale AC, verwandele das Dreyeck ABC in das Parallelogramm FGHK, so daß FKH = E sey, desgleichen das Dreyeck ACD in das Parallelogramm GHML, so daß dasselbe die Seite GH = FK, und den Winkel GHM = E habe, und lege darauf die gleichen Seiten GH beyder Parallelogramme auf, und die Parallelogramme selbst an einander, wo denn das Parallelogramm FKML der Aufgabe ein Genüge thun wird. Es ist nemlich

$$FGHK = \triangle ABC, \text{ und } GHML = \triangle ACD, \text{ also}$$
$$FGHK + GHML = FKML = ABCD.$$

Außerdem ist auch

$$FKM = E.$$

Nach dieser Untersuchung wird vor allem andern die Anwendung des bisherigen Allgemeinen auf die Arten der Parallelogramme, welche wir oben, S. 76, kennen gelernt haben, unsere Pflicht; eine Sache, wozu hier keine besondere Anwendung gegeben zu werden braucht. Aber von ihr kann man die Fortsetzung der gedachten Untersuchung bey den einzelnen Arten unterscheiden, und diese mit Erfolge anzustellen, ist nöthig, die Arten der Parallelogramme nach und nach sinnlich allgemein zu entwerfen.

46. Satz. Aufgabe.

Auf einer gegebenen geraden Linie ein Quadrat zu beschreiben.

Auflösung.

Es sey AB, Fig. 74, die gegebene gerade Linie. Man errichte darauf in A die gerade Linie AC senkrecht, mache AD gleich AB, und ziehe durch D und B, mit AB und AD parallel, DE und BE. Hierdurch ist geschehen, was verlangt worden.

Beweis.

Da ABED ein Parallelogramm und A = R ist, so ist auch D = R; folglich ebenfalls E = A und B = D = R. Nun war AD = AB; und daher auch AB = DE = AD = BE.

Daß zwey Quadrate einander gleich sind, wenn Eine Seite in beyden gleich ist, und umgekehrt; ferner, daß das Quadrat einer größern Linie kleiner sey als das Quadrat einer kleinern, und umgekehrt, sind Behauptungen, die sich nunmehr selbst sinnlich zeigen lassen. Da aber auf diese Art die Vergleichung zweyer Quadrate zu keinen neuen Lehrsätzen führt: so wird es nothwendig, das Quadrat noch genauer zu untersuchen.

Es sey also ABCD, Fig 75, ein Quadrat. Zieht man darin nach der ersten Forderung die Diagonale DB, und beschreibt darüber nach dem so eben entwickelten Satze das Quadrat BDEF: so ist CBF = CDE = ½ R, folglich, wenn man CE und CF zieht, nach dem 4ten Satze,

△ DBC

△DBC = △CBF = △FCE = △ECD = ½ABCD, nach dem 34sten Satze. Hieraus aber fließt, daß das Quadrat BDEF = 2ABCD sey. Verlängert man ferner, Fig. 76, nach der zweyten Forderung, AB beliebig nach E, und beschreibt auch über dieser Linie BE das Quadrat BEFG: so bietet sich die Linie AG nach der ersten Forderung, und das Quadrat AGHI nach der vorhergehenden Aufgabe dar. Da ABG = R ist: so hat man auf diese Art drey über den Seiten eines rechtwinkligen Dreyecks beschriebene Quadrate. Zieht man also, um diese Quadrate genauer kennen zu lernen, die Linie AF und GD, so ist nach dem 41sten Satze △AGF = ½BEFG, und △GAD = ½ABCD. Bemerkt man daher, daß AG = GH, GF = GB, AGF = HGB, desgleichen GA = AI, AD = AB und GAD = BAI ist: so leitet der 4te Satz zur Ziehung der Linien HB und BI, und der 41ste zur Ziehung der BK, diese nemlich der GH oder der AI parallel. Die Betrachtung dessen, was sich nunmehr aufdringt, führt zu folgendem merkwürdigen Satze.

47. Satz. Lehrsatz.

In einem jeden rechtwinkligen Dreyecke ist das Quadrat der Hypotenuse den beyden Quadraten der Catheten gleich.

Erläuterung.

Es sey, Fig. 77, BAC = R: so ist das Quadrat von BC gleich den beyden über AB und AC beschriebenen Quadraten.

 Beweis.

Beweis.

Man beschreibe über BC, AB und AC die Quadrate BCDE, ABGF und ACIH, ziehe AK der BE parallel, und außerdem auch AE und CG. Da FAB = BAC = R ist, so liegen FA und AC in einer geraden Linie. Da ferner AB = GB, BE = BC und ABE = GBC ist: so ist △ ABE = △ GBC, und dabey △ ABE = ½ BK, weil BE und AK, desgleichen △ GBC = ½ AG, weil GB und FC parallel sind. Folglich ist auch ½ BK = ½ AG, und daher ferner BK = AG. Auf ähnliche Art läßt sich aber ebenfalls, wenn man AD und BI zieht, beweisen, daß CK = AI sey; und dann folgt sehr leicht, BK + CK = BD = AG + AI.

48. Satz. Lehrsatz.

Wenn in einem Dreyecke das Quadrat einer seiner Seiten den Quadraten der übrigen Seiten gleich ist: so ist der von diesen übrigen Seiten eingeschlossene Winkel ein rechter.

Beweis.

Es sey, Fig. 78, BCq = ABq + ACq. Man errichte aus A auf AC die gerade Linie AD senkrecht und = AB, und ziehe DC. Da alsdann DCq = ADq + ACq, und ADq = ABq ist: so ist auch DCq = ABq + ACq = BCq. Folglich DC = BC, und daher nach

nach dem 8ten Satze △BAC = △DAC, mithin BAC = DAC = R.

Anstatt über der Verlängerung BE der Seite AB, Fig. 76, ein Quadrat zu beschreiben, können wir nun durch E, Fig. 79, eine gerade Linie der BC parallel legen, und dieselbe von der verlängerten DC in F schneiden lassen. Auf diese Art gelangen wir zu einer geraden Linie AE, welche wir uns theils als in zwey beliebige Theile getheilt, theils als aus zwey Theilen zusammengesetzt vorstellen können. Da ferner dabey die Gleichheit von AF und AC + BF in die Augen fällt: so erhalten wir darin einen Wink, wohin nunmehr die Aufmerksamkeit zu richten sey, und es wird um so mehr Pflicht denselben zu befolgen, da die Behandlung eines Rechtecks nach den Forderungen eben dahin leitet. Theilen wir nun aber entweder eine gegebene gerade Linie beliebig in Theile, nemlich erst in ungleiche, dann in ungleiche und gleiche; oder setzen dieselbe theils aus gleichen, theils aus ungleichen Theilen zusammen (denn mehr Fälle bleiben nicht übrig, wenn dieselben wirklich von einander verschieden seyn sollen) und untersuchen darauf, welche von den zwischen den erhaltenen Linien möglichen rechtwinkligen Parallelogrammen einander gleich seyen: so unterscheidet sich sowohl der Gegenstand unserer Untersuchung, als die Art, wie wir ihn behandeln, von den bisherigen auf mancherley Art. Wir kehren im Grunde zur geraden Linie zurück, behandeln aber dieselbe nicht mehr bloß nach den Forderungen, sondern mit Vorsetzung eines bestimmten Ziels. Aus dieser Ursache wollen wir fürs erste das Bisherige absondern, und am Ende unserer gegenwärtigen Untersuchung nochmals dazu zurückkehren.

Erste Abtheilung.

Erster Abschnitt.

Zweytes Buch.

Vergleichung der rechtwinkligen Parallelogramme bey geraden und entweder in Theile getheilten oder aus dergleichen zusammengesetzten Linien.

1. Satz. Lehrsatz.

Wenn von zweyen geraden Linien, A und BC, Fig 80, die eine, BC, in beliebige Theile, BD, DE, EC, getheilt wird: so ist das Rechteck zwischen diesen beyden Linien A und BC, den Rechtecken zwischen der ungetheilten Linie A und jedem der Theile der andern Linie BC gleich.

Beweis.

Man beschreibe das Rechteck zwischen BC und A, (indem man GBC = R und GB = A macht, und darauf

darauf durch G und C die GH der BC, und die CH der BG parallel zieht) und lege, durch D und E, DK und EL der BG parallel. Dann ist

$$BH = BK + DL + EH,$$

$$BH = GB \times BC;\ BK = GB \times BD;\ DL = KD \times DE;$$

$$EH = LE \times EC, \text{ und } GB = KD = LE = A.$$

So wie man den vorstehenden Lehrsatz durch die am Ende des ersten Buchs beschriebene Behandlung des Quadrats und des Rechtecks findet: so gelangt man zu den zunächst folgenden, indem man nun statt der andern ungetheilten Linie zuvörderst die erste aber ungetheilt, dann einen ihrer Theile, und endlich die erste nochmals, aber auf eben die Art getheilt, nimmt.

2. Satz. Lehrsatz.

Wenn eine gerade Linie AB, Fig. 81, in zwey beliebige Theile AC, CB getheilt wird: so ist das Quadrat der ganzen Linie den beyden Rechtecken zwischen ihr und ihren Theilen gleich.

Beweis.

Es sey ABED das Quadrat von AB, und CF der AD parallel: so ist $ABED = AF + CE$, und $ABED = ABq$, $AF = DA \times AC$, $CE = FC \times CB$, und $FC = DA = AB$.

3. Satz. Lehrsatz.

Wenn eine gerade Linie AB, Fig. 82, in zwey beliebige Theile AC, CB getheilt wird: so ist das Rechte-

Rechteck zwischen der ganzen Linie und einem ihrer Theile, dem Rechtecke zwischen beyden Theilen nebst dem Quadrate des gedachten Theils gleich.

Beweis.

Es sey ABEF das Rechteck zwischen AB und BC, also AF = BC, und CD der AF parallel. Unter diesen Voraussetzungen ist AE = AD † CE, und AE = AB × BC, AD = AC × CB, und CE = BCq.

4. Satz. Lehrsatz.

Wenn eine gerade Linie AB, Fig 83, in zwey beliebige Theile AC, CB getheilt wird: so ist das Quadrat der ganzen Linie den Quadraten der beyden Theile nebst dem doppelten Rechtecke zwischen beyden Theilen gleich.

Beweis.

Es sey AE = ABq, BK = BC (also auch KE = AC) CF der AD, und KH der AB parallel. Da auf diese Art HF = ACq, und CK = CBq wird: so ist DB, = DG † GB, die Diagonale des Quadrats AE, und daher AG = GE. Nun ist

ABq = HF † CK † AG † GE; folglich

ABq = ACq † CBq † 2AC × CB.

Die Theilung einer geraden Linie in zwey gleiche und in zwey ungleiche Theile kann auf zwiefache Weise geschehen; man halbirt entweder die ganze Linie oder den

einen

einen ihrer Theile. Dadurch wird man zu folgenden Sätzen geleitet.

5. Satz. Lehrsatz.

Wenn eine gerade Linie AB, Fig. 84, in zwey gleiche Theile AC, CB, und in zwey ungleiche AD, DB getheilt wird: so ist das Rechteck zwischen den ungleichen Theilen nebst dem Quadrate des Stücks zwischen den Theilungspunkten so groß als das Quadrat der Hälfte.

Beweis.

Es sey AH das Rechteck zwischen AB und DB, also $AK = DB$; ferner $CF = CBq$, und KH nach M, so wie DH nach G verlängert: so ist $DM = DBq$, $LG = CDq$, und $LD = GM$, als Ergänzungen der Quadrate DM und LG um der Diagonale EB. Dies vorausgesetzt ist leicht einzusehen, daß $AL + LD + LG = CM + GM + LG$, oder $AH + CDq = CBq$ sey.

6. Satz. Lehrsatz.

Wenn eine gerade Linie AB, Fig. 85, in zwey gleiche Theile AC, CB getheilt, und darauf um ein beliebiges Stück BD verlängert wird: so ist das Rechteck zwischen BD und AD nebst dem Quadrate der Hälfte, dem Quadrate der aus der Hälfte und der Verlängerung bestehenden geraden Linie gleich.

Beweis.

Beweis.

Es sey AM das Rechteck zwischen AD und BD, also AK = BD, und CF = CDq. Zieht man BG der DF parallel: so wird BM = BDq, und LG = CBq; folglich CH = HF, als Ergänzungen der Quadrate BM und LG um der Diagonale ED. Hiernach fällt in die Augen, daß AL + CH + BM + LG = CH + HF + BM + LG, oder AM + LG = CF ist.

7. Satz. Lehrsatz.

Wenn eine gerade Linie AB, Fig. 86, in zwey beliebige Theile AC, CB getheilt wird: so ist das Quadrat der ganzen Linie, nebst dem Quadrate des einen Theils, dem doppelten Rechtecke zwischen der ganzen Linie und diesem Theile, nebst dem Quadrate des andern Theils, gleich.

Beweis.

Es sey AE = ABq, und CK der AD, so wie FH, nachdem man BF = BC genommen, der BA parallel gezogen. Da auf diese Art BG = BCq, und GD = CAq wird: so ist CH = GE, indem DGB eine Diagonale ist. Man hat also

AE + BG = BH + FK + GD + BG

und da FK + BG = CH + BG = BH ist,

AE + BG = 2BH + GD.

8. Satz.

8 Satz. Lehrsatz.

Wenn eine gerade Linie AB, Fig. 87, in zwey beliebige Theile getheilt wird: so ist das vierfache Richteck zwischen der ganzen Linie und dem einen Theile nebst dem Quadrate des andern Theils dem Quadrate der aus der ganzen und dem andern Theile bestehenden geraden Linie gleich.

Beweis.

Es sey AF das Quadrat der aus der ganzen Linie AB und dem Theile BC bestehenden geraden Linie. Man ziehe durch C und B die Linien CG und BH der AE, und durch I und K, nachdem man DI = IK = BC = BD gemacht hat, die IL und KM der AD parallel. Dann ist AO = LQ = OF = PH + OD, wovon der Grund aus der Figur in die Augen fällt. Da also AO = AB × BC ist; so wird AO + LQ + OF + PH + OD = 4AB × BC, und so erhellet ebenfalls beym Anblicke der Figur, daß ADq = 4AB × BC + ACq ist.

9 Satz. Lehrsatz.

Wenn eine gerade Linie AB, Fig. 88, in zwey gleiche Theile AC, CB, und in zwey ungleiche AD, DB getheilt wird: so sind die Quadrate der ungleichen Theile so groß als das zwiefache Quadrat der Hälfte nebst dem zwiefachen Quadrate des zwischen den Theilungspunkten liegenden Stückes.

Beweis

Beweis.

Errichtet man in C über AB die CE senkrecht, und gleich AC; so wird, nachdem man AE und EB gezogen, nicht nur das Dreyeck AEC und das Dreyeck BEC, sondern auch das Dreyeck AEB rechtwinklig und gleichschenklig. Zieht man demnach DF der EC, und FG der AB parallel: so sind auch FDB und EGF rechtwinklige und gleichschenklige Dreyecke. Man ziehe also noch AF. Da unter den gedachten Voraussetzungen AF den Dreyecken AFD und AFE gemeinschaftlich und beyder Hypotenuse ist: so ist ADq + DFq = AEq + EFq. Nun ist aber DFq = DBq; AEq = 2ACq, und EFq = 2GFq = 2CDq. Folglich auch ADq + DBq = 2ACq + 2CDq.

10. Satz. Lehrsatz.

Wenn eine gerade Linie AB, Fig. 89, in zwey gleiche Theile AC, CB getheilt, und darauf um ein beliebiges Stück BD verlängert wird: so ist das Quadrat der aus der AB und der Verlängerung BD bestehenden Linie AD, nebst dem Quadrate der Verlängerung, den zwiefachen Quadraten der Hälfte und der aus der Hälfte und der Verlängrrung bestehenden Linie gleich.

Beweis.

Errichtet man auch jetzt in C über AB die CE senkrecht und gleich AC, verlängert aber die EB, bis

sie

sie die durch D mit EC parallel gezogene Linie DF in F schneidet: so sind die Dreyecke ACE, CEB, AEB, BDF insgesammt rechtwinklige und gleichschenklige Dreyecke. Man verlängere also auch die EC, lasse dieselbe von der durch F mit AD parallel gezogenen geraden Linie in G schneiden, wodurch auch EGF ein rechtwinkliges und gleichschenkliges Dreyeck werden wird, und ziehe AF. Auf diese Art wird, da AF die gemeinschaftliche Hypotenuse der Dreyecke ADF und AEF ist, ADq + DFq = AEq + EFq, d. h. ADq + DBq = 2ACq + 2CDq, weil DB = DF, AEq = 2ACq, und EFq = 2GFq = 2CDq ist.

So weit gelangen wir, wenn wir eine gerade Linie theils in zwey ungleiche, theils in zwey gleiche und in zwey ungleiche Theile theilen, und die dann zwischen den dadurch erhaltenen Linien möglichen rechtwinkligen Parallelogramme unter einander vergleichen, ohne Mühe; aber es ist auch nicht schwer zu erkennen, daß die gefundenen Vergleichungen noch nicht alle Fälle enthalten. Zu dem sind wir bisher von der Theilung der geraden Linie ausgegangen und haben die rechtwinkligen Parallelogramme aufgesucht, welche einander gleich waren. Da sich dieses Verfahren auch umkehren läßt: so liegt die Frage nahe: Wie muß eine gerade Linie getheilt werden, wenn das Quadrat des einen Theils dem Rechtecke zwischen dem andern Theile und der ganzen Linie gleich seyn soll?

Untersucht man dieselbe, so fällt sogleich in die Augen, daß der Theil, dessen Quadrat dem Rechtecke zwischen

zwischen der ganzen Linie und dem andern Theile gleich seyn soll, grösser seyn müsse als dieser andere. Gesetzt also, daß die Linie AB, Fig. 90, auf die gedachte Art getheilt werden, und BC jener Theil seyn sollte: so müßte BC grösser als AC seyn. Beschreibt man ferner über BC das Quadrat BCED, und über AC das Rechteck ACGF = AC × AB: so müßte, wenn AB in C auf die verlangte Art getheilt wäre, auch BCED = ACFG, und also auch, wenn man DB und GF nach H verlängerte, EH = AH seyn. Umgekehrt würde auch, wenn EH = AH wäre, BCED = ACFG, und daher die Linie AB in C auf die verlangte Art getheilt seyn. Es frägt sich also: Wie kann man EH = AH erhalten oder beschreiben? Da EH ein Rechteck zwischen DB und DH, also ein Rechteck zwischen der Verlängerung einer geraden Linie und der aus der Linie und ihrer Verlängerung bestehenden Linie ist: so kann dies an den 6ten Satz erinnern; und theilt man, dadurch veranlaßt, die BH in I in zwey gleiche Theile: so hat man EH + BIq = DIq. Soll daher AH = ABq = EH werden: so muß auch ABq + BIq = DIq seyn; und da dieses statt fände, wenn man DI so groß als AI nähme: so erhellet hieraus, wie der vorhin aufgeworfenen Frage ein Genüge geschehen kann.

11. Satz. Aufgabe.

Eine gegebene gerade Linie AB, Fig. 91, so zu theilen, daß das Quadrat des einen Theils dem Rechtecke zwischen der ganzen Linie und dem andern Theile gleich sey.

Auf-

Auflösung.

Man beschreibe über AB das Quadrat ABCD, theile dessen Seite AD in E in zwey gleiche Theile, ziehe BE, verlängere EA, bis EF = EB wird, beschreibe über AF das Quadrat AFGH, und verlängere GH nach I. Ist dies geschehen, so ist AB in H auf die verlangte Art getheilt, d. h. so, daß AHq = AB × BH ist.

Beweis.

Nach dem 6ten Satze ist AF × FD + AEq = EFq. Nun ist EF = EB gemacht worden, und es ist daher auch AF × FD + AEq = EBq = ABq + AEq. Folglich ist, nach dem 3ten Grundsatze, AF × FD = ABq, und, wenn man eben diesen Grundsatz noch einmal anwendet, AFq = AHq = AB × BH.

Wenn man die Aufgabe im 12ten Satze auf die ungleichseitigen, spitz- und stumpfwinkligen Dreyecke anwendet; so nimmt man dabey vermittelst der Sätze des ersten Buchs, nach S. 59, nichts beträchtliches wahr. Da aber durch die aus der Spitze eines Winkels eines ungleichseitigen Dreyecks auf die gegenüber stehende Seite herabgefällte senkrechte Linie die gedachte Seite so verändert wird, daß sich darauf theils der 4te theils der 7te Satz des gegenwärtigen Buchs anwenden läßt: so kann der erwähnte Umstand Veranlassung werden diese Anwendung zu versuchen, und zwar um so eher, wenn man bemerkt hat, daß sich die Theile der getheilten Seite nach den an ihr liegenden Winkeln, und sonach auch nach den übrigen Seiten richten.

12. Satz. Lehrsatz.

In jedem stumpfwinkligen Dreyecke ABC, Fig. 92, ist das Quadrat der dem stumpfen Winkel gegenüber stehenden Seite BC größer, als die Quadrate der beyden sie einschließenden Seiten CA, AB, und zwar um das doppelte Rechteck zwischen einer dieser einschließenden Seiten und der Verlängerung derselben bis zu der aus der Spitze des gegenüber stehenden Winkels auf sie herabgefällten senkrechten Linie.

Beweis.

Es sey CDB = R. Da, nach dem 4ten Satze CDq = CAq † ADq † 2CA × AD ist: so ist CDq † DBq = CAq † ADq † DBq † 2CA × AD, d. h. BCq = CAq † ABq † 2CA × AD.

13. Satz. Lehrsatz.

In jedem spitzwinkligen Dreyecke ABC, Fig. 93, ist das Quadrat jeder Seite kleiner als die beyden Quadrate der übrigen Seiten, und zwar um das zwiefache Rechteck zwischen der einen dieser Seiten und demjenigen ihrer Theile, der durch die aus dem gegenüber stehenden Winkel herabgefällten senkrechten Linie begrenzt wird, und mit der

andern

andern der gedachten übrigen Seiten einen Winkel des Dreyecks einschließt.

Beweis.

Es sey BDA = R. Da nach dem 7ten Satze BCq + BDq = 2BC × BD + DCq ist: so ist auch BCq + BDq + DAq = 2BC × BD + DCq + DAq, d. h. BCq + BAq = ACq + 2BC × BD.

Aber durch alle diese Sätze sind wir noch nicht zu einem ähnlichen Ziele gelangt, als wir im ersten Buche im 45sten Satze erreichten. Erinnert man sich hieran, so entsteht die Frage: Läßt sich nicht etwa gegenwärtig die Verwandlung einer jeden geradlinigen Figur weiter fortführen? Das findet man bald, daß solches durch die Verwandlung eines Rechtecks in ein Quadrat geschehen müsse; und dadurch verändert sich vorstehende Frage in diese: Wie findet man ein Quadrat, welches einem gegebenen Rechtecke gleich ist? Es sey ABCD, Fig 94, ein Rechteck. Um die Verwandlung desselben in ein Quadrat vermittelst der bisherigen Sätze zu finden, fällt in die Augen, daß man AB nach E verlängern, und BE der BC gleich machen müsse, damit man nemlich eine gerade Linie von der Art, als wir bis jetzt bey der Vergleichung der rechtwinklichen Parallelogramme zum Grunde gelegt haben, und dabey unter den zu vergleichenden Parallelogrammen zugleich das gegebene Rechteck bekomme. Hat man aber dieses gethan, so läßt sich zu der vorgesetzten Absicht bloß der 5te Satz, indeß nicht eher, anwenden, als bis man AE in F in zwey gleiche Theile getheilt hat. Ist daher auch dieses geschehen, so ist AB × BE

 oder

oder AB × BC + FBq = FEq, und also AB × BC der Unterschied der Quadrate FEq und FBq. Es kommt also darauf an, ob man ein Quadrat finden könne, welches dem Unterschiede zweyer Quadrate gleich sey; und da man dazu durch den 47sten Satz des ersten Buchs im Stande seyn kann: so ist nunmehr die Auflösung folgender Aufgabe hinlänglich vorbereitet.

14. Satz. Aufgabe.

Eine gegebene geradlinige Figur A, Fig. 95. in ein Quadrat zu verwandeln.

Auflösung.

Man verwandele die Figur A in das Rechteck BCDE, verlängere BE nach F, so daß EF = ED sey, theile BF in G in zwey gleiche Theile, beschreibe aus G mit GF über EF einen halben Kreis, und verlängere DE nach H. Auf diese Art findet man in EH die Seite des verlangten Quadrats.

Beweis.

Denn es ist, nach dem 5ten Satze, BE × EF + GEq = GFq; folglich auch, da GF = GH ist, BE × EF + GEq = GHq = GEq + HEq, weil HEG = R ist. Hieraus aber fließt BE × EF oder BE × ED = HEq.

Ueberdenkt man jetzt die Reihe der zur Vergleichung der rechtwinkligen Parallelogramme gehörigen Sätze nochmals, so ist es nicht schwer wahrzunehmen, daß sich dieselbe noch durch viele andere Sätze erweitern lasse.

Um

Um davon einige Beyspiele anzuführen, so giebt die Theilung beyder Seiten eines Rechtecks in beliebige Theile, wenn man durch alle Theilungspunkte einer jeden Seite mit der andern Seite parallele Linien legt, den Satz: Wenn zwey gerade Linien in beliebige Theile getheilt, oder aus dergleichen Theilen zusammengesetzt werden: so ist das Rechteck zwischen diesen Linien, der Summe der Rechtecke zwischen einem jeden Theile der einen Linie und jedem Theile der andern Linie gleich. Denn es sey, Fig. 96, ABCD = AB × AD, und AB = a + b + c, AD = d + e. Zieht man durch E und F die EI und FK der AD, und durch G die GL der AB parallel: so wird ABCD = P + Q + R + S + T + V. Nun ist aber P = da, Q = db, R = dc, S = ea, T = eb, V = ec. Folglich ist auch AB × AD = da + db + dc + ea + eb + ec, so wie es behauptet wurde. — Nimmt man ein Quadrat AC, Fig. 97, theilt man darin zwey einen Winkel einschließende Seiten auf gleiche Art, und zieht darauf durch die Theilungspunkte eben so als vorhin Parallel-Linien: so findet man, daß das Quadrat der ganzen Linie den Quadraten aller Theile, nebst den doppelten Rechtecken zwischen einem jeden Theile und allen vorhergehenden gleich ist. Es sey z. B., Fig. 97, AB = a + b + c, und auch AD = a + b + c. Da ABq = P + T + Z + S + Q + (X + Y) + (R + V), und P = aa, T = bb, Z = cc, S = Q = ab, (X + Y) = (R + V) = a + b.c ist: so ist auch ABq = aa + bb + cc + 2ab + 2(a + b)c. — Theilt man ferner, Fig. 98, AB in C, und verlängert darauf AB um BD = BC, so wird AD = AB + BC und AC = AB — BC. Stellt also in der

 Figur

Figur AE das Rechteck $AD \times AC$, und AG das Quadrat von AB vor, so sind P und S ebenfalls Quadrate, und daher $T = Q$. Ferner ist auch $Q = R$, weil $CB = BD$, und KE der CD parallel ist. Man hat demnach

$$P + Q = P + T,$$ und also, da $R = Q$ ist,

$$P + Q + R = P + T + Q.$$

Nun ist $P + Q + R = AD \times AC = (AB + BC) \times (AB - BC)$, und $P + T + Q$ der Unterschied der Quadrate ABq und BCq. Folglich erhält man

$$(AB + BC) \times (AB - BC) = ABq - BCq.$$

Auch folgender Satz gehört hierher. Wenn man eine gerade Linie AB, Fig 99, in den Punkten R und S beliebig theilt, so ist das Rechteck zwischen der ganzen Linie AB und dem mittelsten Theile RS nebst dem Rechtecke zwischen den Theilen AR und BS dem Rechtecke $AS \times BR$ gleich. Dieser Satz läßt sich auf mehr denn eine Art beweisen. Denn einmal ergiebt sich, da $AB = AS + BS$ ist, nach dem ersten Satze des gegenwärtigen Buchs,

$$AB \times RS = AS \times RS + BS \times RS,$$

und es ist daher auch

$$AB \times RS + AR \times BS = AS \times RS + BS \times RS + AR \times BS$$

Nun ist

$$BS \times RS + AR \times BS = BS \times (RS + AR) = BS \times AS$$

also

$$AB \times RS + AR \times BS = AS \times RS + BS \times AS$$

Ferner ist

$$AS \times RS + BS \times AS = AS \times (RS + BS) = AS \times BR$$

folglich auch

$$AB \times RS + AR \times BS = AS \times BR.$$

Ferne

Ferner beschreibe man Fig 100, über der in R und S beliebig getheilten AB das Quadrat ABab, und theile die Seite Ba auf ähnliche Art in r und s, oder so, daß Bs = BS; sr = SR und ar = AR werde. Dann ziehe man Rh, Sg, desgleichen sc, rd, den Seiten des Quadrats parallel, wodurch man in Ss und cq Quadrate um der Diagonale, und folglich Ae = ae erhält. Demnach ist auch

$$Ae + cf = ae + cf, \text{ oder } Af = ae + cf$$

und, da ae = af + er ist,

$$Af = af + er + cf = af + cr.$$

Nun ist aber $Af = AS \times Br = AS \times BR$; $af = ar \times BS = AR \times BS$, und $cr = AB \times rs = AB \times RS$. Folglich ist auch $AS \times BR = AR \times BS + AB \times RS$, oder $AB \times RS + AR \times BS = AS + BR$.

Außerdem lassen sich auch aus den gefundenen Sätzen bisweilen durch sehr leichte Folgerungen andere Sätze herleiten. Da z B. nach dem 7ten Satze

$$ABq + BCq = 2AB \times BC + ACq$$

ist: so fließt hieraus nach dem dritten Grundsatze unmittelbar

$$ACq = ABq + BCq - 2AB \times BC.$$

Setzt man eine gerade Linie AC aus zwey Theilen AB und BC zusammen, so ist nach dem vierten Satze

$$ACq = ABq + BCq + 2AB \times BC,$$

wo sich also eine merkwürdige Uebereinstimmung zeigt, Ist ferner das Dreyeck ABC, Fig. 101, bey C stumpfwinklig, das Dreyeck ABC, Fig. 102, aber spitzwinklig: so ist nach dem 12ten Satze bey jenem

$$ABq = ACq + BCq + 2BC \times CD$$

und nach dem 13ten Satze bey diesem

$$ABq + 2BC \times CD = ACq + BCq.$$

Hieraus fließt für $2BC \times CD$ im stumpfwinkligen Dreyecke

$$2BC \times CD = ABq - ACq - BCq$$

und im spitzwinkligen

$$2BC \times CD = ACq + BCq - ABq,$$

wo sich eine ähnliche Beschaffenheit darbietet. — Uebrigens ist die vorhergehende letzte Aufgabe im 14ten Satze sehr geschickt, den ersten Abschnitt der Geometrie zu endigen, indem unter den geradlinigen Figuren das Quadrat diejenige ist, welche am leichtesten genau und deutlich erkannt werden kann, und es daher schon als ein wichtiger Schritt angesehen werden muß, die Verwandlung aller geradlinigen Figuren in ein Quadrat gelernt zu haben. Ueberdenken wir also alle bisher untersuchten Sätze nochmals, so betreffen die im ersten Buche die geraden Linien, die geradlinigen Winkel und die geradlinigen Figuren überhaupt, und die im zweyten Buche die rechtwinkligen Parallelogramme insbesondere. Der Kreis ist bis jetzt noch kein Gegenstand der Untersuchung gewesen, sondern bloß bey der Construction der untersuchten Gegenstände zu Hülfe genommen worden. Nimmt man dieses mit dem zusammen, was gelegentlich über die Verbindung der bisherigen Sätze beygebracht worden ist, so kann es nicht schwer fallen, den Inbegriff dieser Sätze als ein Ganzes, das wieder von einem an-

dern

dern Ganzen, von weit größerm Umfange, ein Theil ist, zu erkennen und mit einem Blicke zu übersehen.

Erste Abtheilung.

Zweyter Abschnitt.

Drittes Buch.

Vom Kreise.

---

1. Erklärungen.

Wir wenden uns nunmehr zu derjenigen Figur, wovon wir den Begriff früher als von irgend einer andern fänden, zu deren genauern Betrachtung sich aber bis jetzt noch keine Gelegenheit dargeboten hat, nemlich zum Kreise. Außer der Erklärung, welche oben da gewesen ist, läßt sich der Kreis auch als die Figur beschreiben, welche entsteht, wenn sich eine gerade Linie um den einen ihrer Endpunkte in einer Ebene herum bewegt, bis sie wieder in die vorige Lage kommt. Legt man diese genetische Erklärung zum Grunde, und man denkt sich nach dem Obigen S. 13. 14. den Kreis eher nach ihr als nach der S. 14. Nr. 14. stehenden: so fällt sogleich in die Augen, daß Kreise gleich sind, wenn ihre Halbmesser, und folglich auch, wenn ihre Durchmesser einander gleich sind. Ferner läßt sich ohne Schwierigkeit erkennen, daß der Durchmesser jeden Kreis in zwey Hälften theile, und also die Figur im Kreise, welche vom Durchmesser und dem durch ihn abgeschnittenen Kreisbogen eingeschlossen wird, den Namen Halbkreis mit Recht führe. Bey der fernern Untersuchung des Kreises, wobey man, um die Forderungen anwenden zu können, auf verschiedene Arten Punkte annehmen muß, bekommt man, außer geraden Linien, welche den Kreis, und außer Kreisen, welche einander schneiden, und wovon schon im Anfange des ersten Buchs einzelne Fälle da gewesen sind,

1. gerade Linien, welche den Kreis berühren, d. h. ihn treffen ohne verlängert denselben zu schneiden. (Tangente.)

2. einander berührende Kreise, oder solche, welche einander treffen, ohne sich zu schneiden.

3. Kreisabschnitte, welchen Namen eine jede Figur im Kreise führt, die von einer geraden Linie und dem durch sie abgeschnittenen Kreisbogen eingeschlossen ist. Bey ihnen läßt sich ferner bemerken

4. der Winkel des Kreisabschnitts, welcher von der gedachten geraden Linie und dem Kreisbogen gemacht wird

5. der Winkel im Kreisabschnitte, oder der Winkel, welchen zwey gerade Linien einschließen, die von einem willkührlichen Punkte des Kreisbogens

gens nach den Endpunkten der geraden Linie gehen, welche mit dem erwähnten Kreisbogen den Abschnitt bildet. Noch kommt hier hinzu

6. der Kreisausschnitt, oder die Figur, welche von zweyen Halbmessern und dem zwischen ihnen liegenden Bogen eingeschlossen ist;

7. der Winkel am Umfange und

8. der Winkel am Mittelpunkte, welche ihren Namen von der Lage ihrer Spitze führen.

2. Sätze

Zu Sätzen gelangt man indeß auf diesem Wege noch nicht, ob solches gleich möglich wäre, wenn man die Anzahl der angenommenen Punkte hinlänglich vergrößerte, nach Maaßgabe derselben die Forderungen oft genug anwendete, und die dadurch entstandenen Figuren mit Beyhülfe alles Bisherigem aufmerksam betrachtete Allein da wir beym Kreise eben so wohl als bey den bisher betrachteten Figuren, die Eigenschaften aus Constructionen erkennen müssen, und bis jetzt die Construction des Kreises nur dann ganz in unserer Gewalt ist, wenn dazu der Mittelpunkt und der Halbmesser gegeben worden: so entsteht vor allen andern Dingen die Frage: Wie findet man zu einem gegebenen Kreise den Mittelpunkt?

1 Satz Aufgabe.

Den Mittelpunkt eines gegebenen Kreises zu finden.

Vor-

Vorbereitung.

Es sey ABC Fig. 103 und 104 der gegebene Kreis. Da der Mittelpunkt desselben von allen Punkten des Umfangs gleich weit entfernt seyn muß, so erhält man in den aus ihm nach jeden zweyen Punkten des Umfangs z. B. A und B gezogenen geraden Linien zwey gleiche gerade Linien, und also, wenn man auch die gerade Linie AB zieht, ein gleichschenkliges Dreyeck, dessen Spitze der Mittelpunkt des Kreises ist. Erinnert man sich demnach an die Seite 59. von den gleichschenkligen Dreyecken berührte Eigenschaft, daß nemlich jede aus dem Halbirungspunkte der Grundlinie eines gleichschenkligen Dreyecks errichtete senkrechte Linie durch die Spitze dieses Dreyecks gehe: so fällt in die Augen, wie man es anzufangen habe, um in einem gegebenen Kreise Einen Durchmesser zu ziehen, und hat man diesen, so ist die Findung des Mittelpunkts, da derselbe den Durchmesser in zwey gleiche Theile theilt, mit weiter keiner Schwierigkeit verknüpft.

Auflösung.

Man nehme in dem Umfange des gegebenen Kreises ABC Fig. 104. willkührlich zwey Punkte A und B an, ziehe zwischen denselben die gerade Linie AB, halbire diese in D, errichte auf sie in dem Theilungspunkte D senkrecht die von dem Umfange des Kreises begrenzte gerade Linie CE, und halbire endlich auch diese in K. Ist dieses geschehen, so ist K der gesuchte Mittelpunkt.

Be-

Beweis.

Denn sollte K nicht der Mittelpunkt seyn, so sey es ein anderer und zwar zuvörderst außerhalb CE liegender Punkt, z. B. F. Allein zieht man die Linien FA, FB und FD, so muß, wenn F der Mittelpunkt des Kreises ABC seyn soll, AF = FB, und folglich, da FD = FD und AD = DB ist, auch △AFD = △FDB und ADF = FDB = R = ADK = KDB seyn, welches unmöglich ist. Sollte ferner ein anderer aber in CE liegender Punkt, z. B. G der Mittelpunkt seyn, so wäre, da CK = KE gemacht worden, CG < GE, und dieses streitet ebenfalls wider den Begriff des gesuchten Punktes.

Schon durch das, was in der Vorbereitung enthalten ist, ist man von der Richtigkeit der gegebenen Auflösung überzeugt, durch den hier hinzugefügten Beweis aber wird man davon gewiß. Was über den zweyten Fall beygebracht ist, bietet sich indeß so sehr von selbst dar, daß es nicht einmal nöthig gewesen wäre, dasselbe ausdrücklich hinzuzufügen. Aber dagegen verdient aus der Vorbereitung der Satz ausgehoben zu werden: daß jede gerade Linie im Kreise, die eine andere gerade Linie in eben diesem Kreise senkrecht halbiret, durch den Mittelpunkt des Kreises gehe.

Da sich jede zwey gerade Linien in nicht mehr als in Einem Punkte schneiden können, so ist leicht einzusehen, daß man auch, um den Mittelpunkt eines gegebenen Kreises zu finden, zwey Durchmesser desselben suchen

suchen könne. Die sicherste Art und Weise dazu bietet sich bey einigem Nachdenken von selbst dar.

Ferner erkennt man hieraus, daß und wie sich durch drey nicht in Einer geraden Linie liegende Punkte ein Kreis legen lasse, so wie auch, daß durch solche drey Punkte nicht mehr als ein Kreis gelegt werden könne.

Bey der vorhergehenden Auflösung mußte zwischen zwey Punkten eines Kreisumfangs eine gerade Linie gezogen werden. Wie ist die Lage dieser Linie beschaffen? Fällt dieselbe allemal und ganz innerhalb des Kreises oder nicht?

2. Satz. Lehrsatz.

Jede gerade Linie AB zwischen zweyen Punkten im Umfange eines Kreises ABC Fig. 105 fällt innerhalb dieses Kreises.

Beweis.

Man ziehe aus dem Mittelpunkte K nach A und B die geraden Linien KA und KB, und nach einem in AB willkührlich angenommenen Punkte D die Linie KD. Alsdann ist ADK > DBK und KDB > DAK (1s B. S. 16.), also, da DAK = DBK ist (1. B. S. 5.) auch ADK > DAK und KDB > DBK; folglich KD < AK oder KB, und D demnach dem Mittelpunkte näher als jeder Punkt im Umfange, oder jeder Punkt in AB innerhalb des Kreises ABC.

Dieser Satz ist nicht bloß der Vollständigkeit wegen nöthig, sondern auch sehr nützlich, um die Natur des

Kreis-

Kreisumfangs genauer kennen zu lernen. Daß der Kreisumfang keine gerade Linie sey, ist zwar bey einigem Nachdenken darüber klar, aber deswegen noch nicht, daß auch kein Theil von ihm, so klein man ihn auch annehmen mag, gerade, oder er selbst eine krumme Linie ist. Dieses läßt sich vermittelst des gegenwärtigen Satzes sehr leicht darthun, da einmal die Punkte A und B willkührlich angenommen worden, und der Beweis daher nichts von seiner Stärke verliert, wenn man dieselben einander auch noch so nahe annimmt; und zweytens gezeigt worden ist, daß alle in AB zwischen A und B liegende Punkte innerhalb des Kreises liegen, und also die Linie AB bloß die Punkte A und B mit dem Kreisumfange gemein habe.

Auch folgender Satz bietet sich bey der 104ten Figur bald dar.

3. Satz. Lehrsatz.

Wenn im Kreise ABC, Fig. 106, eine durch den Mittelpunkt gehende gerade Linie CD eine andere AB, welche nicht durch den Mittelpunkt gehet, in zwey gleiche Theile theilt, so schneidet sie dieselbe senkrecht; und wenn sie dieselbe senkrecht schneidet, so theilt sie sie auch in zwey gleiche Theile.

Beweis.

Es sey K des Kreises ABC Mittelpunkt und KA und KB gezogen. Nun ist

1. AE = EB, KE = KE und KA = KB, folglich △KEA = △KEB und KEA = KEB = R. Dagegen ist

2. KEA = KEB, KAE = KBE und KE = KE. Folglich △AKE = △KEB und AE = EB.

Ferner stellt die 104te Figur zwey im Kreise sich schneidende gerade Linien dar. Dergleichen gerade Linien können entweder beyde durch den Mittelpunkt gehen, oder es thut solches nur die eine, oder keine von beyden. Daß jede zwey Durchmesser eines Kreises einander in zwey gleiche Theile theilen, ist von selbst klar. Unter welchen Umständen im andern Falle die eine gerade Linie von der andern in zwey gleiche Theile getheilt werde, lehrt der eben bewiesene Satz. Es frägt sich also noch, wie sichs im dritten verhalte?

4. Satz. Lehrsatz.

Wenn sich in einem Kreise ACBD, Fig. 107, zwey gerade Linien AB und CD, welche nicht durch den Mittelpunkt gehen, einander schneiden, so theilen sie einander nicht in zwey gleiche Theile.

Beweis.

Denn gesetzt, sie theilten einander in E in zwey gleiche Theile, so daß nicht nur AE = EB, sondern auch CE = ED wäre: so müßte, wenn man aus E nach K, dem Mittelpunkte des Kreises, die gerade Linie EK zöge, nach dem vorhergehenden Satze, KE nicht nur auf AB, sondern auch auf CD senkrecht, oder

oder nicht nur AEK sondern auch CEK = R seyn, welches unmöglich ist.

Nach diesen theils den Mittelpunkt Eines Kreises selbst betreffenden theils durch die Untersuchung desselben an die Hand gegebenen Sätzen, ist das Nächste, die Mittelpunkte zweyer Kreise zu betrachten. Soll dies mit Erfolge geschehen, so müssen sich diese Kreise entweder schneiden oder berühren. Haben dergleichen Kreise einen gemeinschaftlichen Mittelpunkt oder nicht?

5. Satz Lehrsatz.

Zwey Kreise ABC, CDG, Fig 108, welche sich schneiden, haben keinen gemeinschaftlichen Mittelpunkt.

Beweis.

Es sey E der Mittelpunkt des einen Kreises. Gesetzt es sollte derselbe auch der Mittelpunkt des andern Kreises seyn, so ziehe man aus ihm nach dem einen Durchschnittspunkte C die gerade Linie EC, und willkührlich EFG. Bey dem Angenommenen müßte im Kreise ABC, EC = EF, und im Kreise CDG, EC = EG, und folglich EG = EF seyn Da aber dieses unmöglich ist, so kann auch E nicht der gemeinschaftliche Mittelpunkt beyder Kreise seyn.

6 Satz Lehrsatz.

Zwey Kreise ABC, CDE, Fig. 109 welche einander inwendig berühren, haben keinen gemeinschaftlichen Mittelpunkt.

Beweis.

Es sey F der Mittelpunkt des einen Kreises ABC. Sollte derselbe auch der Mittelpunkt des andern Kreises CDE seyn, so müßte, wenn man FC nach dem Berührungspunkte und FEB willkührlich zieht, im Kreise ABC, FC = FB und im Kreise CDE, FC = FE, folglich auch FB = FE seyn, welches unmöglich ist.

Bis jetzt haben wir bloß bey den Mittelpunkten gegebener Kreise verweilt, und gelegentlich einige Sätze mit bemerkt, welche die dabey gebrauchten Constructionen darboten. Was ist natürlicher als nun außer dem Mittelpunkte eines oder mehrerer gegebener Kreise noch einen andern Punkt zu Hülfe zu nehmen, und zu versuchen, worauf die alsdann nach den Forderungen zu entwerfenden Constructionen führen werden? Dieser Punkt kann entweder im Kreise oder außerhalb desselben liegen.

7. Satz. Lehrsatz.

Wenn in einem Kreise ABCD, Fig. 110, aus einem Punkte F, der nicht der Mittelpunkt ist, gerade Linien nach dem Umfange gezogen werden: so ist unter diesen geraden Linien die, welche durch den Mittelpunkt geht, die größte, ihre Verlängerung die kleinste, und von den übrigen jede desto kleiner als die durch den Mittelpunkt gehende, je entfernter sie von dieser ist. Auch sind von den gedach-

gedachten geraden Linien nur je zwey auf beyden Seiten der größten oder kleinsten von ihnen einander gleich.

Beweis.

Es sey E der Mittelpunkt des Kreises, Fig. 110, aus F sey FC, FH, FB, FG gezogen und FC nach A verlängert. Zieht man EH, EB, EG, so ist in den Dreyecken FEH, FEB, und FEG, $FE + EH > FH$, $FE + EB > FB$, und $FE + EG > FG$. Nun ist $FE + EH = FE + EB = FE + EG = FE + EC = FC$. Folglich FC > als FH als FB und als FG.

Ferner ist, in dem Dreyecke FEG, da $GE < EF + FG$ und $= EA$ ist, auch EA oder $EF + FA < EF + FG$, und demnach $FA < FG$. Drittens haben die Dreyecke FEH, FEB, FEG die Seite FE gemein und $EH = EB = EG$, aber $FEH > FEB$ und $FEB > FEG$. Folglich ist (1 B. S. 24.) $FH > FB$ und $FB > FG$.

Endlich setze man an FE den Winkel $FED = FEH$ und ziehe FD: so sind die Dreyecke FED und FEH gleich, weil $FE = FE$, $ED = EH$ und $FED = FEH$ ist, und also auch $FD = FH$. Sollte nun noch eine andere aus F gezogene gerade Linie, z. B. FK der FH gleich seyn, so müßte auch diese $FK = FD$ seyn, welches des Vorhergehenden wegen unmöglich ist.

8. Satz. Lehrsatz.

Wenn aus einem Punkte D außerhalb eines Kreises ABC, Fig. 111, gerade Linien nach dem Umfange gezogen werden: so ist unter diesen Linien, wenn sie den Umfang von innen treffen, diejenige, so durch den Mittelpunkt gehet, die größte, und von den übrigen jede ihr nähere größer als die entferntere; wenn sie aber den Umfang von außen treffen, diejenige, welche verlängert durch den Mittelpunkt gehen würde, die kleinste, und von den übrigen jede entferntere größer als die nähere. Auch sind von diesen Linien nur je zwey an beyden Seiten der größten oder kleinsten einander gleich.

Beweis.

Es sey Fig. 111. M der Mittelpunkt und D ein Punkt außerhalb des Kreises ABC. Zu den aus D gezogenen geraden Linien ziehe man zuvörderst die Hülfslinien ME, MF und MC; so ist in den Dreyecken DME, DMF, DMC, $DM + ME > DE$, $DM + MF > DF$, $DM + MC > DC$, und $DM + ME = DM + MF = DM + MC = DM + MA = DA$.

Ferner haben die gedachten Dreyecke die Seite DM gemein, und $ME = MF = MC$, aber $DME > DMF$ und $DMF > DMC$. Also ist nicht nur $DA > DE$, sondern auch $DE > DF$ und $DF > DC$.

Zieht

Zieht man nun zum andern die Hülfslinien MK, ML, MH, so ist $MK + KD$, desgleichen $ML + LD$ und $MH + HD$, jedes für sich genommen, größer als DM, woraus sich durch eine leichte Anwendung des fünften Grundsatzes ergiebt, daß DK, DL, DH größer als DG sind. Ferner ist in den Dreyecken DHM, DLM, DKM, nach dem 18ten Satze des ersten Buchs, $DH + HM > DL + LM$ und $DL + LM > DK + KM$; und hieraus erhält man abermals durch Anwendung des so eben gedachten Grundsatzes $DH > DL$ und $DL > DK$.

Endlich setze man an M, $DMP = DME$ und DMN DMK; so ist im ersten Falle $\triangle DMP = \triangle DME$, also $DP = DE$; und im zweyten $\triangle DMN = \triangle DMK$, folglich $DN = DK$. Sollte nun z. B. auf der Seite wo DP und DN liegen, noch eine andere aus D gezogene gerade Linie entweder der DE oder der DK gleich seyn, so müßte sie im ersten Falle auch der DP und im andern auch der DN gleich seyn, und dieses ist unmöglich.

Nunmehr lassen sich die vorhergehenden den Mittelpunkt eines gegebenen Kreises und einander schneidende Kreise betreffenden Sätze mit folgenden vermehren.

9. Satz. Lehrsatz.

Wenn von einem innerhalb eines Kreises ABC, Fig. 112, angenommenen Punkte K mehr

als zwey gleiche gerade Linien KA, KB, KC nach dem Umfange gezogen werden können: so ist dieser Punkt der Mittelpunkt des Kreises.

Beweis.

Denn wäre K nicht der Mittelpunkt des Kreises ABC, so müßte es einen andern Mittelpunkt, z. B D, geben. Aber sollte dieses möglich seyn, so müßten auch, wider die Voraussetzung, KA und KB einander ungleich, und zwar KA > KB, seyn können, wie solches nach dem 7ten Satze einleuchtet, wenn man KD zieht und nach N und F verlängert.

10. Satz. Lehrsatz.

Zwey Kreise können sich in nicht mehr als in zweyen Punkten schneiden.

Denn sollten sie sich in mehr als zweyen Punkten schneiden können, so sieht man mittelst des vorhergehenden Satzes leicht ein, daß es auch möglich seyn müßte, daß zwey einander schneidende Kreise einen gemeinschaftlichen Mittelpunkt, dem 5ten Satze zuwider, hätten.

Bey Kreisen, welche sich berühren, giebt es einen Berührungspunkt. Wo liegt derselbe? und giebt es nur einen oder mehrere? Diese Fragen müssen ebenfalls beantwortet werden, ehe wir zur Veränderung der Construction des Kreises mehr als Hülfspunkte brauchen wollen.

11. Satz.

11. Satz. Lehrsatz.

Wenn ein Kreis ADE, Fig 113, einen andern ABC inwendig berührt, so trifft die gerade Linie, welche durch die Mittelpunkte beyder Kreise geht, verlängert, auch den Berührungspunkt.

Beweis.

Denn sollte, wenn K der Mittelpunkt des Kreises ABC und A der Berührungspunkt ist, der Mittelpunkt des Kreises ADE nicht in AK, sondern außer derselben, z. B. in L liegen, so daß KL, verlängert, nicht nach einem Berührungspunkte gienge: so ziehe man KL, verlängere sie nach D und F, und ziehe außerdem auch AL. Alsdann wäre AL + LK > AK oder FK oder FL + LK, folglich AL > FL. Allein da L der Mittelpunkt des Kreises ADE wäre, so müßte AL = DL und also < FL seyn, und dieses widerspricht dem vorhergehenden geradezu.

12. Satz. Lehrsatz.

Wenn zwey Kreise ABC, ADE, Fig. 114, einander auswendig berühren: so geht die gerade Linie, welche beyder Mittelpunkte verknüpft, auch durch den Berührungspunkt.

Beweis.

Denn lägen die Mittelpunkte K und L so, daß die Linie KL nicht durch den Berührungspunkt A gienge: so ziehe man KA und AL. Nun wäre KA

$+ AL > KL$, und folglich auch $AK + AL > KC + CE + EL$, welches unmöglich ist, da $AK = KC$ und $AL = EL$, folglich $AK + AL = KC + EL$ und $< KC + CE + EL$ seyn müßte.

13 Satz. Lehrsatz.

Zwey Kreise berühren einander sowohl inwendig als auswendig in nicht mehr als einem Punkte.

Beweis.

Gesetzt der Kreis ABDC, Fig 115, würde inwendig von einem andern in zweyen Punkten B und D berührt, so sey E der Mittelpunkt des ersten und F der Mittelpunkt des andern Kreises. Bey dieser Voraussetzung müßte die gerade Linie EF, verlängert, die Berührungspunkte B und D treffen, und weil E und F die Mittelpunkte der Kreise sind, einmal $DE = EB$, also $DF > FB$, und zweytens $DF = FB$ seyn. Allein diese beyden Behauptungen können nicht mit einander bestehen.

Würde ferner der Kreis ABDC auswendig von einem andern in zweyen Punkten A und C berührt, so müßte, wenn man AC zöge, diese AC, weil die Kreise sich nur auswendig berühren sollen, nicht innerhalb beyder Kreise, sondern außerhalb des einen; nach dem dritten Satze aber innerhalb beyder Kreise fallen, und also entstünde auch hier ein Widerspruch.

Nach

Nach diesen, durch in und außer dem Kreise angenommene Punkte veranlaßten, Untersuchungen wird es eben so nothwendig als es natürlich ist, die Linien zu betrachten, welche theils in, theils an dem Kreise gezogen werden.

14. Satz. Lehrsatz.

In einem jeden Kreise ABCD, Fig. 116, sind gleiche gerade Linien AB und CD vom Mittelpunkte K gleich weit entfernt, und, umgekehrt, jede von dem Mittelpunkte K gleich weit entfernte gerade Linien AB und CD einander gleich.

Beweis.

Man ziehe aus K auf AB und CD die KE und KF senkrecht. Ist nun 1) AB = CD, so sind auch ihre durch KE und KF entstandene Hälften einander gleich, und z. B. AE = CF. Zieht man also KA und KC: so ist

KAq = AEq + KEq und
KCq = CFq + KFq. Folglich da
KAq = KCq, indem KA = KC,
AEq + KEq = CFq + KFq. Nun ist
AEq = CFq, weil AE = CF, also auch
KEq = KFq und
KE = KF.

Ist ferner 2) KE = KF, also auch KEq = KFq, so fließt mittelst dieser Behauptung aus

$$AEq + KEq = CFq + KFq$$
$$AEq = CFq, \text{ und hieraus}$$
$$AE = CF \text{ und } AB = CD.$$

Wenn man den S. 60 von den rechtwinkligen Dreyecken bemerkten Satz hier zu Hülfe nimmt: so läßt sich der Beweis kürzer auf folgende Art führen. Ist 1) AB = CD und also auch AE = CF, so sind, weil KE und KF auf AB und CD senkrecht gezogen worden, die rechtwinkligen Dreyecke AEK und CFK einander gleich, weil außer AEK = CFK = R und AE = CF auch AK = CK ist. Folglich ist auch KE = KF. Ist ferner 2) KE = KF, so sind die rechtwinkligen Dreyecke AEK und CFK einander gleich, weil außer den rechten Winkeln in beyden und außer KE = KF auch KA = KC ist. Folglich hat man AE = CF. Uebrigens läßt sich bey dem geführten Beweise bey einigem Nachdenken leicht die Art und Weise entdecken, den von S. 60. gedachten und jetzt benutzten Satz vermittelst des 47sten Satzes des ersten Buches darzuthun.

15. Satz. Lehrsatz.

In jedem Kreise ABCD, Fig. 117, ist der Durchmesser AD die größte Linie, und unter den übrigen jede dem Mittelpunkte K nähere BC größer als die entferntere FG und umgekehrt.

Beweis.

Man ziehe zuvörderst KB, KC, KF, KG; so ist AD = KB + KC = KF + KG > BC oder FG.

Dann

Dann ziehe man KH und KL auf BC und FG senkrecht, wodurch BH = HC und FL = LG wird; so ist

$$KBq = KHq + BHq \text{ und}$$
$$KFq = KLq + FLq; \text{ folglich, da } KBq = KFq$$
$$KHq + BHq = KLq + FLq$$

Ist nun KH < KL, so ist auch KHq < KLq, und mittelst dieser Behauptung fließt aus

$$KHq + BHq = KLq + FLq$$
$$BHq > FLq \text{ und hieraus } BH > FL.$$

Ist aber BC > FG also auch BH > FL und BHq > FLq, so fließt aus eben dem Satze

$$KHq < KLq \text{ und hieraus } KH < KL.$$

Man nennt die geraden Linien im Kreise, welche von dem Umfange begrenzt werden, Sehnen. Begreift man unter diesem Namen auch den Durchmesser, so ist unter den Sehnen eines Kreises der Durchmesser die größte, und jede der übrigen desto größer, je näher sie dem Mittelpunkte liegt und umgekehrt. Schließt man aber, wie solches ebenfalls geschieht, den Durchmesser davon aus, so ist jede Sehne kleiner als der Durchmesser, und unter mehreren Sehnen immer die dem Mittelpunkte nähere größer als die entferntere und umgekehrt. Es bezieht sich aber der Name Sehne auf die Bogen, welche durch jede im Kreise zwischen dem Umfange gezogene gerade Linie gemacht werden, und es ist leicht einzusehen, daß zwar zu jedem Bogen nicht mehr als eine Sehne, dagegen aber zu jeder Sehne zwey Bogen gehören.

ren. Nimmt man hierauf Rücksicht, so sind die beyden Bogen, zu welchen jeder Durchmesser gehört, allemal einander gleich, und jeder Sehne im eingeschränktern Verstande kommt dagegen ein doppelter Bogen zu, davon der eine größer, der andere aber kleiner ist als der halbe Umkreis.

16. Satz. Lehrsatz.

Wenn man aus dem Endpunkte eines Halbmessers KA eines Kreises ABC, Fig. 118, eine gerade Linie AD auf dem Halbmesser senkrecht errichtet, so fällt diese gerade Linie AD außerhalb des Kreises und berührt also denselben. Ferner fällt zwischen den Kreisbogen AEB und die Linie AD keine andere gerade Linie, sondern es schneidet vielmehr jede durch A zwischen AD und KA gelegte gerade Linie den Umfang ABC. Endlich ist der Winkel des Halbkreises FAB größer, seine Ergänzung zum rechten Winkel, BAD, aber kleiner, als jeder geradlinige spitze Winkel.

Beweis.

Denn fiele 1) die Linie AD nicht außerhalb des Kreises ABC sondern innerhalb desselben, wie z. B. AE, so daß KAE = R wäre: so ziehe man KE. Da KE = KA wäre, so müßte auch KEA = KAE = R und also KEA + KAE = 2R seyn, welches unmöglich ist. Oder, fiele AD nicht außerhalb des Krei-

Kreises ABC, sondern irgend ein Punkt in ihr außer A, z. B. F, entweder in den Umfang oder innerhalb des Kreises ABC: so müßte im ersten Falle in dem Dreyecke KFA der Winkel KFA = KAF = R und im andern KFA < KAF seyn, welches beydes unmöglich ist. Es trifft demnach die Linie AD den Kreis in dem Punkte A ohne ihn zu schneiden und berührt folglich denselben. Auch erhellet, daß sie ihn bloß in dem Punkte A berührt.

Sollte 2) zwischen den Bogen BCA und die Linie AD eine andere gerade Linie, z. B. GA fallen: so ziehe man auf dieselbe KH aus K senkrecht. Da alsdann KHA = R und also der gröste Winkel in dem Dreyecke KHA wäre: so müßte auch KA > KH seyn; allein dieses ist unmöglich, wenn der Punkt H außer dem Kreise ABC liegt.

Wäre endlich der Winkel des Halbkreises, welchen der Durchmesser FA mit dem Bogen BA macht, nicht größer, und seine Ergänzung BAD nicht kleiner als jeder spitze Winkel; so müßte, wenn man die Spitze und den einen Schenkel des spitzen Winkels, der hievon ausgenommen seyn sollte, auf A und AK legte, der andere Schenkel zwischen den Bogen AB und die auf KA in A senkrechte gerade Linie AD fallen, welches nach dem Vorhergehenden unmöglich ist.

Daß

Daß ein Winkel größer seyn soll als jeder spitze Winkel, ohne gleichwohl einem rechten Winkel zu gleichen, so wie auch, daß ein Winkel kleiner sey als jeder spitze Winkel, ohne deswegen aufzuhören ein Winkel zu bleiben, muß allerdings befremden, wenn man aus der Acht läßt, daß diese Winkel keine geradlinige, sondern vermischtlinige Winkel sind. Will man auch vermischtlinige Winkel, wie hier, die größer sind als jeder spitze, aber nicht größer als ein rechter, rechten Winkeln gleich, und solche, die kleiner sind als jeder spitze, als nichts betrachten: so lassen sich eine Menge von ebenen Dreyecken mit Eigenschaften denken, welche mit den bisher erwiesenen im Widerspruche stehen würden, wenn dabey bloß von ebenen und nicht auch zugleich immer von geradlinigen Dreyecken und Winkeln die Rede gewesen wäre. So ist z. B. Fig. 119, AF ein EC gleiches Quadrat, AGB ein aus E mit AE beschriebener Halbkreis, und AF und BF zwey aus D und C mit einem eben so großen Halbmesser beschriebene Kreisbogen. Folglich AGBF nach der gedachten Vorstellung ein ebenes Dreyeck, worin zwey Winkel zweyen rechten Winkeln gleich sind, und alle drey zusammen ebenfalls nicht mehr als zwey rechte Winkel ausmachen. Indeß nicht zu gedenken, daß das Dreyeck AGBF ein krummliniges Dreyeck ist, so machen genau genommen die beyden Winkel bey A und B zwar zwey rechte Winkel aus, aber der Winkel bey F ist im strengen Sinne nicht nichts. Ferner würde, die erwähnte unrichtige Vorstellung vorausgesetzt, das Fig. 119 zwischen FC und BC und dem Bogen FB ein ebenes Dreyeck mit drey rechten Winkeln, und das Dreyeck ABF zwischen

AB

AB und den Bogen AF und FB ein ebenes Dreeck mit gar keinen Winkeln seyn. Wer den vorhergehenden Satz genau gefaßt und vor Augen hat, wird in allen hieher gehörigen Fällen um die wahre und genaue Bestimmung nicht verlegen seyn, und noch weniger dergleichen Behauptungen als den obigen Sätzen nur im geringsten zuwider ansehen.

Wie man durch einen gegebenen Punkt in dem Umfange eines Kreises eine diesen Kreis berührende gerade Linie legen könne? fällt aus dem Vorhergehenden von selbst in die Augen Aber dagegen entsteht die Frage: Wie zieht man aus einem außer dem Kreise gegebenen Punkte nach diesem Kreise eine Tangente? Angenommen, daß Fig. 120, aus dem außer dem Kreise ABC gegebenen Punkte D die Tangente DA gezogen und also DAK, wenn K der Mittelpunkt des Kreises ABC ist, = R sey: so ist, wenn man DK zieht, DKA ein rechtwinliches Dreyeck. Zieht man also durch den Punkt F, worin DK den Umfang des Kreises ABC schneidet FE so, daß KFE = R oder FE eine Tangente wird: so fällt in die Augen, daß durch die Verlängerung von KA ein dem Dreyecke DKA gleiches Dreyeck entstehen muß. Es kommt demnach bloß darauf an, durch den Punkt F eine Tangente zu legen, und dieselbe so zu begränzen, daß die aus dem Endpunkte E nach K gezogene gerade Linie der DK gleich werde, indem diese Linie den Kreis in dem Berührungspunkte der gesuchten Tangente schneidet.

17. Satz. Lehrsatz.

Aus einem gegebenen Punkte A Fig 121. außer einem Kreise BCD eine gerade Linie zu ziehen, welche diesen Kreis berührt.

Auflösung.

Man suche des Kreises BCD Mittelpunkt K, ziehe AK und beschreibe damit aus AK den Kreis AFG. Ferner lege man durch D, worin AK den gegebenen Kreis schneidet, die Tangente DF und ziehe FK. Der Punkt B, wie diese FK den gegebenen Kreis schneidet, ist der Berührungspunkt der gesuchten Tangente.

Beweis.

Da △ FKD = △ AKB ist, weil FK = AK, KD = KB und FKD = AKB: so ist auch ABK = FDK und also, da FDK = R auch KBA = R und folglich AB eine Tangente des Kreises ABC.

Folgende beyde Sätze sind leichte Folgen aus den vorhergehenden.

18. Satz. Lehrsatz.

Auf der Tangente eines Kreises steht die gerade Linie aus dem Mittelpunkte nach dem Berührungspunkte senkrecht.

Denn sollte diese Linie auf der Tangente nicht senkrecht seyn, so müßte eine andere nicht durch den

Be-

Berührungspunkt gehende, aus dem Mittelpunkte gezogene gerade Linie darauf senkrecht stehen. Allein, sollte dieses möglich seyn, so wäre auch ein rechtwinkliges Dreyeck möglich, worin die Hypothenuse kleiner als eine von den Catheten wäre.

19. Satz. Lehrsatz.

Ist auf der Tangente eines Kreises im Berührungspunkte eine gerade Linie senkrecht: so geht dieselbe durch den Mittelpunkt des Kreises.

Beweis.

Denn sollte diese gerade Linie nicht durch den Mittelpunkt gehen, so könnte man aus dem Mittelpunkte nach dem Berührungspunkte eine andere gerade Linie ziehen, die nach dem vorhergehenden Satze auf der Tangente senkrecht seyn müßte. So lange also nicht zwey gerade Linien in einem Punkte auf Einer andern senkrecht seyn können, ist die im Satze stehende Behauptung außer Zweifel.

Nach geraden Linien ist der nächst zusammengesetztere Gegenstand der geradlinige Winkel. Hierauf gründet sich die Verbindung der folgenden Sätze mit den vorhergehenden.

20. Satz. Lehrsatz.

In einem jeden Kreise ist der Winkel am Mittelpunkte doppelt so groß als der Winkel am Umkreise,

Kreise, dessen Schenkel mit ihm auf einerley Bogen ruhen.

Vorbereitung.

Wenn in einem Kreise ein Winkel am Umfange mit einem Winkel am Mittelpunkte auf einerley Bogen ruht, so findet dabey in Ansehung der Lage der Schenkel dieser Winkel ein dreyfacher Fall statt. Es fällt nemlich entweder der eine Schenkel des Winkels am Umfange längs dem einen Schenkel des Winkels am Mittelpunkte; oder die Schenkel des ersten Winkels haben mit dem Schenkel des andern bloß die Endpunkte in dem Bogen, worauf sie ruhen, gemein; oder der eine Schenkel des Winkels am Umfange und der eine Schenkel des Winkels am Mittelpunkte schneiden sich. Für jeden Fall muß der Beweis besonders geführet werden.

Beweis.

Erster Fall. Es sey, Fig. 122, K der Mittelpunkt des Kreises ABC, so ist das Dreyeck KCB ein gleichschenkliges Dreyeck, dessen einer Schenkel über die Spitze K hinaus verlängert worden, und es ist daher AKB = KCB + KBC = 2KCB.

Zweyter Fall. Es sey, Fig. 123, K wieder der Mittelpunkt des Kreises ABC, und zu den darin gegebenen Winkeln die Hülfslinie CD durch K gezogen. Nun ist nach dem Beweise beym vorhergehenden Falle AKD = 2ACD, und DKB = 2DCB; folglich AKD + DKB = 2ACD + 2DCB, oder AKB = 2ACB.

Drit-

Dritter Fall. Es sey, Fig. 124, K nochmals der Mittelpunkt des Kreises ABC, und darin ebenfalls die Hülfslinie CD gezogen. Dann ist nach dem Beweise beym ersten Falle DKB = 2DCB, und DKA = 2DCA; also DKB — DKA = 2DCB — 2DCA oder AKB = 2ACB

So wie hier ein Winkel am Mittelpunkte mit einem Winkel am Umfange verglichen ist: so läßt sich auch ein Winkel an einem Punkte im Kreise, der nicht der Mittelpunkt ist, oder an einem Punkte außerhalb eines Kreises, mit Winkeln am Umfange vergleichen. Es sey nemlich, Fig. 125, C ein Punkt im Kreise ABDE außer dem Mittelpunkte, und die Hülfslinie AD zu den sich schneidenden Sehnen AD und BE gezogen; so ist nach dem 32sten Satze des ersten Buchs ACB = ECD = AEB + EAD. Ferner sey auch, Fig. 126, AE eine Hülfslinie, so ist AEB = ACB + DAE, also ACB = AEB — DAE In dem Falle der 125sten Figur ist also der Winkel ACB die Summe, und in dem der 126sten der Unterschied der beyden Winkel am Umfange, deren Ruhebogen zwischen seinen, nöthigenfalls verlängerten, Schenkeln liegen

Nach dem Winkel folgen die Figuren Die einfachste und erste, welche sich beym Kreise darbietet, ist der Kreisabschnitt.

21. Satz. Lehrsatz.

Die Winkel BAC und BDC, Fig. 127, in einem und demselben Kreisabschnitte BADC sind einander gleich.

Beweis.

Es sey K der Mittelpunkt des Kreises, und KB und KC gezogen. Dann ist BKC = 2BAC = 2BDC, folglich BAC = BDC.

22. Satz. Lehrsatz.

In einem jedem Vierecke im Kreise sind jede zwey einander gegenüberstehende Winkel, zusammengenommen, zweyen rechten Winkeln gleich.

Beweis.

Es sey, Fig. 128, ABCD ein Viereck im Kreise, d. h. dessen Winkelspitzen im Umfange des Kreises liegen. Man ziehe AC und BD. Alsdann ist DAB + ADB + DBA = 2R. Nun ist aber nach dem vorhergehenden Satze ADB = ACB, und DBA = ACD; folglich ist auch DAB + ACB + ACD = DAB + DCB = 2R. Auf ähnliche Art beweiset man, daß ADC + CBA = 2R.

23. Satz. Lehrsatz.

Auf einer und derselben geraden Linie können nicht zwey Kreisabschnitte beschrieben werden, die bey gleichen Winkeln in ihnen selbst einander ungleich wären.

Beweis.

Denn wäre dies möglich, so seyen, Fig. 129, die Kreisabschnitte ABC und ABD einander ungleich.

Man

Man ziehe nach Gefallen AD und verlängere sie bis C, desgleichen ziehe man DB und CB. Hier ist offenbar ADB > ACB, und es ist unmöglich, daß ADB = ACB sey.

24. Satz. Lehrsatz.

Kreisabschnitte über gleichen geraden Linien sind gleich, wenn die Winkel in ihnen gleich sind.

Beweis.

Es sey in den Kreisabschnitten AEB und CFD, Fig. 130, AB = CD, und die Winkel in beyden gleich. Da AB = CD ist, so lassen sich diese beyden geraden Linien so auf einander legen, daß C mit A und D mit B zusammenfällt. Thut man dieses und legt darauf den Abschnitt CFD auf den Abschnitt AEB, so müssen auch die Abschnitte selbst sich decken und einander gleich seyn, weil es sonst, wider den vorhergehenden Satz, möglich wäre, zwey ungleiche Kreisabschnitte, in denen die Winkel gleich wären, auf eine und dieselbe gerade Linie an einerley Seite derselben zu beschreiben.

25. Satz. Aufgabe.

Es ist ein Kreisabschnitt ABC, Fig. 131, a, b, c, gegeben; man soll den Kreis beschreiben, zu welchem er gehört.

Auflösung.

Man theile AC in D in zwey gleiche Theile, lege durch D die BD senkrecht. verlängere sie, wenn es nöthig ist, ziehe AB, und mache BAE = ABE. Ist dieses geschehen, so ist der Durchschnittspunkt E der geraden Linien BE und AE der Mittelpunkt des zum Abschnitt ABC gehörigen Kreises.

Beweis.

Denn einmal ist AE = EB, weil ABE = BAE ist Ferner hat man in den beyden Dreyecken ADE und DEC, AD = DC, DE = DE, und ADE = EDC = R Folglich ist auch AE = EC, und es gehen demnach aus dem Punkte E drey einander gleiche gerade Linien nach dem Umfange des aus E mit EA oder EB beschriebenen Kreises, weswegen derselbe nach dem 9ten Satze der gesuchte Mittelpunkt ist.

Anmerkung.

Der Winkel ABD ist entweder größer oder eben so groß oder kleiner als der Winkel BAD. Im ersten Falle fällt der Punkt E außerhalb des Abschnitts, wie Fig 131, a, im zweyten in die Linie AC und mit D zusammen, wie Fig. 131, b. und im dritten innerhalb des Abschnitts, wie Fig 131, c. Im ersten ist der Abschnitt kleiner im dritten größer als ein halber Kreis, und im andern selbst ein Halbkreis.

26. Satz. Lehrsatz.

In gleichen Kreisen stehen gleiche Winkel, sie mögen Winkel am Mittelpunkte oder Winkel am Umfange seyn, auf gleichen Bogen.

Beweis.

Wenn in zweyen Kreisen ABD und EFG, Fig. 132, zwey Winkel am Mittelpunkte BKD und FCG gleich sind, so sind solches auch die Winkel BAD und FEG am Umfange, die mit ihnen auf gleichen Bogen ruhen, indem diese Winkel den Hälften von jenen gleich sind. Umgekehrt, wenn zwey Winkel am Umfange in zweyen Kreisen gleich sind, so sind solches auch die Winkel am Mittelpunkte, welche mit ihnen auf gleichen Bogen stehen, indem diese Winkel den Doppelten von jenen gleich sind. Dieß vorausgesetzt sey, Fig. 132, entweder BKD = FCG oder BAD = FEG gegeben, und K und C die Mittelpunkte der Kreise ABD und EFG. Zieht man BD und FG, so sind die Dreyecke KBD und CFG einander gleich, weil BK = KD = FC = CG und BKD = FCG ist; und es ist demnach auch BD = FG. Nun sind überdies die Winkel BAD und FEG gleich, und folglich auch die Abschnitte BAD und FEG selbst einander gleich. Da also die Kreise gleich angenommen, und jetzt die Gleichheit der Abschnitte BAD und FEG dargethan worden ist, so folgt hieraus die Gleichheit der übrigen Abschnitte und also auch der Bogen BHD und FLG.

27. Satz. Lehrsatz.

In gleichen Kreisen sind die Winkel, die auf gleichen Bogen stehen, es mögen Winkel am Mittelpunkte oder Winkel am Umfange seyn, einander gleich.

Beweis.

Sind, Fig. 133, die Winkel BKD und FCG einander gleich, so sind, vorausgesetzt, daß K und C die Mittelpunkte der Kreise ABD und EFG vorstellen, auch die Winkel BAD und FEG gleich groß, und umgekehrt. Sollten nun die Bogen BID und FLG einander gleich, die Winkel BKD und FCG aber ungleich seyn, so wäre einer davon größer. Es sey BKD > FCG, und also ein Theil von BKD, z. B. BKH = FCG Aber dann müßten nach dem vorhergehenden Satze die Bogen BIH und FLG einander gleich, und folglich auch BIH = BID seyn, welches unmöglich ist

28 Satz. Lehrsatz.

In gleichen Kreisen ABD, EFG, Fig. 134, sind die von gleichen geraden Linien BD, FG abgeschnittenen Bogen einander gleich; der größere BAD nemlich dem größern FEG, und der kleinere BHD dem kleinern FIG.

Be-

Beweis.

Man suche die Mittelpunkte der genannten Kreise, K und C, und ziehe die Halbmesser KB, KD, CF. CG, welche alle, weil die Kreise gleich sind, gleiche Größe haben. Da also außerdem BD = FG ist, so ist auch △ BKD = △ FCG, und folglich BKD = FCG. Hieraus aber ergiebt sich nach dem 26sten Satze zunächst die Gleichheit der Bogen BHD und FIG, und daraus und der Gleichheit der ganzen Kreise fließt ferner die Gleichheit der übrigen Bogen BAD und FEG.

29. Satz. Lehrsatz.

In gleichen Kreisen ABD, EFG, Fig. 134, sind die geraden Linien BD und FG von denen gleiche Bogen BHD, FIG abgeschnitten werden, einander gleich.

Beweis.

Man suche wieder die Mittelpunkte der genannten Kreise K und C, und ziehe die Halbmesser wie vorhin. Da diese Halbmesser insgesamt einander gleich, und nach dem 27sten Satze auch die Winkel BKD und FCG gleich groß sind: so ist △ BKD = △ FCG, und folglich BD = FG.

Die Sätze unter den Nummern 26 — 29 sind ebenfalls wahr, wenn statt zweyer einander gleicher Kreise ein einziger Kreis genommen wird. Es sey nemlich,

Fig. 135, BKD = FKG, so ist auch BAD = ½ BKD = FEG = ½ FKG, und umgekehrt. Man ziehe BD und FG, so ist △ KBD = △ KFG, und also BD = FG. Da also auch BAD = FEG ist, so sind die Abschnitte BAGFD und FDBAEG einander gleich; und da dieses ist, so müssen solches auch die Unterschiede zwischen diesen Abschnitten und dem ganzen Kreise, d. h. die Abschnitte zwischen den geraden Linien BD, FG und den Bogen BHD und FIG, und also auch die Bogen BHD und FIG seyn. Was aber die übrigen Sätze betrifft, so haben dieselben nach diesem weiter keine Schwierigkeit.

30. Satz. Aufgabe.

Einen gegebenen Kreisbogen ADB, Fig. 136, in zwey gleiche Theile zu theilen.

Auflösung.

Man ziehe AB, theile dieselbe in E in zwey gleiche Theile, lege durch den Theilungspunkt und senkrecht auf AB die EF, und verlängere sie bis in F.

Beweis.

Zieht man AF und FB, so ist △ AEF = △ BEF, weil darin zwey Seiten mit dem eingeschlossenen Winkel gleich sind. Also hat man AF = FB, und folglich nach dem 28sten Satze in Verbindung mit der nach dem 29sten Satze hinzugefügten Anmerkung auch ADF = FGB.

31.

31. Satz Lehrsatz.

Der Winkel im Halbkreise ist ein rechter Winkel; aber der im größern Abschnitte kleiner, und der im kleinern Abschnitte größer als ein rechter Winkel. Auch ist der Winkel des größern Abschnitts größer, der Winkel des kleinern Abschnitts aber kleiner als ein rechter.

Beweis.

Es sey, Fig. 137, K der Mittelpunkt des Kreises ADEBG, und AB ein Durchmesser desselben. Nimmt man über AB in dem Kreisumfange nach Belieben zwey Punkte D und E, und zieht DA, DE DB und EB; so ist AKBED ein Halbkreis, BGAD ein größerer, BED ein kleinerer Abschnitt als ein halber Kreis; ferner ADB ein Winkel im Halbkreise, DAB ein Winkel im größern, und DEB ein Winkel im kleinern Abschnitte; endlich der vermischtlinige Winkel BDA, der Winkel des größern, und der ebenfalls vermischtlinige Winkel BDE der Winkel des kleinern Abschnittes. Dies vorausgesetzt ziehe man DK und verlängere AD nach F.

Da alsdann KA = KD = KB ist, so ist auch KDA = KAD und KBD = KDB, und folglich ADB = KAD † KBD. Nun ist aber auch FDB = KAD † KDB, und daher ADB = FDB = R. Oder: da AKD = 2KDB und DKB = 2KDA, also AKD † DKB =

= 2R = 2KDB + 2KDA ist: so ist auch 2ADB = 2KDB + 2KDA = 2R, und also ADB = R.

Ist nun ADB = R, so muß DAB, als ein anderer Winkel in dem rechtwinkligen Dreyecke ADB, kleiner als ein rechter, oder selbst ein spitziger Winkel seyn.

Ist aber dieses, so ist in dem Vierecke ADEB, nach dem 22sten Satze, DAB + DEB = 2R, und also DEB größer als ein rechter oder selbst ein stumpfer Winkel.

Daß endlich der vermischtlinige Winkel BDA > R, und der ebenfalls vermischtlinige Winkel BDE < R sey, erhellet daraus, weil jener größer und dieser kleiner als ADB ist.

Daß ein Winkel in einem Dreyecke ein rechter Winkel sey, wenn er so groß ist als die beyden übrigen Winkel, ist eine Behauptung, welche sich bey der hier gebrauchten Figur bey ausführlicher Ueberlegung derselben nothwendig darbieten muß; sie läßt sich aber auch schon aus dem Satze, daß in jedem Dreyecke alle drey Winkel zusammengenommen = 2R sind, als eine Folge ableiten. Hier sieht man, daß, bey der angenommenen Voraussetzung, der Winkel eines Dreyecks, der so groß seyn soll als die übrigen beyde, seinem Nebenwinkel gleich, und also = R seyn müsse.

32. Satz. Lehrsatz.

Wenn eine gerade Linie einen Kreis berührt, und eine andere vom Berührungspunkte aus ihn schnei-

schneidet, so sind die Winkel, welche die Tangente mit dieser Sehne macht, wechselsweise den Winkeln in den durch die Sehne gemachten Abschnitten gleich.

Beweis.

Es berühre die gerade Linie EF, Fig. 138, den Kreis ABCD in dem Punkte B; BD sey die gedachte Sehne, und um die Winkel in den durch BD gemachten Abschnitten darzustellen, seyen BC, CD, BD und BA, und zwar letztere durch den Mittelpunkt des Kreises gezogen. Dies vorausgesetzt soll

$$DBF = BAD, \text{ und } DBE = BCD$$

seyn. — Da BA durch den Mittelpunkt des Kreises geht, so ist ADCB ein Halbkreis, und BDA = R = ABF. Nun ist aber

$$ABF = DBF + DBA, \text{ und } BDA = BAD + DBA, \text{ also auch}$$

$$DBF + DBA = BAD + DBA, \text{ folglich}$$

$$DBF = BAD.$$

Ist dieses, so sind in dem Vierecke ADCB, nach dem 22sten Satze, BAD + BCD = 2R, und also auch

$$DBF + DBE = 2R = BAD + CD. \text{ Nun war}$$

$$DBF = BAD, \text{ also ist auch}$$

$$DBE = BCD.$$

33. Satz. Aufgabe.

Auf einer gegebenen geraden Linie einen Kreisabschnitt zu beschreiben, der einen gegebenen geradlinigen Winkel fasse.

Auflö-

Auflösung.

Es sey AB, Fig. 139, die gegebene gerade Linie und C der gegebene Winkel. Man lege an A einen Winkel, der so groß ist als C, errichte auf dem Schenkel desselben AD, in A senkrecht, AE, theile AB in F in zwey gleiche Theile, lege auch durch F, senkrecht auf AB, eine gerade Linie FG, und verlängere sie, bis sie die AE trifft. Endlich beschreibe man aus G mit GA einen Kreis, und ziehe BE.

Beweis.

Da DA auf dem Durchmesser AE senkrecht ist, so berührt sie den Kreis in A. Da also auch AB aus dem Berührungspunkte nach dem Umfange gezogen worden, so ist DAB = C = AEB, und der über AB liegende Abschnitt der verlangte.

Der gegebene Winkel kann ein spitzer, ein rechter und ein stumpfer Winkel seyn Ist das erste, so fallen die Linien AE und AD auf zwey verschiedene Seiten von AB; ist das dritte, so fallen sie auf eine und dieselbe Seite eben dieser Linie; und ist das zweyte, so fällt AE mit AB zusammen. In diesem Falle ist zur Erfüllung der in der Auflösung gegebenen Vorschriften bloß die Theilung der AB in zwey gleiche Theile nöthig; in den andern beyden aber ist die in F auf AB senkrechte gerade Linie jedesmal nach der Seite hinzuziehen, wo AE liegt, indem in dem Durchschnittspunkte der gedachten senkrechten Linie und dieser AE der gesuchte Mittelpunkt ist.

34. Satz Aufgabe.

Von einem gegebenen Kreise ABC, Fig 140, einen Abschnitt abzuschneiden, der einen gegebenen geradlinigen Winkel enthalte.

Auflösung.

Man lege durch B die Tangente EBF, setze auf BF, in B, den Winkel CBF, dem gegebenen Winkel gleich: so ist der Abschnitt auf der Seite von BC, welche der, wo BF liegt, gegenüber steht, der gesuchte.

Beweis.

BF ist eine Tangente, und BC schneidet den Kreis ABC vom Berührungspunkte aus. Also folgt, was bewiesen werden soll, aus dem 32sten Satze.

Bey den letzten Sätzen sind die Verknüpfungsgründe derselben nicht weiter berührt und entwickelt, weil sich dieselben demjenigen bey einigem Nachdenken von selbst darbieten werden, der die vorhergehenden ähnlichen Entwickelungen gehörig überlegt und gefaßt hat. Nunmehr ist nichts weiter übrig, als die rechtwinkligen Parallelogramme zu untersuchen, die sich beym Kreise vergleichen lassen. Zwey sich schneidende Durchmesser geben dergleichen sogleich an die Hand, und statt der Durchmesser Sehnen oder gerade im Kreise sich schneidende Linien angenommen, so entsteht die Frage, ob auch die Rechtecke zwischen ihren Abschnitten einander gleich seyen.

35.

35. Satz. Lehrsatz.

Wenn sich in einem Kreise ABCD, Fig. 141, zwey gerade Linien AC und BD einander in F schneiden, so sind die Rechtecke zwischen den Theilen dieser Linien oder $AF \times FC$ und $BF \times FD$ einander gleich.

Beweis.

Man ziehe aus K dem Mittelpunkte des Kreises ABCD, die KG und KH auf AC und BD senkrecht, wodurch $AG = GC$, und $BH = HD$ wird, und verknüpfe K mit F, A und D durch gerade Linien. Ist dies geschehen, so ist nach dem 5ten Satze des 2ten Buchs

$AF \times FC + GFq = AGq$, also

$AF \times FC + GFq + GKq = AGq + GKq$, oder

1. $AF \times FC + KFq = AKq$. Auf ähnliche Art ist

$BF \times FD + FHq = HDq$, also

$BF \times FD + FHq + HKq = HDq + HKq$, oder

2. $BF \times FD + KFq = KDq$. Da nun

$AK = KD$, und also auch $AKq = KDq$ ist,

so folgt aus 1 und 2

$AF \times FC + KFq = BF \times FD + KFq$, und hieraus

$AF \times FC = BF \times FD$

Bey diesem Satze lassen sich vier Fälle von einander unterscheiden. Die im Kreise gegebenen geraden Linien sind entweder beyde Durchmesser, oder es ist solches nur die eine, oder gar keine; und im andern Falle

stehen

stehen beyde entweder auf einander senkrecht oder nicht. Was den ersten Fall betrifft, so sind die Theile zweyer im Kreise sich schneidender Durchmesser Halbmesser, und folglich die Rechtecke zwischen diesen Theilen Quadrate des Halbmessers. Hier fällt also die Gleichheit der Rechtecke der Theile zweyer im Kreise sich schneidender gerader Linien so offenbar in die Augen, daß eben deswegen dieser Fall zur Untersuchung aller übrigen veranlassen kann. Im andern Falle, Fig. 142, wo AC ein Durchmesser, K der Mittelpunkt und AFB = R ist, hat man

$$AF \times FC + FKq = KCq = KDq = FKq + FDq$$

und also $AF \times FC = Fdq = BF \times FD$

und im dritten, Fig. 143, wo ebenfalls AC der Durchmesser, K der Mittelpunkt, und KE auf BD senkrecht gezogen ist,

$$AF \times FC + FKq = KDq = KBq;$$ desgleichen

$$BF \times FD + FEq = BEq,$$ also

$$BF \times FD + FEq + EKq = BEq + EKq,$$ oder

$$BF \times FD + FKq = KBq.$$ Folglich ist

$$AF \times FC + FKq = BF \times FD + FKq,$$ und

$$AF \times FC = BF \times FD.$$

Der vierte Fall ist derjenige, den wir betrachtet haben. Allein diesen vierten Fall haben wir so betrachtet, daß wir die Linien AC und BD bloß als zwey im Kreise sich schneidende gerade Linien angesehen haben, und so gilt das von ihnen Bewiesene auch von dergleichen geraden Linien überhaupt. Uebrigens hat man hier ein sehr brauchbares Beyspiel von den Modifikationen, wodurch sich in der Geometrie specielle Untersuchungen von allgemeinen zu unterscheiden pflegen.

Zu der aufgelößten Aufgabe gelangten wir dadurch, daß wir einen speciellen Fall ins Allgemeine führten, und die Frage untersuchten, ob er auch in diesem Umfange wahr sey. Sehen wir die Linien AC, BD, als durch F unter einem Winkel gelegte und durch den Umfang des Kreises begrenzte gerade Linien an: so haben wir noch einen allgemeinern Gesichtspunkt, denn es kann F, so wie er vorhin entweder der Mittelpunkt oder ein anderer Punkt im Kreise war, auch ein Punkt außer dem Kreise seyn. Es sey F, Fig 144, ein Punkt außer dem Kreise, und FC, FD zwey durch ihn unter einem Winkel gelegte und durch den Umfang des Kreises begrenzte gerade Linien. Da der Umfang des Kreises ABDC die FC und FD theils in A und B, theils in C und D begrenzt, so frägt sich analogisch der bey dem 35sten Satze zum Grunde liegenden Frage: Ob auch hier

$$AF \times FC = BF \times FD$$

sey? Man ziehe aus dem Mittelpunkte K die KG und KH auf FC und FD senkrecht, wodurch AG = GC und BH = HD wird, und ziehe KF, KA und KB. Ist dies geschehen, so hat man nach dem 6ten Satze des 2ten Buchs

$$AF \times FC + AGq = GFq, \text{ also}$$

$$AF \times FC + AGq + GKq = GFq + GKq,$$

oder

1. $AF \times FC + KAq = KFq$. Ferner

$$BF \times FD + BHq = HFq, \text{ also}$$

BF × FD

$$BF \times FD + BHq + HKq = HFq + HKq,$$

oder

2. $BF \times FD + KBq = KFq.$

Es ist demnach aus 1 und 2

$$AF \times FCq + KAq = BF \times FD + KBq$$

und also, da $KAq = KBq$, auch

$$AF \times FC = BF \times FD.$$

Die gedachte Frage muß also allerdings bejahet werden. Allein auch dieser Fall hat wieder mehrere unter sich. Denn es können die geraden Linien FC und FD entweder so, wie Fig. 144, jede zweymal von dem Umfange des Kreises begrenzt werden, oder es kann die eine davon eine Tangente seyn, oder es lassen sich auch beyde als Tangenten denken. Im letzten Falle hätte man nur zwey gerade Linien, und er fällt eben dadurch weg; allein der andere verdient wenigstens eine genauere Untersuchung, ehe man ihn wegläßt.

36. Satz. Lehrsatz.

Wenn von einem außerhalb eines Kreises ABC, Fig. 145, angenommenen Punkte D zwey gerade Linien DA, DB nach dem Kreise gezogen werden, davon die eine DA den Kreis schneidet und die andre ihn in B berührt: so ist das Rechteck zwischen der ganzen schneidenden Linie AD und ihrem Stücke außerhalb des Kreises DC dem Quadrate der Tangente DB gleich.

Beweis.

Geht zuvörderst die Linie DA durch den Mittelpunkt des Kreises K; so ist, wenn man KB zieht, KBD = R, und nach dem 6ten Satze des zweyten Buchs

$$DC \times DA + CKq = DKq = DBq + BKq$$

Da also CKq = BKq, so ist auch

$$DC \times DA = DBq.$$

Geht aber zum andern die Linie DA nicht durch den Mittelpunkt K, so ziehe man, außer der KB, aus K senkrecht auf DA die KF, und außerdem auch die KC. Alsdann ist nicht nur ebenfalls KBD = R, sondern auch wiederum

$DC \times DA + CFq = DFq$. Ist dies, so ist ferner

$DC \times DA + CFq + FKq = DFq + FKq$, oder

$DC \times DA + KCq = DKq = DBq = KBq.$

Da also auch hier KCq = KBq, so folgt, wie vorhin

$$DC \times DA = DBq.$$

37. Satz. Lehrsatz.

Wenn von einem außerhalb eines Kreises ABC angenommenen Punkte D, Fig. 146, zwey gerade Linien DA, DB nach dem Kreise so gezogen werden, daß die eine DA den Kreis schneidet, die andere DB aber ihn trifft, und es ist das Rechteck aus der ganzen schneidenden Linie AD, und ihre Stücke außer-

außerhalb des Kreises, DC, dem Quadrate der Linie DB gleich: so ist diese DB eine Tangente.

Beweis.

Denn zieht man aus D die Tangente DE, so ist

DC × DA = DEq, (S. 36.)

Ist also K der Mittelpunkt des Kreises, und KE und KB gezogen, so ist

△ DKB = △ DKE,

weil DK = DK, KB = KE, und DB = DE ist. Dies letztere erhellet nemlich daher, weil DBq DC × DA = DEq ist. Es ist demnach auch

DBK = DEK, und also, da DEK = R, auch

DBK = R

oder DB eine Tangente des Kreises ABC.

Nach dieser Betrachtung der Punkte, der geraden Linien, der geradlinigen Winkel, der Abschnitte und derjenigen Rechtecke, welche sich zwischen den Theilen gerader Linien in und beym Kreise gedenken lassen, ist für die Elementaruntersuchung des Kreises selbst am gegenwärtigen Orte nichts mehr übrig. Allein, da der Durchmesser eines jeden Kreises diesen Kreis nicht nur selbst, sondern auch seinen Umfang in zwey gleiche Theile theilt, da wir ferner im 30sten Satze jeden Kreisbogen in zwey gleiche Theile theilen gelernt haben, und also den ganzen Umfang eines jeden Kreises in vier, in acht, in sechszehn Theile u. s. w. theilen können: so bietet dies, in Verbindung mit dem 26sten Satze und der nach dem 29sten stehenden Anmerkung, ein Mittel dar, eine

Menge gleichseitiger und gleichwinkliger geradliniger Figuren zu beschreiben. Da ferner jede dieser Figuren von der Art der im 2ten Satze betrachteten, oder eine Figur im Kreise ist, und sich also von den übrigen bisher untersuchten durch einen wichtigen Umstand unterscheidet: so entsteht die Frage: ob es außer dem gedachten Wege nicht noch andere gebe, die ebenfalls zu gleichseitigen und geradlinigen Figuren im Kreise führen? Auch fällt hierbey bald in die Augen, daß es nur darauf ankomme, den Umfang des Kreises in so viel gleiche Theile zu theilen, als die Figur Seiten haben soll. Ja wir würden auf halben Wege stehen bleiben, wenn wir nicht auch durch die Punkte, in welchen der Umfang eines Kreises in gleiche Theile getheilt worden, Tangenten legten, und untersuchten, wozu dieselben führen können. Da also diese gehörig verlängert gleichseitige und gleichwinklige Figuren geben, die um den Kreis beschrieben worden: so bekommen wir auch den a sie Kreise in geradlinigen, gleichseitigen und gleichwinkligen Figuren, so wie die Kreise bey den vorigen Figuren auch als Kreise um diesen Figuren sich gedenken lassen. Die Fragen: Was für Figuren lassen sich in und um einen Kreis, und um was für Figuren läßt sich ein Kreis beschreiben? liegen also sehr nahe, und ihrer Beantwortung wird füglich ein besonders Buch gewidmet.

Erste Abtheilung.
Zweyter Abschnitt.

Viertes Buch.

1. Erklärungen.

1. Eine geradlinige Figur ist in einer andern geradlinigen Figur beschrieben, wenn jede Winkelspitze der beschriebenen in einer Seite von derjenigen liegt, worin sie beschrieben ist.

2. Eine geradlinige Figur ist um eine andere geradlinige Figur beschrieben, wenn jede Seite der beschriebenen durch eine Winkelspitze derjenigen geht, um die sie beschrieben ist.

3. Eine geradlinige Figur ist in einem Kreise beschrieben, wenn die Spitze eines jeden ihrer Winkel in dem Umfange des Kreises liegt, worin sie beschrieben ist.

4. Eine geradlinige Figur ist um einen Kreis beschrieben, wenn jede ihrer Seiten den Umfang des Kreises berührt, worin sie beschrieben ist.

5. Ein Kreis ist in einer geradlinigen Figur beschrieben, wenn der Umfang dieses Kreises jede der Seiten der Figur berührt worin er beschrieben ist.

6 Ein Kreis ist um eine geradlinige Figur beschrieben, wenn sein Umfang durch die Spitze eines jeden Winkels der Figur geht, um die er beschrieben ist.

7. Eine gerade Linie ist in einem Kreise beschrieben, wenn ihre Endpunkte in dem Umfange dieses Kreises liegen.

2. Sätze.

1. Satz. Aufgabe.

In einen Kreis ABC, Fig. 147, eine gegebene gerade Linie D, welche nicht größer ist als der Durchmesser BC, zu beschreiben.

Auflösung.

Ist der Durchmesser BC = D, so ist derselbe die verlangte Linie. Ist D < BC, so nehme man CE = D, beschreibe aus C mit CE den Kreis AEF und ziehe CA.

Beweis.

Da CA = CE und CE = D ist, so ist CA = D.

2. Satz. Aufgabe.

In einen gegebenen Kreis ABC, Fig. 148, ein Dreyeck zu beschreiben, welches einem gegebenen Dreyecke DEF gleichwinklig sey.

Auf-

Auflösung.

Man lege durch A eine Tangente GH, und an A, HAC = E, und GAb = D, und ziehe BC.

Beweis.

Nach dem 32sten Satze des 3ten Buchs ist HAC = E = ABC, und GAB = D = ACB, und daher denn auch BAC = F.

3. Satz. Aufgabe.

Um einen gegebenen Kreis ABC, Fig. 149, ein Dreyeck zu beschreiben, welches einem gegebenen Dreyecke DEF gleichwinklig sey.

Auflösung.

Man verlängere die Seite EF des Dreyecks DEF nach G und H, suche den Mittelpunkt des gegebenen Kreises K, und ziehe nach Gefallen KB. Dann lege man an K den Winkel bKA = DEG, und BKC = DFH, und durch A, B und C die Tangenten LAM, MBN und NCL. Verlängert man diese Tangenten bis sich je zwey einander schneiden, so ist geschehen, was verlangt wurde.

Beweis.

Da LAM, MBN und NCL Tangenten sind, so sind die Winkel, welche sie mit den Halbmessern KA, KB und KC bey A, B und C machen, rechte Winkel. Da ferner die vier Winkel in jedem der beyden Vierecke KAMB und BKCN zusammengenommen = 4R sind, wie sogleich erhellet, wenn man diese Vierecke durch eine Diagonale in zwey Dreyecke theilt: so fließt hieraus und aus dem Vorigen, daß nicht nur BKA † M sondern auch BKC † N = 2R. Ist dieses, so hat man auch

BKA † M = DEG † DEH, und PKC † N = DFH † DFE und also, da BKA = DEG, und BKC = DFH, M = DEH und N = DFE

woraus denn die Gleichheit der Winkel L und D ebenfalls folgt

Daß sich jede zwey von den Tangenten LAM, MBN, NCL, verlängert, einander schneiden: ist nach dem 11ten Grundsatze einleuchtend, wenn man die Punkte A und B, B und C, C und A durch gerade Linien verbindet.

4. Satz. Aufgabe.

In ein gegebenes Dreyeck ABC, Fig. 150, einen Kreis zu beschreiben.

Auflösung.

Man theile die Winkel ABC und BCA durch BD und CD in zwey gleiche Theile, fälle aus ihrem Durchschnittspunkte D auf die Seiten des gegebenen Dreyecks senkrecht DF, DE und DG herab, und beschreibe dann aus K mit einer dieser senkrechten Linien einen Kreis.

Beweis.

Denn einmal ist △ DBE = △ DBF, weil DB = DB, DBE = DBF und DEB = DFB = R; und folglich

lich auch DE = DF. Aus hnlichem Grunde ist △ DFC = △ DGC, und folglich auch DF = DC. Es geht demnach der Umfang des aus D mit DC oder DF oder DG beschriebenen Kreises durch die Punkte E, F und G, und da DE, DF und DG auf den Seiten des gegebenen Dreyecks senkrecht sind, so berühret auch der gedachte Kreis diese Seiten.

5. Satz. Aufgabe.

Um ein gegebenes Dreyeck ABC, Fig. 157, einen Kreis zu beschreiben.

Auflösung.

Man theile zwey Seiten des gegebenen Dreyecks AB, AC in D und E in zwey gleiche Theile, errichte auf denselben in den Theilungspunkten D und E die senkrechten Linien DF und EF, welche sich in dem Punkte F schneiden werden, und beschreibe aus F mit der Entfernung FA oder FB oder FC einen Kreis.

Beweis.

Denn zieht man FA, FB und FC, so ist △ FDA = △ FDB, weil FD = FD, DA = DB und FDA = FDB = R, und folglich FA = FB. Auf ähnliche Art ist △ FEA = △ FEC und also auch FA = FC. Folglich geht der aus F mit FA oder FB oder FC beschriebene Kreis durch A, B und C.

Ob

Ob der Punkt F innerhalb des Dreyecks ABC, oder außerhalb desselben, oder in die dritte Seite BC fällt, ändert in der Sache nichts, bloß der Beweis leidet im letzten Falle eine leichte Modification. Auch erhellet bald, daß es hierbey auf die Größe des Winkels ankomme, den die beyden in zwey gleiche Theile getheilten Seiten einschließen.

6. Satz. Aufgabe.

In einen gegebenen Kreis ABCD, Fig. 152, ein Quadrat zu beschreiben.

Auflösung.

Man ziehe zwey einander senkrecht schneidende Durchmesser des gegebenen Kreises AC, BD, und darauf AB, BC, CD und DA.

Beweis.

Da die Winkel am Mittelspunkte AKB, BKC, CKD, DKA insgesammt rechte Winkel und also einander gleich sind, so sind auch die Bogen, auf welchen sie ruhen, und daher auch die Sehnen dieser Bogen AB, BC, CD und DA einander gleich. Ferner sind die Winkel BAD, ADC, DCB und CBA insgesammt rechte Winkel, weil sie Winkel in Halbkreisen sind, und folglich das Viereck ABCD gleichseitig und rechtwinklig, oder ein Quadrat.

7. Satz. Aufgabe.

Um einen gegebenen Kreis ABCD, Fig. 153, ein Quadrat zu beschreiben.

Auf-

Auflösung.

Man ziehe zwey einander senkrecht schneidende Durchmesser AC, BD, lege durch A, D, C und B Tangenten, und verlängere dieselben, bis sie sich in den Punkten F, K, H und G schneiden.

Beweis.

Da GF, FK, KH, HG Tangenten sind, so sind die Winkel bey A, D, C und B rechte Winkel. Nun sind auch die Winkel bey E dergleichen, und also GF, BD und HK, dasgleichen GH, AC und FK einander parallel. Folglich ist FGKK ein Parallelogramm, dessen Seiten den Durchmessern des Kreises ABCD, und dessen Winkel dem Winkel bey E gleich sind, also ein gleichseitiges und rechtwinkliges Parallelogramm oder ein Quadrat.

8. Satz. Aufgabe.

In ein gegebnes Quadrat ABCD, Fig. 154, einen Kreis zu beschreiben.

Auflösung und Beweis.

Theilt man AD und AB in E und F in zwey gleiche Theile, und zieht durch die Theilungspunkte EH der AB und DC, und FK der AD und BC parallel, so entstehen vier Parallelogramme wie AG. Nun ist AD = AB, auch AE = $\frac{1}{2}$AD und AF = $\frac{1}{2}$AB, folglich AE = AF, folglich FG = GE. Auf ähnliche Art läßt sich erweisen, daß FG = GH und GE = GK

GK ist, und es gehet demnach ein Kreis aus G mit GE beschrieben, durch E, F, H und K. Da ferner bey E, F, H und K rechte Winkel sind, so berührt auch dieser Kreis die Seiten des Quadrats.

9. Satz. Aufgabe.

Um ein gegebnes Quadrat ABCD, Fig. 155, einen Kreis zu beschreiben.

Auflösung und Beweis.

Zieht man die Diagonalen AC und BC, die einander in E schneiden, so ist, weil AB = AD, AC = AC, und BC = CD ist, der Winkel BAC = CAD folglich BAC sowohl als CAD = $\frac{1}{2}$R. Eben so ist erweislich, daß ABD = DBC = $\frac{1}{2}$R Folglich ist EAB = EBA, und EA = EB. Auf ähnliche Art läßt sich zeigen, daß EA = ED, und EB = EC ist. Folglich geht ein Kreis, aus E mit EA beschrieben, durch A, B, C und D.

Erinnert man sich hier an den 22sten Satz des 3ten Buchs, so kann man diese Sätze noch mit folgenden vermehren.

Aufgabe.

Um ein gegebnes Viereck, worin jede zwey einander gegenüberstehende Winkel zusammengenommen = 2R sind, einen Kreis zu beschreiben.

Auflösung.

Es sey, Fig. 156, ABCD ein Viereck, worin A + C = B + D = 2R. Man theile AD und DC in E und F in in zwey gleiche Theile, lege durch diese Theilungspunkte, und senkrecht auf AD und DC, die geraden Linien EG und FG: so wird der aus G mit der Entfernung dieses Punktes von A, D oder C beschriebenen Kreises auch durch B gehen.

Beweis.

Denn gienge der gedachte Kreis nicht durch B; so verlängere man, wenn B innerhalb des Kreises fiele, CB nach I, und ziehe IA. Alsdann wäre nach dem 22sten Satze des 3ten Buchs AIC + ADC = 2R = ABC + ADC, und also AIC = ABC, welches unmöglich ist. Schnitte der Kreis die BC in I, so ziehe man wieder IA. Alsdann wäre auch hier AIC + ADC = 2R = ABC + ADC, und also AIC = ABC.

„Auf diese Art kennt man die Arten der Vierecke, welche sich im Kreise beschreiben lassen, insgesammt. Vergleicht man nun die Vierecke in ihrer jetzt untersuchten Verbindung mit dem Kreise, mit den Dreyecken in ähnlicher Verbindung, so fällt in die Augen, daß die Sätze des gegenwärtigen vierten Buchs bey den Dreyecken ganz allgemein, bey den Vierecken hingegen schon eingeschränkt sind. Wendet man ferner die allgemeinen Sätze von den Dreyecken auf die besondern Arten derselben an: so bietet sich bey dem gleichseitigen Dreyecke die Art und Weise dar, den Umfang eines Kreises in drey gleiche Theile, und bey den gleichschenkligen, denselben in zwey gleiche und einen, diesen ungleichen, Theil zu theilen.

theilen. Durch die Aufgabe des 30sten Satzes des 3ten Buchs, läßt sich aber, wenn dieses geschehen, auch der Umfang des Kreises in sechs einander gleiche, und in fünf Theile theilen, wovon vier einander gleich sind; und bey diesen letzten fällt in die Augen, daß alle fünf Theile einander gleich seyn würden, wenn das gleichschenklige Dreyeck, welches man anfänglich dazu brauchte, so beschaffen gewesen, daß jeder Winkel über der Grundlinie doppelt so groß als der an der Spitze wäre. Da also die Theilung eines Kreisumfangs in gleiche Theile schon an sich wichtig scheinen muß, und dieselbe bey den vorhergehenden Sätzen zur Beschreibung gleichseitiger und gleichwinkliger Figuren so nützlich war: so entsteht daher billig die Frage: Läßt sich nicht ein gleichschenkliges Dreyeck construiren, worin jeder Winkel über der Grundlinie noch einmal so groß sey als der an der Spitze. Es sey, Fig 157. das Dreyeck ABC ein solches. Theilte man den Winkel über der Grundlinie A durch AD in zwey gleiche Theile: so würde BAD = DAC = ACD, und also, wenn man durch A, D und C einen Kreis legte, BA eine Tangente dieses Kreises seyn, wenn man den 32sten Satz des dritten Buchs umgekehrt brauchen dürfte. Eben dieses würde indeß auch statt finden, wenn BAq = BD × BC wäre. Dies letzte läßt sich aber nach dem letzten Satze des 3ten Buchs leicht erhal-

erhalten, wenn man eine gerade Linie BC in D so theilt, daß BD × BC = DCq wird, (2te B. 11. S.) und darauf ein gleichschenkliges Dreyeck beschreibt, dessen Schenkel = BC und die Grundlinie = DC ist. Es sey dies Fig. 157. geschehen, so ist, da alsdann nach dem Vorhergehenden BA eine Tangente des durch A, D und C beschriebenen Kreises ist, BAD = ACD. Nun ist BDA = DAC † ACD, also BDA = DAC † BAD = ABD, und also auch AD = AB = DC, folglich auch DAC = ACD. Auf diese Art verdient also folgende Aufgabe hier aufgenommen zu werden."

10. Satz. Aufgabe.

Ein gegebenes Dreyeck zu beschreiben, worin jeder der Winkel über der Grundlinie doppelt so groß als der an der Spitze sey.

Auflösung.

Es sey AB, Fig. 158, ein Schenkel des verlangten Dreyecks. Man theile denselben nach dem 11ten Satze des zweyten Buchs in C so, daß BC × BA = CAq ist, und nehme die Grundlinie BD = CA.

Beweis.

Da BC × CA = CAq, und BD = CA ist, so ist auch BC × BA = BDq. Zieht man also DC, und beschreibt um das Dreyeck ACD einen Kreis: so ist, nach dem 37sten Satze des 3ten Buchs, BD eine Tangente dieses Kreises, und folglich der Winkel

BDC = DAC. Nun ist
BCD = DAC + CDA; folglich
BCD = BDC + CDA = CBD, und daher
DC = DB = CA, und also nun auch
CDA = DAC = BDC. Folglich
BDA = DBA = 2BAD.

11. Satz. Aufgabe.

In einen gegebenen Kreis ABCDE, Fig. 159, ein gleichseitiges und gleichwinkliges Fünfeck zu beschreiben.

Auflösung.

Man beschreibe ein gleichschenkliges Dreyeck FGH, Fig. 159, worin jeder Winkel über der Grundlinie noch einmal so groß ist als der an der Spitze. Dann beschreibe man in den gegebenen Kreis ein diesem gleichwinkliges Dreyeck ACD, und theile die Winkel über der Grundlinie ACD und CDA durch die geraden Linien CE und DB in zwey gleiche Theile. Endlich ziehe man AB, BC, CD, DE und EA.

Beweis.

Da die Winkel CAD, ACE, ECD, BDC und ADB insgesammt einander gleich sind, so sind solches auch die Bogen, CD, AE, ED, CB und BA und also auch die Sehnen gleiches Namens. Ferner ist BAE = AED, weil die Bogen DE und BA gleich groß und der Bogen BCD sich selbst gleich ist, und aus ähnlichem Grunde ist auch AED = EDC = DCB.

12. Satz.

12. Satz. Aufgabe.

Um einen gegebenen Kreis ABCDE, Fig. 160, ein gleichseitiges und gleichwinkliges Fünfeck zu beschreiben.

Auflösung.

Man theile, wie vorhin, den Kreis ABCDE in A, B, C, D und E in fünf gleiche Theile, lege dann durch die Theilungspunkte Tangenten, und verlängre sie, bis je zwey und zwey sich schneiden.

Beweis.

Zieht man FB, FK, FC, FL und FD, so ist, vorausgesetzt, daß F der Mittelpunkt des Kreises ABCDE ist,

$$\triangle BFK = \triangle CFK,$$

weil FK = FK, FB = FC und FBK = FCK = R; und es ist daher

$$BFK = CFK = \tfrac{1}{2} BFC,$$

Auf ähnliche Art läßt sich zeigen, daß CFL = $\frac{1}{2}$ CFD und also, da BFC = CFD ist, auch CFK = CFL ist. Ist aber dieses erwiesen, so ist ferner

$$\triangle CFK = \triangle CFL$$

weil CF = CF, KCF = LCF = R und CFK = CFL, es ist daher auch

$$KC = CL = \tfrac{1}{2} KL.$$

Auf ähnliche Art läßt sich darthun, daß

$$KB = BH = \tfrac{1}{2} KH, \text{ und } LD = \tfrac{1}{2} LM$$

und da KC = KB, CL = LD war, so ist nunmehr auch

KL = KH und KL = LM.

Nun läßt sich auf eben dem Wege erkennen, daß

KH = HG und LM = MG,

und es ist daher das um den Kreis ABCDE beschriebene Fünfeck GHKLM gleichseitig.

Ferner folgt aus der Gleichheit der Dreyecke BFK und CFK

BKF = FKC = $\frac{1}{2}$ BKC

und aus der Gleichheit der Dreyecke CFL und DFL

CLF = DLF = $\frac{1}{2}$ CLD.

Da sich also aus der Gleichheit der Dreyecke CFK und CFL

CKF = CLF

ergiebt, so ist nicht nur

BKC = CLD

sondern es läßt sich auf gleiche Art auch darthun, daß jeder der Winkel DME, EGA und AHB einem jeden von den Winkeln BKC und CLD gleich sey. Es ist demnach das um den Kreis ABCDE beschriebene Fünfeck GHKLM auch gleichwinklig.

13. Satz. Aufgabe.

In ein gegebenes gleichseitiges und gleichwinkliges Fünfeck ABCDE, Fig. 161, einen Kreis zu beschreiben.

Auflö-

Auflösung.

Man theile zwey neben einander liegende Winkel dieses Fünfecks BCD und CDE durch CF und DF in zwey gleiche Theile, fälle aus dem Punkte F, worin sich diese CF und DF schneiden, auf eine der Seiten des Fünfecks, z. B. CB die FH senkrecht, und beschreibe nun aus F mit FH einen Kreis.

Beweis.

Zieht man FE, FA und FB, so ist

△ CFB = △ CFD

weil FC = FC, CB = CD und BCF = DCF. Da also CDF = ½ CDE = ½ CBA ist, so ist CBF = ½ CBA, und es theilt auch die Linie FB den Winkel CBA in zwey gleiche Theile. Eben das thun die Linien FA und FE den Winkeln BAE und AED aus ähnlichem Grunde.

Fällt man nunmehr aus F außer der FH auch FG, FK, FL, FM senkrecht, so wird

△ CFH = △ CFK

weil CF = CF, HCF = KCF und CHF = CKF = R. Folglich ist auch

FH = FK

und da sich auf ähnliche Art von den übrigen senkrechten Linien FL, FM und FG zeigen läßt, daß jede derselben FH oder FK gleich sey: so geht der Kreis, der aus F mit FH beschrieben wird, durch die Punkte

G, H, K, L und M, und berührt, wegen der rechten Winkel bey diesen Punkten, zugleich den Kreis ABCDE.

14. Satz. Aufgabe.

Um ein gegebenes gleichseitiges und gleichwinkliges Fünfeck ABCDE, Fig. 162, einen Kreis zu beschreiben.

Auflösung.

Man theile zwey neben einander liegende Winkel BCD, CDE, wie vorhin, durch CF und DF in zwey gleiche Theile, und beschreibe aus F mit FA einen Kreis.

Beweis.

Zieht man FA, FE und FB, so ist, wie bey der vorhergehenden Aufgabe, erweislich, daß durch diese Linien auch die übrigen Winkel des Fünfecks in zwey gleiche Theile getheilt werden, und also die daher entstehenden Hälften insgesammt einander gleich sind. Folglich ist FC = FD = FE = FA = FB, und der aus F mit FA beschriebene Kreis geht durch die Punkte A, B, C, D und E.

Vergleicht man die Aufgaben im 11ten bis zum 14ten Satze mit denen im 6ten bis zum 9ten Satze, so stimmen die Auflösungen im 6ten und 11ten, im 7ten und 12ten, desgleichen im 9ten und 14ten mit einander überein, aber die im 8ten Satze ist von der im 13ten unter-

unterschieden. Bey einiger Ueberlegung fällt indeß bald in die Augen, daß eine der im 13ten Satze ähnliche Auflösung der Aufgabe im 8ten Satze ebenfalls ein Genüge gethan haben würde, und daß die im 8ten Satze gegebene lediglich der größern Kürze wegen gewählt sey. Auf diese Art kann die gedachte Uebereinstimmung zur Untersuchung der allgemeinen Fragen leiten: Wie in und um einen Kreis ein gleichseitiges und gleichwinkliges Vieleck, und in und um ein dergleichen Vieleck ein Kreis beschrieben werde? Zu jenem erkennt man leicht die Theilung des Kreisumfangs in so viel gleiche Theile als das gleichseitige und gleichwinklige (oder ordentliche reguläre) Vieleck Seiten haben soll, für nothwendig, aber nach dem Vorhergehenden auch eben so bald als allein dazu hinlänglich. Aus diesem Grunde ist die bisherige Weitläuftigkeit bey den folgenden Aufgaben nicht mehr nöthig.

15. Satz. Aufgabe.

In einem gegebenen Kreis ABCDEF, Fig. 163, ein ordentliches Sechseck zu beschreiben.

Auflösung.

Man suche den Mittelpunkt des gegebenen Kreises G und ziehe den Durchmesser AGD. Aus D beschreibe man mit DH den Kreis EGCH, ziehe EG und CG, und verlängere sie bis B und F. Auf diese Art ist der gegebene Kreis in A, B, C, D, E und F in sechs gleiche Theile getheilt, und das übrige ist aus dem Vorhergehenden bekannt.

Beweis.

Zieht man ED und DC, so sind die Drenecke EGD und DGC gleichseitig, und folglich die Winkel EGD und DGC einander gleich. Ferner ist EGD = DGC = dem dritten Theile von 2R, und also auch CGB = DGC = EGD. Folglich sind auch die übrigen um G befindlichen Winkel, als die Scheitelwinkel von diesen, und daher alle um den Mittelpunkte G liegende Winkel einander gleich, mithin auch die Bogen AB, BC, CD, DE, EF, FA.

Wie um einen gegebenen Kreis ein ordentliches Sechseck beschrieben werde? desgleichen, wie in und um ein ordentliches Sechseck ein Kreis gelegt werde? bedarf nach der Anmerkung nach dem 14ten Satze keiner weitern Auseinandersetzung. Es hätte aber der Kreisumfang ABCDEF auch auf die Art in sechs gleiche Theile getheilt werden können, daß man darin ein gleichseitiges Dreveck beschrieben und jeden Winkel desselben in zwey gleiche Theile getheilt hätte; indeß ist die gegenwärtige Methode kürzer und bequemer.

16. Satz. Aufgabe.

Den Umfang eines gegebenen Kreises ABCD Fig. 164, in funfzehn gleiche Theile zu theilen.

Auflösung.

Man beschreibe in dem Kreise ABCD ein gleichseitiges Dreyeck ACD, und ein gleichseitiges und gleich=

gleichwinkliges Fünfeck ABCDE, und theile darauf den Bogen BC in F in zwey gleiche Theile.

Beweis.

Wenn man sich den Umfang des gegebenen Kreises in funfzehn gleiche Theile getheilt gedenkt, so enthält davon der Bogen ABC fünf und der Bogen BFC zwey. Theilt man daher diesen Bogen BFC in F in zwey gleiche Theile: so ist BF = FC ein solcher Theil, als der ganze Umfang funfzehn enthält.

Da man nach dem 30sten Satze des dritten Buchs jeden Bogen in zwey gleiche Theile theilen kann: so fällt in die Augen, daß man, vermittelst dieser und der vorhergehenden Aufgaben, in und um den Kreis eine unzählbare Menge ordentlicher Vielecke zu beschreiben im Stande ist. Einmal nemlich das Achteck, das Sechszehneck, das Zweyunddreyßigeck u. s. f. Dann das Dreyeck, das Sechseck, das Zwölfeck u. s. f. Ferner das Fünfeck, das Zehneck, das Zwanzigeck u. s. f. Endlich das Funfzehneck, das Dreyßigeck, das Sechszigeck u. s. f. Wenn man daher auch nicht jedes ordentliche Vieleck in und um einen gegebenen Kreis wirklich beschreiben kann, so verdient doch diese Gattung von Figuren, nachdem die Art der Beschreibung von so vielen gelehrt ist, auch noch eine Untersuchung ihrer Eigenschaften.

Eine sehr leichte Folge aus dem Vorhergehenden ist zuvörderst: daß sich ein jedes ordentliche Vieleck in so viel einander gleiche und gleichschenklige (ein Sechseck in gleichseitige) Dreyecke theilen lasse, als es selbst Seiten hat Man darf zu diesem Ende nur zwey neben einander liegende Winkel in zwey gleiche Theile theilen, und aus dem Punkte, worin sich die Theilungslinien schneiden, nach allen Winkelspitzen gerade Linien ziehen. Da dieser Punkt von allen Seiten des ordentlichen Vielecks gleich weit absteht, so heißt er auch der **Mittelpunkt des Vielecks.**

Hat man auf die beschriebene Art ein ordentliches Vieleck in Dreyecke getheilt: so fallen darin außer den **Vieleckswinkeln (Polygonwinkeln)** auch **Winkel am Mittelpunkte des Vielecks, (Centriwinkel)** in die Augen, so wie auch, daß alle diese Centriwinkel zusammen = 4R sind. Da ferner die Centriwinkel eines jeden ordentlichen Vielecks eben sowohl als die Polygonwinkel unter einander gleich sind: so läßt sich die Größe eines jeden Centriwinkels aus der Anzahl der Seiten des ordentlichen Vielecks leicht finden; und ist die Größe eines Centriwinkels bekannt, so giebt seine Ergänzung zu zweyen rechten Winkeln den Polygonwinkel.

Was die Vergleichung der ordentlichen Figuren mit andern geradlinigen Figuren betrifft, so ist jede so vielmal so groß als eins von den gleichschenkligen Dreyecken, worin sie sich nach dem Vorhergehenden theilen läßt, als sie selbst Seiten hat, und also einem rechtwinkligen Dreyecke gleich, dessen eine Cathete ihrem Umfange, die andere aber der Entfernung ihres Mittelpunkts von ihren Seiten gleich ist. Will man die ordentlichen Figuren mit den Kreisen vergleichen, die in oder um sie beschrieben werden können, so läßt sich jetzt

noch

noch nichts weiter behaupten, als daß jede ordentliche Figur größer sey als der in sie, und kleiner als der um sie beschriebene Kreis.

Es sey AFBGC, Fig. 165, ein Kreisabschnitt, dessen Bogen AFBGC in B in zwey gleiche Theile getheilt worden. Zieht man darin AB und BC, und darauf DBE mit AC, und DA, BH und EC einander parallel und auf AC senkrecht: so ist klar, daß △ DAB = △ ABH, △ BCE = △ BHC, also △ DAB + △ BCE = △ ABC und folglich die Summe der beyden Abschnitte AFB + BGC < △ ABC ist.

Ferner sey BEA, Fig. 166, ein aus C mit BC beschriebener und in E in zwey gleiche Theile getheilter Kreisbogen. Zieht man DB auf BC senkrecht, und dann auch FA, so ist △ FBC = △ FAC, weil BC = AC, FC = FC und FCB = FCA ist. Folglich ist auch FAC = FBC = R, und FA, eben so wie DB, eine Tangente des Bogens BEA, desgleichen FA = FB, und daher DF > FA und DF > FB. Ist aber dieses, so erhellet, daß auch △ DFA > △ BFA, und also noch mehr △ DFA > BFAEB ist.

Vermittelst dieser beyden Sätze läßt sich folgender Satz beweisen: Wenn in und um einen Kreis eine ordentliche Figur beschrieben worden, und darauf in und um eben diesen Kreis eine ordentliche Figur von noch einmal so vielen Seiten beschrieben wird: so ist der Unterschied zwischen den Figuren von doppelt so vielen Seiten und des zugehörigen Kreises weniger als die Hälfte des Unterschiedes der Figuren von der einfachen Seitenzahl und eben dieses Kreises.

Sobald endlich von einem ordentlichen Vielecke eine Seite und ein Polygon- oder ein Centri-Winkel gegeben ist, ist auch das ganze Polygon bestimmt. Denn ist ein Centriwinkel gegeben, so kann man dadurch den Polygonwinkel finden, und ist dieser bekannt, so liegt in der Spitze des gleichschenkligen Dreyecks, welches die gegebene Seite zur Grundlinie und die Hälften des Polygonwinkels zu Winkeln über der Grundlinie hat, der Mittelpunkt des Polygons und des Kreises, der um das Polygon beschrieben werden kann. Beschreibt man aber diesen Kreis, so ist der von der gegebenen Seite darin abgeschnittne Bogen ein so vielter Theil des ganzen Umfangs als das Polygon Seiten hat.

„Am Ende des zweyten Buchs lernten wir jede geradlinige Figur in ein Quadrat verwandeln. Erinnert man sich hieran, so liegt jetzt die Frage nahe: Ob sich nicht auch der Kreis in ein Quadrat verwandeln lasse? Die Antwort auf diese Frage wäre auch schon gefunden, wenn man den Kreis in irgend eine geradlinige Figur verwandeln könnte. Allein alles bisherige reicht dazu noch nicht hin, indem daraus nur erhellet, daß der Kreis größer ist, als jede in ihm, und kleiner, als jede um ihn beschriebene ordentliche Figur. Vielleicht ist auch die Verwandlung eines Kreises in eine geradlinige Figur, d. h. die Erfindung einer Figur, welcher der Kreis vollkommen gleich wäre, nicht einmal möglich, da der Umfang des Kreises von jeder aus geraden

den Linien zusammengesetzten Linie, oder die Theile des Kreises, wie sie auch immer genommen werden mögen, von den zwischen ihren Endpunkten möglichen geraden Linien wesentlich unterschieden sind. Wenigstens müssen dazu ganz andere Wege erforderlich seyn, als die bisher eingeschlagenen."

Wollen wir nun auch ferner den bisher befolgten Regeln treu bleiben, so ist jetzt nichts anders übrig, als das Vorhergehende so viel als möglich unter einen allgemeinern Gesichtspunkt zu bringen, und zu versuchen, ob sich auf diese Art neue Quellen von Wahrheiten entdecken werden. Wir haben nehmlich schon oft einzelne Fälle als Veranlassung gebraucht, die allgemeinen Sätze, unter welchen sie begriffen waren, zum Gegenstande unserer Untersuchung zu machen; um jetzt aber etwas ähnliches mit Vortheil zu thun, ist es natürlich, die bisherigen allgemeinen Gegenstände unter etwas noch allgemeineres zusammen zu fassen. Dieses wird um so nöthiger, da wir, wenn wir etwa mehr Punkte als vier annehmen und so behandeln wollten, als wir in den beyden ersten Büchern zwey, drey und vier Punkte behandelt haben, entweder nichts finden würden, als was wir bereits gefunden haben, oder doch nicht mit der Gewißheit und Deutlichkeit fortgehen könnten, als wir es bisher zu thun im Stande waren; und wenn wir drey Punkte auf eine ähnliche Art zu behandeln versuchten, als zwey im dritten Buche, bald auf Schwierigkeiten stoßen würden, die wir mit den bisherigen Kenntnissen noch nicht vermögend sind aus dem Wege zu räumen. Eins wäre noch möglich, nemlich, daß wir uns nicht mehr auf die Gegenstände einschränkten, welche wir, durch Annehmung einiger Punkte und Befolgung der Forderungen, in Einer Ebene entstehen lassen können, sondern den Anfang machten, Punkte zu Hülfe zu nehmen, die außer der Ebene liegen, worin wir die ersten von den angenommenen Punkten gedacht hätten. Allein auch hierbey würde es uns bald nicht möglich seyn, vollständige Deutlichkeit und die Gewißheit zu erhalten, welche alle mathematischen Erkenntnisse auszeichnen müssen.

„Alle bisher untersuchten Gegenstände lassen sich auf mancherley Art in Theile theilen, und haben also das miteinander gemein, daß sie als aus Theilen zusammengesetzt betrachtet werden können Nennen wir daher, was aus Theilen besteht, Größe: so haben wir es nun mit den Größen überhaupt zu thun, und sie machen daher den Gegenstand des folgenden Abschnitts aus."

Erste Abtheilung.

Dritter Abschnitt.

Fünftes Buch.

1. Erklärungen.

Ohne uns jetzt dabey aufzuhalten, ob es eine vollständige und in aller Absicht vollkommene Erklärung sey, wenn wir sagen: Größe heiße, was aus Theilen zusammengesetzt ist, oder als aus Theilen bestehend gedacht werden kann; wollen wir, da wider die Richtigkeit dieses Merkmals nichts einzuwenden ist, sogleich zur Untersuchung der Größen selbst fortgehen. Jede Größe läßt sich auf mancherley Art in Theile theilen, (die ebenfalls Größen sind,) und der Hauptunterschied unter diesen Theilen ist, daß dieselben die Größen entweder genau messen oder nicht,

1. Eine Größe ist ein Theil (im engern Verstande, ein aliquoter Theil) von einer andern, die kleinere nemlich von der größern, wenn sie die größere genau mißt.

2. Eine

2. **Eine Größe ist von einer andern ein Vielfaches**, wenn sie sich von derselben genau messen läßt.

Wenn von zwey Größen die eine kein Vielfaches der andern, oder diese kein aliquoter Theil von jener ist, so haben dieselben gleichwohl, wenn sie zu einer und derselben Art gehören, eine gewisse Beziehung in Absicht der Größe auf einander. Die kleinere, eine gewisse Anzahl Male genommen, giebt nemlich entweder eine größere oder kleinere Größe als die andere ist, auch läßt sich durch lange genug fortgesetzte Wiederholung der kleinern allemal eine Größe hervorbringen, welche die größere übertrifft.

3. Ein **Verhältniß** ist die Beziehung, welche zwey gleichartige Größen in Absicht der Größe auf einander haben.

4. Größen **sind im Verhältnisse**, wenn sie, vervielfältigt, einander übertreffen können.

Wenn man diese beyden Erklärungen zusammennimmt und gehörig entwickelt, so leuchtet die Richtigkeit von folgender bald ein.

5. Größen sind **in einerley Verhältnisse**, die erste nemlich zur zweyten und die dritte zur vierten, wenn bey Vergleichung der Gleichvielfachen der ersten und dritten und der Gleichvielfachen der zweyten und vierten, allemal, wenn das Vielfache der ersten kleiner oder eben so groß, oder größer ist als das Vielfache der zweyten, auch

auch das Vielfache der dritten im ersten Falle kleiner, im zweyten eben so groß, und im dritten größer ist als das Vielfache der vierten

6. Größen, welche in einerley Verhältniß sind, heißen proportionirt.

7 Ist aber unter solchen Größen das Vielfache der ersten in irgend einem Falle größer als das Vielfache der zweyten, und hingegen das Vielfache der dritten nicht größer als das Vielfache der vierten, so hat die erste zur zweyten ein größeres Verhältniß als die dritte zur vierten.

Um die Behauptung vor der fünften Erklärung zu rechtfertigen, wird es nicht überflüßig seyn, darüber noch ein Paar Worte hinzuzufügen. — Braucht man in der fünften Erklärung die dritte, so heißt sie: Größen sind in einerley Verhältniß, wenn die erste eben die Beziehung in Absicht der Größe auf die zweyte hat, als die dritte auf die vierte; und dabey ist klar, daß es hinlänglich ist, wenn von diesen vier Größen nur die erste und zweyte, und dann die dritte und vierte gleichartig sind Soll dieser Erklärung ein noch höherer Grad von Deutlichkeit gegeben werden, so ist dazu weiter kein Weg, als die gedachte Beziehung bestimmt auszudrucken. Nun besteht die Beziehung, welche zwey gleichartige Größen in Absicht der Größe auf einander haben, darin, daß die kleinere, vervielfältigt, eine Größe giebt, die entweder kleiner oder eben so groß oder größer ist als die andere. Folglich wären Größen Paarweise in einerley Verhältnisse, wenn die kleinere von beyden Paaren, gleich vielmal genommen, allemal Größen hervorbrächte, die zugleich entweder kleiner oder eben so groß oder größer als die andere in eben dem Paare wären. Was die Richtigkeit dieser Erklärung betrifft, so leidet dieselbe keinen Zweifel; allein es lassen sich leicht Fälle gedenken, wo sie nicht zur vollen Deutlichkeit führt. Dieser Unbequemlichkeit abzuhelfen muß man ein Kennzeichen aufsuchen, welches mit dem in der angeführten Erklärung enthaltenen unzertrennlich verknüpft, und dabey von dem erwähnten Mangel frey ist; und dieses erhält man, wenn man nicht nur die beyden kleinern sondern auch die beyden größern Größen, jedes Paar gleich vielmal, wiederholt, und darauf die Vielfachen der ersten und zweyten, und nach ihnen die Vielfachen der dritten und vierten Größe mit einander vergleicht. Denn bezeichnen die Buchstaben

a, b, c, d

vier Größen, davon wenigstens a und b, desgleichen c und d gleichartig sind, und

A und C beliebige Gleichvielfache von a und c, so wie
B und D beliebige Gleichvielfache von b und d;

und ist C $<$ oder $=$ oder $>$ d, wenn A $<$ oder $=$ oder $>$ b ist: so kann auch C nicht anders als $<$ oder $=$ oder $>$ D seyn, wenn A $<$ oder $=$ oder $>$ B ist, wie sich leicht wird zeigen lassen, wenn einige bald zu erklärende Bezeichnungen werden gebraucht werden können.

Die Art, wie diese Erklärung bey der Untersuchung der Verhältnisse gegebener Größen gebraucht werden muß, ist folgende: Man macht zuvörderst von der ersten

sten und dritten der gegebenen Größen, und dann von der zweyten und vierten, beliebige Gleichvielfache, und vergleicht nun die Vielfachen der ersten und dritten Größe mit denen der zweyten und vierten. Dies fällt bey einigem Nachdenken aus der Erklärung selbst in die Augen, so wie auch leicht zu finden ist, daß man die gedachte Vergleichung in umgekehrter Ordnung anstellen könne. Auch ist nicht schwer zu erkennen, daß ein bestimmtes Vielfache von jeder gegebenen Größe dabey nicht hinreiche, denn es muß klar seyn, daß bey der am Ende anzustellenden Vergleichung die in der Erklärung verlangten Beschaffenheiten allemal sich finden.

Was die Fälle betrifft, wo von dieser Erklärung Gebrauch gemacht werden kann, so sollen überhaupt die Erklärungen nicht zur Beurtheilung einzelner Fälle, sondern zur Untersuchung allgemeiner Gegenstände dienen; zur Beurtheilung einzelner Fälle muß man zuvor aus den genaueren Erklärungen dazu passende Kennzeichen abgeleitet haben.

So ist, die vorhin den Buchstaben a, b, c, d, A, B, C, D gegebenen Bedeutungen vorausgesetzt, wenn allemal C = D ist, im Fall man A = B gemacht hat, auch allemal C < oder = oder > D, wenn A < oder = oder > D ist. Ist also dieses zum Beyspiel erwiesen worden, so ist man darnach im Stande, wenn gleich nicht alle, doch eine große Menge einzelner Fälle leicht zu beurtheilen. Ist ferner nur einmal C = D wenn A = B ist, so ist auch allemal C = D, wenn man A = B genommen hat, und dieses Kennzeichen empfiehlt sich durch seine Leichtigkeit noch mehr zum Gebrauche bey einzelnen Fällen.

Uebrigens lassen sich von einerley Verhältnissen leicht andere Erklärungen geben. Allein wenn gleich die gegebene beym ersten Anblicke diesen andern in Ansehung der Leichtigkeit nachzustehen scheint, so hat sie doch einmal den Vorzug, daß sie sich am ersten dem eigenen Nachdenken darbietet, und dann wird es auch noch darauf ankommen, theils welche von ihnen in der Folge den bequemsten Gebrauch habe, theils aus welcher sich alle übrige am leichtesten und natürlichsten ableiten lassen.

Die siebente Erklärung unterscheidet sich in Ansehung des Gebrauchs von der fünften darin, daß es nicht nöthig ist, daß die darin enthaltene Bedingung bey jeden genommenen Vielfachen sich finden, es ist vielmehr hinlänglich, wenn sie nur in irgend einem Falle sich darstellet. Hieraus fließt aber auch zugleich, daß man, um diese Erklärung auf die leichteste Art anzuwenden, die Vielfachen der gegebenen Größen nicht durchaus beliebig, sondern mit Rücksicht auf die Absicht nehmen müsse, in welcher man sie macht. Bey dem achten Satze wird dies deutlicher erhellen.

8. Sind vier Größen in einerley Verhältnisse, die erste nemlich zur zweyten und die dritte zur vierten, so sagt man auch von ihnen, daß sie in Proportion stehen. Es ist demnach die Proportion nichts anders als die Gleichheit zweyer Verhältnisse.

9. Ist

9. Ist in einer Proportion das zweyte Glied dem dritten gleich, also das Hinterglied des ersten Verhältnisses, das Vorderglied des zweyten: so nennt man die Proportion stetig, und legt derselben nur drey Glieder bey. Weniger als drey Glieder kann keine Proportion haben, und hat sie deren nur drey, so ist sie allemal eine stetige Proportion.

10. Wenn drey Größen (stetig) proportionirt sind, so ist das Verhältniß der ersten zur dritten zwiefach höher oder zweymal so hoch als das Verhältniß der ersten zur zweyten.

11. Wenn vier Größen stetig proportionirt sind, so ist das Verhältniß der ersten zur vierten dreyfach höher oder dreymal so hoch als das Verhältniß der ersten zur zweyten, u. s. w.

12. Vorderglieder sind Vordergliedern und Hinterglieder Hintergliedern homolog.

13. Ein Verhältniß wird verwechselt, wenn man setzt: das Vorderglied zum Vordergliede und das Hinterglied zum Hintergliede.

14. Umgekehrt wird ein Verhältniß, wenn man das Hinterglied zum Vordergliede und das Vorderglied zum Hintergliede macht.

15. Verbunden wird ein Verhältniß, wenn man setzt: das Aggregat des Vorder-

 gliedes

gliedes und Hintergliedes zu eben demſelben Hintergliede

16. Getrennt wird ein Verhältniß, wenn man ſetzt: der Ueberſchuß des Vordergliedes über das Hinterglied zu eben demſelben Hintergliede.

17. Zurückkehrend wird ein Verhältniß, wenn man ſetzt: das Vorderglied zum Ueberſchuß des Vordergliedes über das Hinterglied.

18. Gleichförmig heißt ein Verhältniß, wenn mehrere Größen mit eben ſo vielen andern, je zwey mit zweyen proportionirt ſind, und man ſetzt: die erſte zur letzten von jenen, wie die erſte zur letzten von dieſen. Oder kürzer: wenn man die äußerſten Größen mit Uebergehung der mittlern ſetzt.

19. Größen ſind in unzerſtreuter Proportion, wenn das Vorderglied zum Hintergliede, wie das Vorderglied zum Hintergliede und das Hinterglied zu einer andern Größe, wie das Hinterglied zu einer andern Größe Oder: wenn die erſte zur zweyten, wie die vierte zur fünften und die zweyte zur dritten, wie die fünfte zur ſechsten

20 Drey Größen ſind mit eben ſo vielen andern in zerſtreuter Proportion wenn von jenen das Vorderglied zum Hintergliede wie von dieſen

diesen das Vorderglied zum Hintergliede, hingegen von jenen das Hinterglied zu einer andern Größe, wie von diesen eine andere Größe zum Vordergliede. Oder: wenn die erste zur zweyten, wie die fünfte zur sechsten, und die zweyte zur dritten, wie die vierte zur fünften.

2 Bezeichnungen.

Bey den in den vorhergehenden beyden Abschnitten untersuchten Gegenständen dienten uns die Forderungen, die nach den Erklärungen im ersten Buche stehen, und in der Folge die aus ihnen zusammengesetzten Auflösungen, als Regeln zur Construction derselben; bey denen, welche in den vorhergehenden Erklärungen beschrieben sind, reichen diese Mittel dazu nicht nur nicht hin, sondern es bleiben selbst bey allgemeinen Gegenständen keine andere als willkührliche Constructionen möglich, wenn dieselben den durch sie dargestellten Begriffen ganz entsprechen sollen. Selbst gerade Linien, mittelst der Abstraction bloß nach den Theilen gedacht, aus welchen man sie bestehen läßt, haben mehrere Unbequemlichkeiten: wie wäre man z B. im Stande, dadurch beliebige Vielfache auszudrücken? Daß man dieselben unbegrenzt annähme, scheint freylich ein Weg dazu zu seyn; allein die beliebigen Vielfachen von gegebenen Größen sind eben so wenig unbegrenzt als diese gegebenen Größen es sind und seyn sollen Müssen wir also bey den nunmehr anzustellenden Untersuchungen, statt dessen, daß wir uns in den ersten vier Büchern natürlicher Constructionen bedienten, willkührliche gebrauchen: so ist es, nicht der Symmetrie wegen, daß vor allen Dingen die Regeln zu diesen Constructionen festgesetzt werden, sondern es ist dies bey denselben, eben weil sie willkührliche Constructionen sind, um so nothwendiger, weil die Betrachtung und Festsetzung der Regeln der natürlichen Constructionen vor der Untersuchung der durch sie dargestellten Gegenstände mit nicht zu verkennendem Nutzen verknüpft ist.

1. **Man bezeichne also die Größen, welche allgemein untersucht werden sollen, durch die Buchstaben irgend eines Alphabets, in ihrer natürlichen Folge genommen.**

2. **Ferner die von ihnen genommenen beliebigen Vielfachen durch eben diese Buchstaben, und gebe denselben zum Unterschiede irgend ein Abzeichen.**

(Sollen z. B. vier Größen in Proportion stehen, so nenne man dieselben A, B, C, D, und braucht man die nach der 5ten Erklärung von ihnen zu nehmende Vielfachen, so bezeichne man dieselben durch A′, B′, C′, D′).

3. **Oder man drucke die Vielfachen von gegebenen und durch Buchstaben benannten Größen auf die Art aus, daß man zu dem Buchstaben der gegebenen Größe einen von diesen kleinern m, n, p, q, r ꝛc. setzt, z. B. mA, nA ꝛc.**

4. **Oder man setze den Buchstaben des Vielfachen über, und die Größe, wovon das Vielfache ein Vielfaches ist, unter einem Queerstrich, z. B. $\frac{A}{B}$, $\frac{C}{D}$.**

Be

Bezeichnungen, wie $\frac{A}{B}$ lassen sich auf eine doppelte Art mit Worten ausdrucken, nemlich entweder A ist ein Vielfaches von B, oder B ist ein aliquoter Theil von A. Dies vorausgesetzt bedeutet $\frac{A}{B} = m$ entweder A ist ein bestimmtes, obgleich nicht genau angegebnes Vielfache von B, oder B ist ein solcher Theil von A.

5 Besteht eine Größe aus Theilen, davon jeder besonders benannt worden ist, so schließe man, um diese Größe als ein Aggregat von Theilen darzustellen, die Buchstaben der Theile in Klammern ein; z. B. (B † C † D).

6. Um Gleichheit oder Ungleichheit anzuzeigen bediene man sich, wie schon geschehen, der Zeichen =, <, >, so daß man dieselben zwischen die Bezeichnungen der gleichen oder ungleichen Dinge setze.

7. Endlich gebrauche man Bezeichnungen wie folgende

$$mA <=> nB = mC <=> nD$$

wenn die Größe von mC in Vergleichung mit der Größe von nD, mit der Größe von mA in Vergleichung mit der von nB übereinstimmt

 3. Grund-

3. Grundsätze.

Von den im Anfange des ersten Buchs stehenden Grundsätzen gehören wegen ihrer Allgemeinheit folgende auch hierher.

1. Zwey Dinge, die einem Dritten gleich sind, sind selbst einander gleich

2. Wenn Gleiches zu Gleichem gesetzt wird, so sind die Aggregate gleich.

3 Wenn von Gleichem Gleiches weggenommen wird, so sind die Rech gleich

4. Wenn zu Ungleichem Gleiches gesetzt wird, so sind die Aggregate ungleich.

5. Wenn von Ungleichem Gleiches weggenommen wird, so sind die Reste ungleich

6. Gleichvielfache von gleichen Größen sind einander gleich.

7 Gleichnamige Theile gleicher Größen sind einander gleich.

8. Das Ganze ist größer als jeder seiner Theile.

Außerdem aber verdienen noch, als Folgen aus vorstehenden Erklärungen, einen Platz.

9. Wenn eine Größe von einer andern ein Vielfaches ist, so ist diese andere von der ersten auch ein eben so vielter Theil, als diese von jenem ein Vielfaches ist.

10. Wenn eine Größe ein Aggregat von Theilen (gleichen oder ungleichen) ist, so ist das Vielfache dieser Größe dem Aggregate der eben so Vielfachen von allen Theilen gleich.

11. Wenn von allen Theilen einer Größe beliebige Gleichvielfache genommen werden, so ist das Aggregat dieser

dieser Gleichvielfachen dem eben so Vielfachen der gedachten Grösse gleich.

12. Auch die Mengen der Wiederholungen in den Vielfachen der Grössen lassen sich als Grössen ansehen und behandeln.

Sätze.

Die Untersuchung der Grössen überhaupt, welche wir nunmehr anzustellen haben, zerfällt in zwey Abschnitte, indem wir entweder solche Grössen betrachten können, welche von einander Vielfache sind, oder solche, die ein Verhältniß zu einander haben. Bey der ersten Art bieten nicht mehr als zwey Grössen, davon die eine ein Vielfaches der andern ist, nichts dar, und auf ähnliche Art verhält es sich bey zwey oder mehrern Paaren von Grössen, wenn in jedem Paare die eine von der andern nur überhaupt irgend ein Vielfaches ist. Es bleibt also nichts übrig als von mehrern Grössen anzufangen, welche von eben so vielen andern, je eine von einer, Gleichvielfache sind.

1. Satz. Lehrsatz.

Wenn mehrere Größen A′, B′, C′, von eben so vielen andern A, B, C, je eine von einer, Gleichvielfache sind: so ist auch das Aggregat der erstern A′ + B′ + C′ von dem Aggregate der letztern A + B + C ein eben so Vielfaches als es eine der ersten A′ von einer der letzten A ist.

Beweis.

Es sey $\frac{A'}{A} = m$, und $A' = mA$: so ist, da $\frac{A'}{A} = \frac{B'}{B} = \frac{C'}{C}$ ist, auch $B' = mB$, und $C' = mC$. Also ist, nach einem bekannten Grundsatze

$$A' + B' + C' = mA + mB + mC = m(A + B + C)$$

folglich

$$\frac{A' + B' + C'}{A + B + C} = m = \frac{A'}{A}.$$

Läßt man $\frac{A'}{A} = \frac{B'}{B}$ bleiben, nimmt aber statt C' und C zwey andere Größen E und F: so erscheinen bey gehöriger Ueberlegung diese letzten beyden Größen nur dann als einer Untersuchung fähig, wenn entweder $\frac{E}{A} = \frac{F}{B}$ oder $\frac{E}{A'} = \frac{F}{B'}$ ist.

2. Satz. Lehrsatz.

Wenn eine Größe A' von einer andern A ein eben so Vielfaches ist als eine dritte B' von einer vierten B; ferner eine fünfte A'' von der zweyten A ein eben so Vielfaches ist als eine sechste B'' von der vierten B: so ist auch verbunden das Aggregat der ersten und fünften $A' + A''$ von der zweyten A ein eben so Vielfaches, als das Aggregat der dritten und sechsten $B' + B''$ von der vierten B ist.

Beweis.

Es sey $\frac{A'}{A} = m$, und $\frac{A''}{A} = n$: so ist

$$A' = mA,\ B' = mB,\ A'' = nA \text{ und } B'' = nB$$

$$A' + A'' = mA + nA = (m + n)A, \text{ und}$$

$$B' + B'' = mB + nB = (m + n)B; \text{ folglich}$$

$$\frac{A' + A''}{A} = m + n = \frac{B' + B''}{B}.$$

3. Satz. Lehrsatz.

Wenn eine Größe A' von einer andern A ein eben so Vielfaches ist als eine dritte B' von einer vierten B, und man nimmt ein Gleichvielfaches von der ersten und dritten A' und B', welche A'' und B'' heißen mögen: so ist gleichförmig

$$\frac{A''}{A} = \frac{B''}{B}.$$

Beweis.

Es sey $\frac{A'}{A} = m$, und $\frac{A''}{A'} = n$: so ist

$$A' = mA,\ B' = mB,\ A'' = nA' \text{ und } B'' = nB'.$$

Folglich

$$A'' = nmA \text{ und } B'' = nmB, \text{ oder}$$

$$\frac{A''}{A} = nm = \frac{B''}{B}.$$

Um nun nach diesen Sätzen von den Vielfachen gegebener Größen zur Untersuchung der Verhältnisse fortzugehen, wäre es freylich dem bisherigen Gange dem Anscheine nach am gemäßesten, wenn wir aus der gegebenen Erklärung von den Größen, die in einerley Verhältnisse sind, ein Kennzeichen zu entwickeln suchten, welches zur leichten Beurtheilung einzelner Fälle dienen könnte, und dann zu dem fortschritten, was statt findet, wenn vier Größen proportionirt sind Auf ähnliche Art verfuhren wir z B. im ersten Buche bey der Untersuchung der Parallellinien. Aber es unterscheidet sich der gegenwärtige Gegenstand von den vorhergehenden durch eine größere Allgemeinheit, ja wir durften in den ersten vier Büchern das Allgemeine, womit wir uns beschäftigten, nur im Einzelnen betrachten. Aus diesem Grunde kann es daher auch nicht befremden, wenn jetzt ein umgekehrter Weg eingeschlagen werden muß, und die erste Frage die ist: Was findet statt, wenn vier Größen proportionirt sind?

4. Satz. Lehrsatz.

Wenn vier Größen A, B, C. D proportionirt sind, und man nimmt von der ersten und dritten, desgleichen von der zweyten und vierten beliebige Gleichvielfache A', B', C', D': so sind diese Vielfachen ebenfalls proportionirt.

Beweis.

Da

$$A : B = C : D, \text{ und}$$

A'

$$\frac{A'}{A} = \frac{C'}{C}, \text{ desgleichen } \frac{B'}{B} = \frac{D'}{D}$$

ist: und deswegen $A' : B' = C' : D'$ seyn soll: so nehme man

$$\frac{A''}{A'} = \frac{C''}{C'} \text{ und } \frac{B''}{B'} = \frac{D''}{D'}.$$

Alsdann ist nach dem dritten Satze

$$\frac{A''}{A} = \frac{C''}{C} \text{ und } \frac{B''}{B} = \frac{D''}{D}.$$

Ist dieses, so ist auch, weil $A : B = C : D$, nach der fünften Erklärung

$$A'' <=> B'' = C'' <=> D'',$$

und hieraus folglich auch, da

$$\frac{A''}{A'} = \frac{C''}{C'} \text{ und } \frac{B''}{B'} = \frac{D''}{D'} \text{ ist,}$$

$$A' : B' = C' : D'.$$

Folgende beyden Sätze betreffen noch die Vielfachen gegebener Größen, aber diese Größen sind dabey willkührlich getheilt.

5. Satz. Lehrsatz.

Wenn eine Größe A von einer andern B ein eben so Vielfaches ist, als ein Stück der ersten von einem Stücke der andern: so ist auch der Rest der ersten von dem Reste der zweyten ein eben so Vielfaches, als die erste Größe von der andern.

Be=

Beweis.

Es sey A = C + D und B = E + F. Alsdann soll, wenn

$$\frac{A}{B} = \frac{C}{E} = m \text{ ist, auch}$$

$$\frac{D}{F} = \frac{A}{B}$$

seyn. Aus der Voraussetzung fließt,

$$D = A - C,\ F = B - E.$$

Aus $\frac{A}{B} = \frac{C}{E} = m$ ergiebt sich

$$A = mB,\ C = mE, \text{ und also auch } A - C = mB - mE = m(B - E).$$

und so ist klar, daß

$$\frac{D}{F} = \frac{A - C}{B - E} = \frac{m(B - E)}{B - E} = m = \frac{A}{B}.$$

6. Satz. Lehrsatz.

Wenn zwey Größen A, B von zweyen andern C, D Gleichvielfache, und dabey Stücke der ersten von den beyden andern ebenfalls Gleichvielfache sind: so sind die Reste entweder denselben beyden andern gleich, oder Gleichvielfache von denselben.

Beweis.

Es sey A = E + F und B = G + H. Alsdann soll, wenn

$\frac{A}{C}$

$\frac{A}{C} = \frac{B}{D} = m$ und $\frac{E}{C} = \frac{G}{D} = n$ ist, auch entweder $F = C$ und $H = D$, oder $\frac{F}{C} = \frac{H}{D}$ seyn.

Aus der Voraussetzung fließt

$$F = A - E, \quad H = B - G.$$

Aus $\frac{A}{C} = \frac{B}{D} = m$, und $\frac{E}{C} = \frac{G}{D} = n$ ergiebt sich

$$A = mC, \; B = mD, \; E = nC, \; G = nD.$$

Dieses aber vorausgesetzt erhellet, daß

$$\frac{F}{C} = \frac{A - E}{C} = \frac{mC - nC}{C} = \frac{(m - n)C}{C}, \text{ und}$$

$$\frac{H}{D} = \frac{B - G}{D} = \frac{mD - nD}{D} = \frac{(m - n)D}{D}$$

und also

$$\frac{F}{C} = \frac{H}{D} = m - n, \text{ und folglich entweder}$$

$$F = C \text{ und } H = D, \text{ oder bloß } \frac{F}{C} = \frac{H}{D}$$

ist, je nachdem die durch m und n ausgedruckten Mengen von Wiederholungen um eins oder um mehr von einander unterschieden sind.

Es ist eine leichte Modification des Falls im 4ten Satze, wenn man darin statt vier Größen überhaupt, die zweyte und vierte einander gleich annimmt. Thut man dieses, so sind die erste und dritte Größe entweder auch einander gleich oder nicht. Hierin liegt der Grund daß nun zunächst die Nr 7 und 8 stehenden Sätze folgen.

7. Satz. Lehrsatz

Gleiche Größen A, B haben zu Einer Größe C, so wie auch Eine Größe C zu gleichen Größen A, B, einerley Verhältniß.

Beweis.

Es sey $\frac{A'}{A} = \frac{B'}{B}$ und $C' = mC$. Da $A = B$ ist, so ist auch $A' = B'$, also

$$A' <=> C' = B' <=> C' \text{ ist,}$$

und folglich auch

$$A : C = B : C.$$

Ferner ist auch, weil $A' = B'$,

$$C' <=> A' = C' <=> B' \text{ und folglich ebenfalls}$$

$$C : A = C : B.$$

8. Satz Lehrsatz.

Von zweyen ungleichen Größen A, B, hat die größere A zu einer dritten C ein größeres Verhältniß als die kleinere B, und eine dritte C zu der kleinern B ein größeres Verhältniß als zu der größern A.

Beweis.

Da $A > B$, so sey $A = B + D$. Ferner sey

$$D' = mD \text{ und } > C$$

$$B' = mB; \text{ so ist}$$

B' =

$B' + D' = m(B + D) = mA = A'$. Endlich sey $C' = nC$ und zunächst größer als B' oder mB, so daß $mB + D'$ (wenn $D' > C$) $> C'$ ist. Alsdann ist

$$A' (= mB + D') > C' \text{ und } B' (= mB) \text{ nicht } > C',$$

folglich

$$A : C > B : C.$$

Umgekehrt ist

$$C' > B' \text{ und } < A'$$

also auch

$$C : B > C : A.$$

Der Grund, wie hier die Gleichvielfachen von A und B gemacht worden sind, erhellet aus der Anmerkung nach der 7ten Erklärung S. 180.

Nun die Frage: Lassen sich diese beyden Sätze nicht auch umgekehrt beweisen?

9. Satz. Lehrsatz.

Wenn zwey Größen A, B, zu Einer dritten C einerley Verhältniß haben, so sind sie einander gleich, und eben dieses findet statt, wenn Eine dritte Größe C zu jeder von ihnen einerley Verhältniß hat.

Beweis.

Wären A und B ungleich, so würde nicht nur $A : C >$ oder $< B : C$, sondern auch $C : A$ nicht $= C : B$ seyn.

10 Satz Lehrsatz.

Wenn zwey Größen A, B, zu Einer dritten ungleiche Verhältnisse haben: so ist diejenige von ihnen die größere, die zu der dritten ein größeres Verhältniß hat; und wenn Eine dritte Größe zu zweyen andern ungleiche Verhältnisse hat, so ist von diesen diejenige die kleinere, zu welcher die gedachte dritte Größe ein größeres Verhältniß hat.

Beweis.

Es sey $A : C > B : C$. Wäre nun nicht $A > B$, so wäre entweder $A = B$ oder $A < B$ Im ersten Falle aber wäre auch

$A : C = B : C$, und im zweyten

$A : C < B : C$.

Ferner sey $C : B > C : A$. Wäre nun nicht $B < A$, so wäre entweder $B = A$ oder $B > A$, und im ersten Falle

$C : B = C : A$, und im zweyten

$C : B < C : A$,

welches beydes wider das Angenommene streitet.

Vermittelst der S. 183 185 erklärten und bisher gebrauchten Bezeichnungen hätten die Sätze 1 : 10 auf folgende kürzere Art ausgedruckt werden können.

1. Wenn $\frac{A'}{A} = \frac{B'}{B} = \frac{C'}{C}$: so ist auch $\frac{A' + B' + C}{A + B + C} = \frac{A'}{A}$.

2. Wenn

2. Wenn $\frac{A'}{A} = \frac{B'}{B}$ und $\frac{A''}{A} = \frac{B''}{B}$: so ist auch $\frac{A' + A''}{A} = \frac{B' + B''}{B}$.

3. Wenn $\frac{A'}{A} = \frac{B'}{B}$ und $\frac{A''}{A'} = \frac{B''}{B'}$: so ist auch $\frac{A''}{A} = \frac{B''}{B}$.

4. Wenn $A : B = C : D$ und $\frac{A'}{A} = \frac{C'}{C}$ desgleichen $\frac{B}{B} = \frac{D'}{D}$: so ist auch $A' : B' = C' : D'$.

5. Wenn $A = C + D$, $B = E + F$, und dabey $\frac{A}{B} = \frac{C}{E}$: so ist auch $\frac{D}{F} = \frac{A}{B}$.

6. Wenn $A = E + F$, und $B = G + H$, und dabey $\frac{A}{C} = \frac{B}{D}$ und $\frac{E}{C} = \frac{G}{D}$: so ist auch entweder $F = C$ und $H = D$, oder $\frac{F}{C} = \frac{H}{D}$.

7. Wenn $A = B$: so ist nicht nur
$A : C = B : C$, sondern auch
$C : A = C : B$.

8. Wenn $A > B$: so ist einmal
$A : C > B : C$, und zweytens
$C : B > C : A$.

9. Wenn $A : C = B : C$, oder $C : A = C : B$: so ist auch $A = B$.

10. Wenn $A : C > B : C$, oder $C : B > C : A$: so ist $A > B$, und $B < A$.

Hat man sich durch Vergleichung dieser kürzern Ausdrücke mit den unter den vorhergehenden Nummern stehenden weitläuftigern den Sinn derselben und die Art, sie durch Worte auszudrucken, bekannt gemacht: so wird aus ihrem Gebrauche bey den folgenden Sätzen keine Schwierigkeit entstehen.

Was die Ordnung dieser Sätze betrifft, so findet man das zu ihrer Bestimmung nöthige am Ende dieses Buchs.

11. Satz. Lehrsatz.

Wenn $A : B = C : D$, und $E : F = C : D$: so ist auch $A : B = E : F$.

Beweis.

Es sey $\frac{A'}{A} = \frac{C'}{C} = \frac{E'}{E}$, und $\frac{B'}{B} = \frac{D'}{D} = \frac{F'}{F}$

so ist, weil $A : B = C : D$,

$$A' <=> B' = C' <=> D'$$

und weil $C : D = E : F$, auch

$$C' <=> D' = E' <=> F'.$$

Ist dieses, so fließet daraus

$$A' <=> B' = E' <=> F',$$

und es ist daher

$$A : B = E : F.$$

12. Satz. Lehrsatz.

Wenn $A : B = C : D = E : F$: so ist auch $A + C + D : B + D + F = A : B$.

Be-

Beweis.

Es sey $\frac{A'}{A} = \frac{C'}{C} = \frac{E'}{E}$, und $\frac{B'}{B} = \frac{D'}{D} = \frac{F'}{F}$

so ist wegen der Bedingung im Satze,

$$A' <=> B' = C' <=> D = E' <=> F.$$

Folglich ist auch

$$A' + C' + E' <=> B' + D' + F' = A' <=> B$$

und also

$$A + C + D = B + D + F = A : B.$$

13. Satz. Lehrsatz.

Wenn $A : B = C : D$ und $C : D > E : F$: so ist auch $A : B > E : F$.

Beweis.

Es sey $\frac{C'}{C} = \frac{E'}{E} = \frac{A'}{A}$, und $\frac{D'}{D} = \frac{F'}{F} = \frac{B'}{B}$

so ist wegen der zweyten Bedingung im Satze, wenn die Gleichvielfachen gehörig genommen worden,

$C' > D'$ aber nicht $E' > F'$

Da also wegen der ersten Bedingung

$$A' > B' = C' > D$$

so ist auch

$A' > B'$ aber nicht $E' > F$

und folglich

$$A : B > E : F.$$

14. Satz. Lehrsatz.

Wenn $A : B = C : D$ und $A >$ oder $=$ oder $< C$, so ist auch B im ersten Falle $>$ im andern $=$ und im dritten $< D$.

Beweis.

Denn ist 1) $A > C$, so ist $A : B > C : B$, und also

$$\begin{aligned} &\text{weil } A : B = C : D \\ &\text{auch } C : D > C : B, \\ &\text{folglich } B > D. \end{aligned}$$

Ist 2) $A = C$, so ist $A : B = C : B$, also

$$\begin{aligned} &\text{da } A : B = C : D \\ &\text{auch } C : B = C : D \\ &\text{folglich } B = D. \end{aligned}$$

Ist 3) $A < C$, so ist $A : B < C : B$, also

$$\begin{aligned} &\text{da } A : B = C : D \\ &\text{auch } C : D < C : B \\ &\text{folglich } B < D. \end{aligned}$$

15. Satz. Lehrsatz.

Wenn $\frac{A'}{A} = \frac{B'}{B}$, so ist $A' : B' = A : B$.

Beweis.

Es ist $A' = A + A + A \ldots$ und $B' = B + B + B \ldots$ Da also

$$A : B = A : B = A : B \ldots$$

so ist auch

A +

$$A + A + A \ldots : B + B + B = A : B,$$

das heißt

$$A' : B' = A : B.$$

16. Satz. Lehrsatz.

Wenn $A : B = C : D$: so ist auch $A : C = B : D$. (Erkl. 13.)

Beweis.

Es sey $\frac{A'}{A} = \frac{B'}{B}$ und $\frac{C'}{C} = \frac{D'}{D}$: so ist

$A' : B' = A : B$ und

$C' : D' = C : D$. Da also

$A : B = C : D$ ist, so wird daher

$A' : B' = C' : D'$, und folglich nach S. 14.

$$A' <=> C' = B' <=> D',$$

und hieraus und wegen der Voraussetzung

$$A : C = B : D.$$

12. Satz. Lehrsatz.

Wenn $A + B : B = C + D : D$: so ist auch $A : B = C : D$ (Erkl. 16.)

Beweis.

Es sey $\frac{A'}{A} = \frac{B'}{B} = \frac{C'}{C} = \frac{D'}{D}$ und $\frac{B''}{B} = \frac{D''}{D}$:

so ist $\frac{A' + B'}{A + B} = \frac{C' + D'}{C + D}$ und $\frac{B' + B''}{B} = \frac{D' + D''}{D}$.

Ferner ist wegen der Bedingung im Satze

$$A' + B' <=> B' + B'' = C' + D' <=> D' + D''$$

folglich auch

$$A' <=> B'' = C' <=> D''$$

und deswegen

$$A : B = C : D.$$

18 Satz. Lehrsatz.

Wenn $A : B = C : D$: so ist auch $A + B : B = C + D : D$ (Eikl 15.)

Beweis.

Wäre nicht $A + B : B = C + D : D$: so müßte $A + B : B = C + D : E$, und dabey E entweder $>$ oder $< D$ seyn. Wäre aber $A + B : B = C + D : E$: so wäre auch nach dem vorhergehenden Satze

$$A : B = C + D - E : E,$$ und

wegen $A : B = C : D$, auch

$$C : D = C + D - E : E.$$

Sollte dieses statt finden, so müßte nach dem 14ten Satze seyn

$$C <=> C + D - E = D <=> E.$$

Allein soll $C < C + D - E$ seyn, so ist $D > E$; soll $C > C + D - E$ seyn, so ist $D < E$: und es ist also unmöglich daß $A + B : B = C + D - E : E$ sey.

19. Satz. Lehrsatz.

Wenn $A + B : C + D = A : C$: so ist auch $B : D = A : C = A + B : C + D$.

Beweis.

Nach dem 16ten Satze ergiebt sich aus der Bedingung im Satze

$$A + B : A = C + D : C,$$

und hieraus fließt nach S. 17.

$B : A = D : C$, woraus durch die Verwechselung

$B : D = A : C$ wird.

20. Satz. Lehrsatz.

Wenn $A : B = D : E$ und $B : C = E : F$ (Erklär. 18. 19.) so ist $A <=> C = F <=> F$.

Beweis.

Ist $A > C$, so ist

$A : B > C : B$, und da

$A : B = D : E$ und

$C : B = F : E$ ist, so wird

$D : E > F : E$ Folglich ist

$D > F$.

Auf ähnliche Art läßt sich beweisen, daß $E = F$ oder $E < F$ sey, wenn $A = C$ oder $A < C$ ist.

21. Satz. Lehrsatz.

Wenn $A : B = E : F$, und $B : C = D : E$ ist (Erkl. 18. 20.) so ist $A <=> C = D <=> F$ ist.

Beweis.

Wenn $A > C$, so ist

$A : B > C : B$, folglich da

A : B

$A : B = E : F$
$C : B = E : D$ seyn soll, auch
$E : F > E : D$, und daher
$D > F$.

Auf ähnliche Art wird bewiesen, daß $D =$ oder $< F$ ist, wenn $A =$ oder $< C$ genommen worden.

22. Satz Lehrsatz.

Wenn $A : B = D : E$ und $B : C = E : F$; so ist auch $A : C = D : F$.

Beweis.

Es sey $\frac{A'}{A} = \frac{D'}{D}$; $\frac{B'}{B} = \frac{E'}{E}$, und $\frac{C'}{C} = \frac{F'}{F}$: so ist $A' : B' = D' : E'$ und
$B' : C' = E' : F'$, also nach S. 20.
$A' <=> C' = D' <=> F'$, und folglich
$A : C = D : F$.

23. Satz. Lehrsatz.

Wenn $A : B = E : F$, und $B : C = D : E$; so ist auch $A : C = D : F$.

Beweis.

Es sey $\frac{A'}{A} = \frac{B'}{B}$ und $\frac{E'}{E} = \frac{F'}{F}$, so ist
$A' : B' = A : B$, und
$E' : F' = E : F$,
also wegen der ersten Bedingung im Satze

A' : B'

$$A' : B' = E : F.$$

Ferner sey $\frac{B'}{B} = \frac{D}{D}$ und $\frac{C'}{C} = \frac{E'}{E}$: so ist wegen der andern Bedingung nach dem 4ten Satze

$$B' : C' = D' : E,$$ folglich auch

$$A' < = > C' = D' < = > F',$$ und daher

$$A : C = D : F.$$

24. Satz. Lehrsatz.

Wenn $A : B = C : D$, und $E : B = F : D$: so ist auch $A + E : B = C + F : D$.

Beweis.

Da $E : B = F : D$; so ist auch

$B : E = D : F$ Nun ist

$A : B = C : D$, also auch

$A : E = C : F$, und daher

$A + E : E = C + F : F$ Nun ist

$E : B = F : D$, also auch

$A + E : B = C + F : D$.

25. Satz. Lehrsatz.

Wenn $A : B = C : D$. und unter diesen Größen A die größte, und D mithin die kleinste ist: so ist auch $A + D > B + C$.

Beweis.

Es sey $A = C + E$ und $B = D + F$. Da $A : B = C : D$, so ist auch nach dem 19ten Satze

A : B

$$A : B = E : F$$ oder
$$A : E = B : F,$$ also, da $A > B$,
$$E > F.$$ Nun ist
$$C + D = C + D,$$ folglich
$$C + D + E > C + D + F,$$ d. h.
$$A + D > B + C.$$

Anmerkungen und Zusätze

zum

fünften Buche.

Es ist bereits in den Anmerkungen am Schlusse des vierten Buchs angeführt worden, daß sich die in dem gegenwärtigen fünften Buche untersuchten Gegenstände von den in den vorhergehenden Büchern betrachteten durch eine größere Allgemeinheit unterscheiden, und es wird nicht unnütz seyn, sowohl den Grad dieser Allgemeinheit als den Einfluß, welchen derselbe auf die Art der Untersuchung oder die Methode hat, etwas genauer zu erwägen.

Auch die Gegenstände, welche in den vier ersten Büchern untersucht worden sind, waren nicht einzelne sondern ebenfalls allgemeine Gegenstände, und der Grad ihrer Allgemeinheit war bald ein höherer, bald ein niederer. Wurde z. B. von einem rechtwinkligen Dreyecke geredet, so galt das, was davon behauptet wurde, von einem jeden rechtwinkligen, geradlinigen und ebenen Dreyecke, seine

seine übrigen Beschaffenheiten mochten seyn, welche sie wollten; und die Sätze von den Dreyecken überhaupt hatten einen weitern Umfang als diejenigen, welche die Arten der Dreyecken betrafen. Allein in den vier ersten Büchern war es nicht nur durchaus möglich, die Gegenstände derselben im Einzelnen zu betrachten, sondern es blieben auch die sinnlichen Darstellungen, welche dazu gebraucht wurden, ihren Urbildern ähnlich. Dieses rührte daher, weil die unter den untersuchten allgemeinen Gegenständen begriffenen speciellere die wesentlichen Eigenschaften mit jenen gemein hatten, und bloß in solchen Dingen sich unterschieden, die auf das Wesen nicht einflossen; und hiervon lag der Grund wieder darin weil die allgemeinen Gegenstände der ersten Bücher bloß und unmittelbar durch angenommene und nach den Forderungen behandelte Punkte entstanden, und die speciellern auf dem Wege des Herabsteigens gefunden wurden. Bey den Gegenständen des fünften Buchs blieb es zwar ebenfalls möglich, die Untersuchung derselben im Einzelnen anzustellen, allein die sinnlichen Darstellungen, welche dazu gebraucht wurden, enthielten nicht mehr alle den unter jenen Gegenständen begriffenen besondern Dingen wesentliche Eigenschaften; statt natürlicher Constructionen mußten willkührliche, ihren Urbildern nicht mehr ähnliche, gebraucht werden. Dies rührte daher, weil erwähnte Gegenstände aus den vorhergehenden auf dem Wege des Aufsteigens oder der Abstraction gefunden werden mußten: und sonach haben wir es im fünften Buche mit Geschlechtsbegriffen zu thun gehabt, da hingegen die Gegenstände der vier ersten Bücher bloße Arten waren.

Das hierauf sich gründende Hauptunterscheidungskennzeichen der Gegenstände der vier ersten Bücher und des fünften Buchs besteht darin, daß diese letztern zuerst durch die Erklärungen gegeben werden, und zwar so, daß man aus diesen Erklärungen nicht die Grenzen, zwischen welchen ihre Gegenstände enthalten sind, sondern die wesentlichen Merkmale dieser Gegenstände selbst kennen lernt. Was hingegen die Erklärungen der vier ersten Bücher betrifft, so waren dieselben entweder negative oder positive Erklärungen. Zu jenen gehört z. B. die Erklärung des Punkts und die Erklärung der Parallellinien. Durch keine negative Definition wird der Begriff eines Dinges, und noch weniger der ausführliche Begriff eines Dinges, innerhalb seiner Grenzen ursprünglich dargestellt, es wird durch sie bloß indirecte gleichsam der Ort angezeigt, wo man sie zu suchen hat, um durch Anschauung derselben zu ihrem Begriffe zu gelangen. Was aber die positiven Erklärungen der vier ersten Bücher betrifft, so geht auf dem natürlichen Wege zu ihnen der Begriff allemal vor der Erklärung vorher, und es enthält die Erklärung, nicht die wesentlichen Merkmale des erklärten Gegenstandes ausführlich, sondern nur eins oder das andere, und zwar nicht in der Absicht, daß dasselbe bey der folgenden Untersuchung zum Grunde gelegt werden solle, sondern bloß um den erklärten Gegenstand deutlich kenntlich zu machen. Wie wäre es auch, wenn es sich nicht auf diese Art verhielte, möglich, daß mehrere von diesen positiven Erklärungen da, wo sie zuerst mitgetheilt oder gefunden worden, nicht einmal den erforderlichen Grad der

Be-

Bestimmtheit haben, sondern denselben erst nach mehrern Sätzen, d. h. nach sorgfältiger Betrachtung ihrer Gegenstände in Constructionen, erhalten? Zu Beyspielen können die Erklärungen des rechtwinkligen und stumpfwinkligen Dreyecks, des Quadrats u. s. f. dienen

Hiermit ist verbunden, daß die Gegenstände der vier ersten Bücher nicht in Begriffen, sondern in Constructionen, die des fünften Buchs aber nicht in Constructionen, sondern in Begriffen untersucht werden mußten. In den vier ersten Büchern fiengen wir zwar ebenfalls damit an, daß wir uns von den zu untersuchenden Gegenständen deutliche Begriffe machten; allein selbst diese Begriffe nahmen wir von Constructionen, obgleich durch bloße Einbildung entworfenen, nur die negativen Erklärungen des Punktes und der Parallellinien ausgenommen. Ferner mag immerhin die Untersuchung der Gegenstände der vier ersten Bücher durch die Vorausschickung der Erklärungen erleichtert worden seyn, nothwendig wurden diese Erklärungen dabey nicht gebraucht, und selbst mangelhafte Erklärungen würden nicht bloß zu keinen falschen Sätzen geleitet, sondern nicht einmal die Untersuchung aufgehalten haben.*) Alle in den vier ersten Büchern enthaltene Sätze sind nemlich lediglich aus Constructionen geschöpft. Im fünften Buche hingegen

*) Daß man selbst bey falschen Begriffen, wenn man nicht aus ihnen, sondern aus Constructionen schöpft, zu wahren Sätzen gelangen könne, kann unter andern auch Euclides Optik, sie mag von ihm oder einem andern herrühren, erläutern. Bey sinnlichen auf dem Wege der Anschauung zu erkennenden Gegenständen läßt sich dieses Phänomen so oft man will erhalten.

gen waren vor allen andern Dingen die Erklärungen nothwendig, und die bey der Untersuchung gebrauchten Bezeichnungen machten einen steten Rückblick auf sie ebenfalls unvermeidlich. Wir haben darin nicht aus Constructionen, sondern aus Begriffen, aber nicht aus Begriffen allein, sondern aus Begriffen vermittelst Constructionen geschöpft. Fassen wir also alle in den vorhergehenden fünf Büchern enthaltene Kenntnisse zusammen: so theilen sich dieselben theils in Kenntnisse aus Constructionen, theils in Kenntnisse aus Begriffen vermittelst Constructionen.

Ganz im Anfange dieser Elemente wurde von der Mathematik gesagt: sie sey Inbegriff dessen, was wir ohne Beyhülfe der Erfahrung wissen, aber auch dabey ein Wink gegeben, daß man nach diesem Merkmale zwar die Beschaffenheit, aber nicht die Grenzen der Mathematik bestimmen könne. Was wir ohne Beyhülfe der Erfahrung wissen, pflegt man mit dem Namen reine Vernunftwissenschaft zu belegen, und es wird sich nachher, was aus dem Bisherigen schon klar seyn muß, auch deutlich zeigen lassen, daß die bis jetzt vorgetragenen mathematischen Kenntnisse nicht nur objective genommen reine Vernunfterkenntnisse sind, sondern auch subjective solches werden können. Jetzt haben wir ein Recht der Mathematik zwey Theile zu geben, und den, der die Erkenntnisse aus Constructionen enthält, Elementar-Mathematik, und den, welcher die Erkenntnisse aus Begriffen vermittelst der Constructionen in sich begreift, allgemeine Mathematik zu nennen. Von der Elementar-Mathematik haben wir bis jetzt nur einen Theil gehabt, und von der allgemeinen enthält das fünfte Buch weiter nichts als den Anfang. Wenn man also auch un-

ter

ter der Mathematik bloß den Inbegriff der reinen Vernunfterkenntnisse versteht, zu deren Erwerbung der Gebrauch der Constructionen unumgänglich nöthig ist: so hat die Mathematik gleichwohl einen weiten Umfang, und theilt sich in mehrere Zweige, die theils zur Elementar- theils zur allgemeinen Mathematik gehören, und so beschaffen sind, daß in der natürlichen Ordnung der Erlernung die Zweige der Elementar-Mathematik mit den Theilen der allgemeinen Mathematik vermischt sind. Ob es außer der Mathematik in dem angenommenen Umfange noch eine andere reine Vernunftwissenschaft gebe? wird davon abhangen, ob es eine Wissenschaft aus reinen Begriffen ohne Gebrauch der Constructionen giebt?

Dieses vorausgesetzt wollen wir die Sätze des fünften Buchs noch von einer oder der andern bis jetzt unberührt gelassenen Seite erwägen.

Kennt man also zuvörderst diese Sätze ihrem Inhalte nach, so ist es durchaus leicht, die Gründe derselben zu finden; es kommt bloß darauf an, die darin gegebenen Dinge mit Rücksicht auf die dadurch bestimmten und in den Sätzen angezeigten Dinge zu entwickeln. Einige Beyspiele werden dieses außer Zweifel setzen.

Im ersten Satze ist gegeben: $\frac{A'}{A} = \frac{B'}{B} = \frac{C'}{C}$, und die Größe die dadurch bestimmt werden soll, ist $A' + B' + C'$. Ob man $\frac{A'}{A}$ oder $A' = mA$ schreibt, ist nach der 3ten und 4ten Bezeichnungsregel gleich, und man betritt daher kaum die erste Stufe der Entwickelung, wenn man aus $\frac{A'}{A} = \frac{B'}{B} = \frac{C'}{C}$ herleitet, daß, wenn $A' = mA$

 gesetzt

gesetzt wird, auch $B' = mB$, und $C' = mC$ sey. Stellt man sich aber dieses deutlich vor, so hat man dadurch sogleich $mA + mB + mC$ für $A' + B' + C'$, und weiß aus dem 11ten Grundsatze, daß $mA + mB + mC = m(A + B + C)$ ist; und so fällt in die Augen, daß unter den im Satze festgesetzten Bedingungen, weil $A' + B' + C' = m(A + B + C)$ ist, $\frac{A' + B' + C'}{A + B + C} = m = \frac{A'}{A}$ seyn muß. Auf ähnliche Art verhält es sich mit dem zweyten und dritten Satze.

Was den 4ten Satz betrifft, so ist gegeben $A : B = C : D$, und die zu bestimmenden Größen sind A', B', C', D', wenn $\frac{A'}{A} = \frac{C'}{C}$ und $\frac{B'}{B} = \frac{D'}{D}$ ist. Nach der Erklärung der Verhältnisse ist hier sogleich

$$A' < = > B' = C' < = > D'$$

allein diese Behauptung ist nicht von der Art, daß sie ein Satz im strengern Verstande genennt werden könnte. Was bleibt also übrig, als die Gleichvielfachen von A und C, desgleichen von B und D auf eine andere Art zu nehmen, als solches in A', B', C' und D' geschehen ist? Daß man andere Buchstaben dazu wähle, ist im Grunde eben dasselbe gethan; statt daß man die gedachten Gleichvielfachen unmittelbar aus A, B, C und D hervorgebracht hat, muß man dergleichen, wenn sie wirklich andere seyn sollen, auf eine mittelbare Art machen. Dazu setzt der dritte Satz in den Stand. Nimmt man ihm gemäß

$\frac{A''}{A'} = \frac{C''}{C'}$ und $\frac{B''}{B'} = \frac{D''}{D'}$, so hat man durch ihn

$\frac{A''}{A}$

$\frac{A''}{A} = \frac{C''}{C}$ und $\frac{B''}{B} = \frac{D''}{D}$, also nach Erkl. 5 aus der Bedingung im Satze

$A'' <=> B'' = C'' <=> D''$, und folglich auch aus Erkl. 5 und dem Angenommenen

$A' : B' = C' : D'$.

Um noch den 8ten Satz hinzuzufügen, so ist darin einmal $A = B + D$ gegeben. Wollte man daher von A und C die Gleichvielfachen auf die Art machen, daß man sogleich $\frac{A'}{A} = \frac{C'}{C}$ setzte: so ließe man aus der Acht, daß $A = B + D$ seyn soll, und man würde sich vergeblich bemühen. Hieraus erhellet, warum man $D' = mD$ und $B' = mB$ nehmen, und daraus $A' = mA = m(B + D) = B' + D'$ zusammensetzen muß. Ferner giebt die im Satze angezeigte Bestimmung zu erkennen, daß man die erforderlichen Gleichvielfachen A', C', B' so nehmen müsse, daß wenn in irgend einem Falle $A' > C'$ aber B' nicht $> C'$ ist, dieser Fall entstehe und deutlich sich erkennen lasse; und darauf gründet sich, daß man $D' = mD$ und $> C$ nehmen muß, und nach diesem ist alles übrige leicht.

Es würde nicht schwer halten, die obige Behauptung durch alle Sätze des fünften Buchs zu erläutern und zu bestätigen. Da indeß die Art und Weise davon aus vorstehenden Beyspielen hinlänglich abgenommen werden kann: so wollen wir bloß den Umstand bemerken, daß man bey dieser Untersuchung in keinem Satze irgend etwas überflüßiges bey den gegebenen Stücken entdecken wird, so wie auch auf der andern Seite nicht das mindeste dabey fehlt. Offenbar ist in diesem Stücke die Genauigkeit im fünften Buche größer als in den übrigen, und es ist damit das verknüpft, daß hier bloß die gegebenen Dinge bekannt zu seyn brauchen, um, aus ihnen allein und den vorhergehenden Sätzen, die Bestimmungen, welche sie durch die erläuterte Entwickelung bekommen können, nicht nur nach ihren Gründen, wenn sie zuvor dem Inhalte nach mitgetheilt worden, sondern auch sie selbst zu finden. Es wird nicht überflüßig seyn, dieses an einigen Beyspielen zu zeigen, und dann die Sätze des fünften Buchs mit den Sätzen der vorhergehenden Bücher in diesem und einigen andern Punkten unter einander zu vergleichen.

Bey nochmaliger Ueberlegung des in diesen Anmerkungen über die drey betrachteten Sätze gesagten, läßt sich solches auch schon daraus erkennen. Um indeß die gegenwärtige Untersuchung nicht bloß einseitig nützlich zu machen, nehme man an, daß zuvörderst zwey Einem dritten gleiche Verhältnisse zur Untersuchung gegeben seyen. Ist

$$A : B = C : D \text{ und}$$
$$E : F = C : D$$

so führt die Erklärung von einerley Verhältnissen unmittelbar darauf, daß

$$A' <=> B' = C' <=> D' \text{ und}$$
$$E' <=> F' = C' <=> D'$$

ist, wenn $\frac{A'}{A} = \frac{C'}{C}$, $\frac{B'}{B} = \frac{D'}{D}$, $\frac{E'}{E} = \frac{C'}{C}$ und $\frac{F'}{F} = \frac{D'}{D}$ genommen worden. Aber wie nahe liegt nun nicht auch die Folge, daß

A' <

$$A' <=> B' = E' <=> F' \text{ und also}$$
$$A : B = E : F$$

sey? Auch sieht man leicht, daß beym Vortrage des auf diese Art von zwey Einem dritten gleichen Verhältnissen gefundenen Satzes die erforderlichen Gleichvielfachen kürzer auf die Art genommen werden können, daß man sogleich

$$\frac{A'}{A} = \frac{C'}{C} = \frac{E'}{E} \text{ und } \frac{B'}{B} = \frac{D'}{D} = \frac{F'}{F}$$

macht.

Uebrigens kann bey diesem Satze die Frage entstehen: Ob derselbe besonders bewiesen zu werden brauche, oder ob er nicht vielmehr als unter dem ersten Grundsatze begriffen betrachtet werden könne: Zwey Dinge, die Einem dritten gleich sind, sind selbst einander gleich? Diese Frage läßt sich auf die zurückführen: Ob Verhältnisse Dinge sind, die als Arten unter den im ersten Grundsatze vorkommenden Dingen enthalten sind? Daß auch Verhältnisse zu den Dingen überhaupt gerechnet werden können, leidet allerdings keinen Zweifel; aber eben so ausgemacht ist auf der andern Seite, daß man da, wo man sich zuerst den ersten Grundsatz deutlich vergegenwärtiget, unter den darin vorkommeuden Dingen noch keine Relationen denkt und denken kann. Und so ist offenbar, daß die bloße Subsumption der Einem dritten gleichen Verhältnisse unter Einem dritten gleichen Dingen, ob sie gleich zu keinem Irthume verleitet, doch deswegen nicht statt habe, weil sie die erforderliche Ueberzeugung und Evidenz nicht gewährt.

Nun seyen die im 20ten Satze vorkommenden Dinge die gegebenen Dinge, oder es sey

$$A : B = D : E \text{ und } B : C = E : F$$

und dabey werde nach dem Satze gefragt, welcher sich unter diesen Umständen beweisen lasse. Zuvörderst fällt in die Augen, daß unmittelbar erst A mit B und dann B mit C, ferner erst D mit E und dann E mit F, und zwar eben so A mit B und B mit C, als D mit E und E mit F in Vergleichung gestellt worden, und dieses führt ganz natürlich zu den Gedanken, die mittelbare Vergleichung von A mit C und von D mit F zu versuchen. Daß A und D, auf C und F bezogen, übereinstimmende Beschaffenheiten haben werden, kann keinem Zweifel ausgesetzt seyn; aber es kommt, so wie bisher bey allen unsern Untersuchungen also auch hier, auf deutliche und mit Evidenz verbundene Erkenntniß an. Nun läßt sich von A in Beziehung auf C jetzt nichts weiter behaupten, als daß entweder A > oder = oder < C sey; und auf diese Art läßt sich jetzt auch bloß fragen: Wie in jedem dieser Fälle D in Beziehung auf F seyn werde?

Hat man nun gefunden, daß $A < = > C = D < = > F$ ist, so läßt sich hieraus ableiten, daß auch $A' < = > C' = D' < = > F'$ seyn werde, wenn man $\frac{A'}{A} = \frac{D'}{D}$ und $\frac{C'}{C} = \frac{F'}{F}$ genommen hat. Dann ist aber auch $A : C = D : F$, und auf diese Art bietet sich der 22ste Satz dar, dessen Beweis aber, wenn er methodisch geführt werden soll, so eingerichtet seyn muß, daß der Satz $A' < = > C' = D' < = > F'$, wenn man A', C', D' und F' auf die beschriebene Art genommen, unmittelbarer aus $A : B = D : E$ und $B : C = E : F$ abgeleitet werde, welches leicht ist.

Was

Was die gegebenen Dinge im 21sten Satze betrifft, wo

A : B = E : F und B : C = D : E

seyn soll: so läßt sich die aus ihnen herzuleitende Beschaffenheit nicht so wie im vorhergehenden Falle im allgemeinen zum voraus wahrnehmen. Allein daß A auf C mittelbar bezogen werden könne, und daß dabey A entweder > oder = oder < C sey, ist eben so klar, und dieses ist genug, um die Frage aufzuwerfen: wie ist in jedem dieser Fälle D auf F bezogen?

Gelegentlich verdient die Verschiedenheit nicht unbemerkt gelassen zu werden, welche bey den Gründen der gefundenen Behauptungen anzutreffen ist, wenn man diese Behauptungen erst durch eignes Nachdenken erfindet, und dann alles so zu stellen sucht, um es andern am kürzesten, deutlichsten und gründlichsten mittheilen zu können.

Dies vorausgesetzt wollen wir die gedachte Vergleichung der Sätze des fünften Buchs mit denen der vorhergehenden Bücher kurz hinzufügen.

Daß im fünften Buche die Gegenstände, die untersucht werden sollen, durch Merkmale, in den vorhergehenden Büchern aber in Constructionen gegeben werden, ist das erste, was hier bemerkt werden muß. Das andere ist, daß die gegebenen Gegenstände in den vier ersten Büchern mit Hülfe der Forderungen in ihren Constructionen jedesmal so verändert werden mußten, daß sie die an ihnen zu bemerkenden Eigenschaften der Wahrnehmungskraft klar und nahe genug zeigten, dagegen es im fünften Buche zur Erfindung der Eigenschaften der zur Untersuchung gegebenen Gegenstände vorzüglich auf die Entwickelung der von ihnen mitgetheilten Bestimmungen ankommt. Ferner

läßt

läßt sich bey den Sätzen des fünften Buchs das bey jeder Untersuchung zu erreichende Ziel viel leichter zum voraus im Allgemeinen erkennen als in den vorhergehenden Büchern, wo solches auch deswegen nicht so nöthig scheinen kann, weil alles darin enthaltene der Anschauung vorgelegt seyn und werden muß. Endlich sind die durch die ersten vier Bücher mögliche Kenntnisse nur in so fern subjective allgemeine Erkenntnisse, als man dabey deutlich überzeugt ist, daß der bey Einer Construction gegangene Weg auch bey allen nach eben den wesentlichen Bestimmungen entworfenen Constructionen gegangen werden könne, und daß das Hinzukommen der außerwesentlichen Bestimmungen in den gebrauchten Schlüssen keine Aenderung hervorbringe; die in dem fünften Buche bewiesenen Sätze hingegen stellen sich dem Geiste sogleich und durchaus als allgemeine Sätze dar. Zwar könnte noch die Frage aufgeworfen werden, ob sich nicht auch die Sätze des fünften Buchs von denen der vier ersten Bücher in Ansehung der davon zu erlangenden subjectiven Gewißheit unterschieden? Allein so wichtig die Beantwortung derselben ist, so läßt sich diese Beantwortung weiter hin mit ungleich größerer Leichtigkeit und Vortheile unternehmen, und es kann daher hier genug seyn, diesen Umstand bloß berührt zu haben.

Noch sind die Gründe der Ordnung nicht vollständig entwickelt worden, in welcher die Sätze des fünften Buchs auf einander folgen. Bloß über die ersten Sätze ist in dieser Rücksicht einiges beygebracht, und selbst über den 5ten und 6ten Satz ist die Frage übrig: Warum diese Sätze nicht vor dem 4ten stehen?

Das

Das ist offenbar, daß der 4te Satz zur deutlichen Einsicht des 5ten und 6ten nicht nöthig ist, und in dieser Rücksicht könnte also der 4te Satz sehr füglich der 6te geworden seyn. Ja es scheint, daß dadurch die Ordnung sehr viel gewonnen haben würde, indem dann die ersten fünf Sätze Gleichvielfache von gegebenen Größen, und die übrigen Verhältnisse gegebener Größen beträfen. Allein bey der ersten Untersuchung eines Gegenstandes ist es wohl nichts unnatürliches, daß man früher von ihm wegeilt, ehe man ihn ganz erschöpft hat, und dann wieder zu ihm zurückkehrt, wenn andere Umstände es rathen oder nöthig machen. Auch in den vier ersten Büchern ist dies schon öfters der Fall gewesen. Und in der That scheinen die drey ersten Sätze des fünften Buchs beym ersten Anblicke alle die Sätze zu seyn, welche sich von den Gleichvielfachen gegebener Größen finden lassen, und daß man die gegebenen Größen als Summen von Theilen gedenkt, erfordert eine besondere Veranlassung. Beym 8ten Satz findet sich dergleichen; allein unmittelbar vor oder nach demselben stünden der 5te und 6te Satz zu weit hinten, und daß sie nicht vor dem 4ten gesetzt worden sind, kann als ein Merkmal betrachtet werden, daß der erste Erfinder derselben nach den drey ersten Sätzen sogleich zur Betrachtung der Verhältnisse fortgegangen sey.

Was die Verbindung und Folge der Sätze von den Verhältnissen betrifft, so ist der Grund, warum der vierte Satz darunter den ersten Platz bekommen mußte, S. 190. angegeben worden. S. 193. 194 ist gezeigt, warum der 7te und 8te Satz unmittelbar darauf folgen. Der 9te und 10te Satz sind aus dem 7ten und 8ten durch die Umkehrung entstanden, und so fällt ihre Verknüpfung mit diesen

von

von selbst in die Augen. Uebrigens ist es nicht überflüßig zu bemerken, daß im 7ten und 8ten Satze aus gegebenen Beschaffenheiten von Größen die Beschaffenheiten von Verhältnissen, und im 8ten und 9ten aus diesen jene hergeleitet werden. Nach der Untersuchung zweyer Verhältnisse folgt natürlich die Betrachtung mehrerer, womit im 11ten, 12ten und 13ten Satze der Anfang gemacht wird. Nach diesen Sätzen ist man aber im Stande, mehrere merkwürdige und bis dahin noch nicht bemerkte Eigenschaften bey vier in Proportion stehenden Größen zu finden, und diese Eigenschaften sind der Gegenstand des 14ten bis 19ten Satzes, deren Verbindung und Folge sich, wenn es für nöthig erachtet wird, leicht weiter entwickeln läßt. Vom 20sten Satze an werden wieder mehr als zwey Verhältnisse untersucht, welche sich aber von den im 11ten bis 13ten Satze erwogenen merklich unterscheiden, und den Beschluß macht endlich im 24sten Satze die Betrachtung einer Eigenschaft von vier in Proportion stehenden Größen.

Soll diese Entwickelung weiter getrieben werden, so kann das gleichsam zum Leitfaden dienen, daß die Absicht im fünften Buche auf die Erfindung der Eigenschaften der Größen überhaupt gerichtet ist, und man sich dabey wegen der Allgemeinheit des Gegebenen mit der Bestimmung begnügen muß, welche von den gegebenen Größen die größere und welche die kleinere ist. Hieraus fällt unter andern in die Augen, warum der 25ste Satz zu den übrigen hinzugefügt worden ist und die letzte Stelle erhalten hat.

Ueberblickt man nunmehr die Sätze des 5ten Buchs im Zusammenhange, so finden sich darunter mehrere, nach welchen man theils aus einer theils aus zweyen gegebenen Proportionen andere herzuleiten im Stande ist. Ist nemlich

1) $A : B = C : D$, so erkennt man von selbst leicht, daß auch

a) $B : A = D : C$. Ferner erhellet aus dem 16ten Satze, daß

b) $A : C = B : D$, aus dem 4ten, daß

c) $mA : nB = mC : nD$, aus d.m 18ten Satze, daß

d) $A + B : B = C + D : D$, aus dem 12ten Satze daß

e) $A + C : B + D = A : B$ ist. Ist

2) mehr als eine Proportion gegeben und

a) $A : B = C : D$, und
$E : F = C : D$, so ist auch nach dem 11ten Satze
$A : B = E : F$. Ist ferner

b) $A : B = D : E$ und
$B : C = E : F$, so ist auch nach dem 22sten Satze
$A : C = D : F$. Ist

c) $A : B = E : F$ und
$B : C = D : E$, so ist auch nach dem 23sten Satze
$A : C = D : F$. Ist endlich

d) $A : B = C : D$ und
$E : B = F : D$, so ist auch nach dem 24sten Satze
$A + E : B = C + F : D$.

Ob es in der Folge mit Nutzen verknüpft seyn werde, daß wir bey der Untersuchung der Größen überhaupt die Ableitungsarten neuer Proportionen aus einer oder mehrern gegebenen aufgesucht und uns bekannt gemacht haben, darauf kommt es jetzt nicht an; genug, daß wir von der

der Richtigkeit der gefundenen Sätze überzeugt sind, und dieselben auf einem natürlichen Wege gefunden haben. Wenn aber oben S. 177, behauptet wurde, daß es zur Proportion hinlänglich sey, wenn von den vier Gliedern derselben nur das erste und zweyte und dann das dritte und vierte gleichartig wären: so muß dieser von den Proportionen im Allgemeinen behauptete Satz nicht auch auf die Proportionen in jeder Rücksicht ausgedehnt werden. Soll z. B. A : C = B : D seyn, wenn A : B = C : D ist, so wird dabey Gleichartigkeit aller vier Größen, und mit Recht, vorausgesetzt. Hat man dieses, wo es nöthig ist, vor Augen, so ist wider keinen von den Sätzen des fünften Buchs die geringste Einwendung möglich.

Aber erweitert und modificirt können mehrere werden, so wie sich auch von vielen, an einen andern Platz gestellt, leicht ein anderer Beweis führen läßt. So ist z. B. daß mA : mB = mC : mD ist, wenn A : B = C : D genommen worden, ein specieller Fall von dem allgemeinen, daß mA : nB = mC : nD, wenn A : B = C : D. Ist ferner A : B = C : D gegeben, so ist nach dem 16ten Satze

A : C = B : D, so wie hieraus nach dem 4ten
mA : nC = mB : nD, und hieraus nach dem 16ten
mA : mB = nC : nD.

Eben dieses läßt sich mittelst des 15ten und 11ten Satzes darthun. Denn ist A : B = C : D, so ist nach dem 15ten Satze

A : B = mA : mB
C : D = nC : nD, und also mittelst des 11ten Satzes
mA : mB = nC : nD.

Der

Der 22ste Satz läßt sich vermittelst des 16ten und 11ten auf folgende Art beweisen. Da $A : B = D : E$, so ist auch $A : D = B : E$, und da $B : C = E : F$, so ist auch $B : E = C : F$. Folglich ist auch $A : D = C : F$, und $A : C = D : F$.

Vergleicht man diesen Beweis mit dem obigen, so ist er nicht nur kürzer, sondern kann auch früher geführt werden. Gleichwohl würde man unrecht handeln, wenn man ihn oben brauchen wollte. Denn dessen nicht zu gedenken, daß der 20ste Satz ein Hauptsatz ist, der schlechterdings nicht wegbleiben darf: so kann der so eben geführte Beweis nur dann statt finden, wenn alle sechs Größen A, B, C, D, E, F gleichartig sind, und der obige behält dagegen seine Gültigkeit, wenn nur A, B, C, und D, E, F, jede drey für sich genommen, es sind.

Wenn A, B zwey gleichartige Größen und m und n zwey von einander verschiedene Mengen von Wiederholungen bedeuten, so ist nach dem 15ten Satze

$A : B = mA : mB$ und $A : B = nA : nB$, folglich $mA : mB = nA : nB$, und also auch nach dem 16ten Satze

$mA : nA = mB : nB$.

Sind daher vier Größen C, D, E, F gleichartig und von der Beschaffenheit, daß $C = mA$ und $E = mB$ wird, wenn man $D = nA$ und $F = nB$ macht, so ist auch allemal $C : D = E : F$. Denn sollte dieses nicht statt finden, so würde $C : D = G : F$ seyn müssen, wenn $D = nA$, $F = nB$, $C = mA$, aber G nicht $= mB$, sondern $= pB$, und dabey p entweder $<$ oder $>$ m wäre. Aber alsdann wäre, da $nA : nB = A : B$ und $mA : mB = A : B$

$= A : B$, und folglich $mA : mB = nA : nB$ und $mA : nA = mB : nB$ ist, auch

$pB : nB = mB : nB$, und also nach dem 9ten Satze

$pB = nB$

und dies könnte nur seyn, wenn $p = m$ wäre. Sind daher vier gleichartige Größen C, D, E, F gegeben, und besteht, wenn man die zweyte und vierte, D und F, in eine gleiche Anzahl von gleichen Theilen getheilt hat, die erste aus eben so viel Theilen der zweyten, als die dritte Theile der vierten enthält, so ist auch allemal $C : D = E : F$. Dieses Kennzeichen kann in vielen einzelnen Fällen sehr bequem gebraucht werden, um zu beurtheilen, ob vier Größen in Proportion stehen oder nicht?

Verschiedene von den dagewesenen Sätzen können wichtige Zusätze an die Hand geben. Es sey z. B. $A = C + D$, $B = E + F$ und dabey $A : B = C : D$: so ist nach dem 19ten Satze auch $A : B = D : F$. Folglich verwechselt

$$A : C = B : D \text{ und } A : D = B : F$$

oder

$$A : A - C = B : B - F$$

und es sind daher Größen, die verbunden proportionirt sind, solches auch zurückkehrend. Wenn also $A : B = C : D$ und $A > B$ und daher auch $B > D$ ist, so hat man auch allemal $A : A - B = C : C - D$. Denn es ist bey der gegebenen Bedingung allemal $A : C = B : D$, und daher $C > D$, wenn $A > B$ ist, so daß B und D mit Recht als Theile von A und C angesehen werden. Auf diese Art hat man einen Weg mehr, aus einer gegebenen Proportion eine andere zu finden, der aber freylich noch nicht als allgemein betretbar erscheint.

Ferner

Ferner sey $A' : B' = C' : D'$ und dabey $\frac{A'}{A} = \frac{C'}{C}$ und $\frac{B'}{B} = \frac{D'}{D}$. Nimmt man $\frac{A''}{A'} = \frac{C''}{C'}$, und $\frac{B''}{B'} = \frac{D''}{D'}$, so ist nach dem 3ten Satze auch $\frac{A''}{A} = \frac{C''}{C}$, und $\frac{B''}{B} = \frac{D''}{D}$, und, weil $A' : B' = C' : D'$ ist, ebenfalls $A'' < = > B'' = C'' < = > D''$, und also $A : B = C : D$. Auf diese Art läßt sich unmittelbar nach dem 4ten Satze zeigen, daß allemal, wenn

$$A' : B' = C' : D', \text{ und } \frac{A'}{A} = \frac{C'}{C}, \text{ und } \frac{B'}{B} = \frac{D'}{D}$$

ist, auch

$$A : B = C : D$$

sey. Eben dieses läßt sich auch so ausdrucken: Wenn

$$A : B = C : D \text{ ist, so ist auch}$$

$$\frac{A}{m} : \frac{B}{n} = \frac{C}{m} : \frac{D}{n}$$

vorausgesetzt, daß die Bezeichnung $\frac{A}{m}$ einen bestimmten, obgleich nur allgemein angezeigten Theil von A vorstelle.

Und nun zum Schlusse die Frage: Wozu die Untersuchungen, deren Resultate das fünfte Buch enthält? da ihre Gegenstände bloße Begriffe, die gefundenen Sätze lauter Bedingungssätze, und die Bestimmungen, zu welchen man gelangt ist, an sich von so geringer Wichtigkeit sind. Noch ist es nicht Zeit, das Vermögen der reinen Vernunft, durch dessen Gebrauch wir uns die Kenntniß von den bis jetzt untersuchten Gegenständen erworben haben, deutlich zu beschreiben, und noch weniger, dasselbe in seine Elemente zu zerlegen; mit größerer Leichtigkeit nicht nur, sondern auch mit ungleich mehrerm Nutzen geschieht dies dann, wenn zuvor die Produkte dieses Erkenntnißvermögens in größerer Menge und Mannigfaltigkeit gleichsam vor Augen gelegt sind. Oder sind wir etwa nicht eher im Stande unsere Erkenntnißvermögen zu brauchen, bevor wir nicht davon eine deutliche Vorstellung haben? Bey den Erfahrungserkenntnißvermögen verhält es sich wenigstens auf die Art, daß zu ihrer Erweckung weiter nichts erfordert wird, als daß ihnen die für sie gehörigen Gegenstände nahe genug gebracht werden; und wäre es möglich, jedem dieser Erkenntnißvermögen die für dasselbe gehörigen sinnlichen Gegenstände in einer solchen Stufenfolge vorzuführen, daß das Fortschreiten vom Einfachern zum Zusammengesetztern nach dem Gesetze der Stetigkeit geschähe: so würde die weitere Ausbildung derselben und ihr rechter Gebrauch von selbst, und ohne vorhergegangene deutliche Erkenntniß davon, bis zu einem sehr hohen Grade erfolgen. Was indeß in dieser Rücksicht bey den Erfahrungserkenntnißvermögen nicht möglich ist, das ist bey dem Vermögen der reinen Vernunft sogar im hohen Grade leicht; denn das ist ausgemacht, daß wir bisher lauter Gegenstände untersucht haben, die bey der befolgten Methode schlechterdings keine Erfahrungsgegenstände seyn konnten, und so findet hier allerdings Berufung auf das Vorhergehende statt. Wir können daher auch sicher seyn bisher unser reines Vernunfterkenntnißvermögen gebraucht zu haben, und ein kurzer Rückblick auf das, was wir gethan, wird uns dieses Vermögen, wenn gleich noch nicht ganz deutlich, doch auch nicht bloß klar oder wohl gar nur dunkel erkennen lassen. Auf diese Art aber erhellet, daß die

die reine Vernunft, oder dasjenige Erkenntnißvermögen, welches zur Untersuchung derjenigen Gegenstände erfordert wird, die durch kein Erfahrungserkenntnißvermögen erkannt werden können, in seinem Verfahren dem sinnlichen Erkenntnißvermögen sehr ähnlich ist.

Und wie also, wenn diese Aehnlichkeit auch darin sich zeigte, daß in den reinen Vernunftwissenschaften, so wie in den Erfahrungserkenntnissen, diejenigen Kenntnisse, welche unmittelbar und lediglich aus Anschauungen geschöpft werden, sowohl in Ansehung des Umfangs, als in Rücksicht auf die Deutlichkeit und Gewißheit, die niedrigste Art der Erkenntnisse ausmachten? Wie wenn es auch in dem Gebiete der reinen Vernunftwahrheiten zwar unmöglich wäre, die höhern Stufen zu erreichen, ohne zuvor auf der niedrigsten gestanden zu haben, dabey aber das Schöpfen aus Begriffen nach dem Gebrauche bloßer Constructionen selbst dazu unumgänglich nothwendig erfordert würde, um den aus bloßen Constructionen erworbenen Kenntnissen denjenigen Grad der Vollkommenheit zu ertheilen, ohne welchen sie, ich will nicht sagen den Namen wissenschaftlicher, sondern sogar das Prädicat brauchbarer Kenntnisse nicht mit vollem Rechte verdienen? Unter den Erfahrungserkenntnissen stehen diejenigen, welche bloß aus Anschauungen erworben werden, so tief, daß der Mensch, der nur sie besitzt, ohne sich zu Begriffen aufgeschwungen, und dadurch seinen gemein sinnlichen Kenntnissen den Vorzug gegeben zu haben, wobey man erst einen Anspruch auf den Namen eines vernünftigen Menschen, in der geringsten Bedeutung dieses Worts, bekommt, kaum für einen Menschen gehalten wird, und mehr gedacht als wirklich aufgefunden werden kann. So weit wollen wir nun die obige Bedeutung nicht treiben, daß wir hiervon eine vollständige Anwendung machten; aber wahrscheinlich kann es wenigstens schon seyn, daß ein ähnlicher Gebrauch der Begriffe und der aus ihnen hergeleiteten Wahrheiten in dem Gebiete der reinen Vernunft, für die aus bloßen Constructionen geschöpften Kenntnisse eben den Vortheil haben werde, der diesem Gebrauche bey den Erfahrungserkenntnissen auf keine Weise abgesprochen werden kann. Ist dieses, so geben die oben angeführten Beschaffenheiten der Resultate der in dem fünften Buche angestellten Untersuchungen kein Recht, gegen diese Resultate gleichgültig zu seyn, sondern enthalten bloß den Grund, warum man nicht bey ihnen stehen bleiben darf, sondern nun auch die gefundenen allgemeinen Sätze zur Erweiterung und Vervollkommnung der vor ihnen erworbenen speciellen Kenntnisse zu benutzen suchen muß. Wie dies geschehen könne? wird man in dem folgenden sechsten Buche sehen.

Erste Abtheilung.

Dritter Abschnitt.

Sechstes Buch.

Einleitung.

Jede gerade Linie, jeder geradlinige Winkel, jede geradlinige Figur, jeder Kreis, jeder Ausschnitt u. s. f. läßt sich in Theile theilen, also auch als aus Theilen zusammengesetzt gedenken, und es kann folglich auch jeder dieser Gegenstände als unter dem Begriffe der Größe enthalten angesehen werden.

Was von dem Allgemeinen gilt, das gilt auch von dem unter ihm begriffenen Besondern; denn es gründet sich jenes auf die dem Allgemeinen eigenthümlichen Merkmale, und diese sind ihm nur in so fern eigenthümlich, als sie sich auch und eben so bey alle dem unter ihm begriffenen Besondern befinden.

Der erste Gebrauch der allgemeinen Sätze des vorhergehenden 5ten Buchs scheint demnach der zu seyn, daß man dieselben auf gerade Linien, geradlinige Winkel etc. überhaupt, anwende, und so das Allgemeine ins Besondere führe. Dabey würde freylich nicht viel mehr zu thun seyn, als daß man jedesmal statt der allgemeinen

Benennung Größe die besondern Benennungen gerade Linie, geradliniger Winkel u. dgl. setzte; allein der Nutzen den man von dieser Bemühung hätte, würde auch mit der dabey nöthigen Anstrengung des Nachdenkens in gleichem Verhältnisse stehen.

Auf diese Art wird das erste, daß man die gedachten speciellern Gegenstände, nicht überhaupt, sondern mit gewissen Bedingungen oder unter gewissen Umständen nimmt, und versucht, was man damit vorzunehmen und dabey zu beobachten im Stande sey.

Nimmt man also zwey Seiten irgend zweyer Dreyecke, und macht davon durch Verlängerung und Anwendung des 2ten Satzes des 1sten Buchs Vielfache: so fällt auch sehr leicht die Art und Weise auf, von den Dreyecken selbst eben solche Vielfache zu erhalten. Denn ist Fig. 167. a. b BC in dem Dreyecke ABC nach G, und EF in dem Dreyecke DEF nach H so verlängert, daß $CG = 3BC$ und $FH = 4EF$, oder $BG = 4BC$ und $EG = 5EF$ ist: so ist auch, wenn man die Linien AG und DH zieht, $\triangle ACG = 3\triangle ABC$, und $\triangle DFH = 4\triangle DEF$, oder $\triangle ABG = 4\triangle ABC$, und $\triangle DEH = \triangle DEF$. Auf diese Art hat man in den beyden Seiten BC und EF und den beyden Dreyecken ABC und DEF vier Größen, wobey es sehr leicht wäre beliebige Gleichvielfache der ersten und dritten und der zweyten und vierten zu machen. Allein soll nun die zur Beurtheilung der Frage: ob das Verhältniß von $BC : EF$ dem Verhältnisse von $\triangle ABC : \triangle DEF$ gleich sey? nöthige Vergleichung angestellt werden: so sind dazu nicht jede zwey Dreyecke überhaupt geschickt, und so entsteht die Frage; ob es nicht zu dieser Absicht passendere

sendere

sendere Dreyecke gebe? Bey einiger Ueberlegung bieten sich als dergleichen ABC und ACG, oder DEF und DFF, desgleichen ABC und ABG u. s. f. dar: allein der Satz, auf welchen man durch die Untersuchung dieser Dreyecke geleitet wird, ist nicht allgemein genug. Nun läßt sich aber jedes Dreyeck in ein ihm gleiches rechtwinkliges verwandeln, und es ist leicht einzusehen, daß jede zwey rechtwinklige Dreyecke zu Einem Dreyecke an einander gelegt werden können, wenn sie eine Cathete gleich haben, so wie auch, daß jede zwey Dreyecke dergleichen rechtwinklige Dreyecke geben werden, wenn die Entfernungen der Winkelspitzen von der dem Winkel gegenüberliegenden Seite in beyden gleich groß sind. Dies vorausgesetzt ist der Satz nicht zu verfehlen, daß jede zwey Dreyecke, die zwischen einerley Parallelen gelegt werden können, sich wie ihre Grundlinien verhalten, und der Uebergang von ihnen zu den ähnlichen Sätzen von den Parallelogrammen ists eben so wenig.

Anstatt zweyer rechtwinkligen Dreyecke, die eine Cathete gleich haben, kann man aber nun auch jede zwey Dreyecke nehmen, die eine Seite gleich haben, und deren Winkel so beschaffen sind, daß von den an der gleichen Seite liegenden der eine in dem einen Dreyecke dem ähnlich liegenden in dem andern Dreyecke entweder gleich ist oder denselben zu zweyen rechten Winkeln ergänzt. Es seyen Fig. 168. a. die Dreyecke ABC und ABG von der ersten, und Fig. 168. b. die Dreyecke DEF und DFH von der andern Art. Da alsdann Fig. 168. a. AB = AB und ABC = ABG, Fig. 168. b. aber DF = DF und DFE + DFH = 2R: so können beyde Paar Dreyecke

 allemal

allemal so gedacht werden, daß sie zwischen einerley Parallellinien liegen, und dieselbe Schlußart bey ihnen Anwendung findet, welche wir vorher bey zwey rechtwinkligen Dreyecken mit einer gleichen Cathete gebraucht haben. Auf diese Art hat man also auch allemal Fig. 168 a) BC : CG = △ABC : △ACG, und Fig. 168. b) EF : FH = △DEF : △DFH.

Verlängert man aber nunmehr Fig. 168. c, ED willkührlich nach I und zieht IF, so hat man auch ED : DI = △DEF : △FDI, und dabey fällt bey einiger Ueberlegung in die Augen, daß

EF : FH = ED : DI

seyn würde, wenn △DFH = △FDI wäre. Da also dieses statt finden müßte, wenn man I so annähme, daß HI der DF parallel würde, und man alsdann ein Dreyeck EHI hätte, worin mit der einen Seite HI eine Parallellinie FD gezogen worden wäre: so führt die angestellte Betrachtung zu dem Satze, daß jede gerade Linie in einem Dreyecke, welche mit einer Seite dieses Dreyecks parallel gezogen worden, die beyden übrigen Seiten in proportionirte Stücke theilt; ein Satz, dessen umgekehrter sich nach ihm ebenfalls leicht beweisen läßt.

Es läßt sich aber auch das, was die Fig. 168. a. darstellt, als ein Dreyeck ABG ansehen, worin ein Winkel BAG durch eine beliebig gezogene gerade Linie AC getheilt worden. Thut man dieses, so hat man den allgemeinen Fall, worunter der besondere gehört, wo AC so gezogen wird, daß die Theile des Winkels BAG einander gleich werden. Nimmt man also an, daß dieser besondere Fall Fig. 169 statt finde, und zieht GD so, daß AGD = CAG wird: so hat man DG parallel

rallel AC, und folglich, wenn man BA nach D verlängert, auch ADG = BAC = CAG = AGD, und daher AD = AG. Erinnert man sich daher nunmehr an den vorhin gefundenen Satz, so erkennt man, daß bey den angenommenen Bedingungen

BC : CG = BA : AG

sey, und es schneidet daher jede gerade Linie AC, welche einen Winkel BAG eines Dreyecks BAG in zwey gleiche Theile theilt, die Gegenseite dieses Winkels allemal so, daß die Theile dieser Gegenseite sich wie die übrigen Seiten des Dreyecks verhalten; und auch von diesem Satze läßt sich der umgekehrte beweisen.

Ist ferner in dem Dreyecke ABC, Fig. 170, DE mit BC parallel gezogen, und daher

AD : DB = AE : EC

so hat man auch nach dem 18ten Satze des 5ten Buchs

AD + DB : DB = AE + EC : EC

oder

AB : DB = AC : EC

oder

AB : AC = DB : EC = AD : AE

welches letztere in die Augen fällt, wenn man in AD : DB = AE : EC die mittlern Glieder verwechselt. Auf diese Art hat man Fig. 170. zwey Dreyecke ADE und ABC, welche selbst gleichwinklig, und worin die Seiten, die den gemeinschaftlichen Winkel A einschliessen, proportionirt sind. Da hier in die Augen fällt, daß die Proportionalität der gedachten Seiten von der Gleichheit aller Winkel beyder Dreyecke abhängt: so ist nur wenig nöthig, um zu der Erkenntniß zu gelangen, daß in jeden zweyen gleichwinkligen Dreyecken die

Seiten proportionirt sind, welche gleiche Winkel einschließen. Ist man aber bis hieher gekommen, so ist auch der Grund zu einer von der bisherigen durchaus verschiedenen Untersuchung der geradlinigen Figuren und des Kreises gelegt, und so wird es nun nicht mehr zu früh geschehen, wenn nach dieser Vorbereitung die Resultate der erwähnten Untersuchung in der Ordnung, in welcher sie sich durch eignes Nachdenken auffinden lassen, hergesetzt werden.

I. Erklärungen.

1. Geradlinige Figuren sind ähnlich, wenn sie einander gleichwinklig, und die Seiten, welche gleiche Winkel einschließen, einander proportionirt sind.

2. In geradlinigen Figuren sind die Seiten in umgekehrtem Verhältnisse, wenn eine Seite der ersten Figur sich zu einer Seite der zweyten verhält, wie eine andere Seite der zweyten zu einer andern Seite der ersten.

3. Eine gerade Linie ist nach stetiger Proportion geschnitten, wenn sich die ganze Linie zum größern Stücke verhält, wie dieses größere Stück zum kleinern.

4. Die Höhe einer Figur ist die von der Spitze auf die Grundlinie herabgefällte senkrechte gerade Linie.

5. Wenn

5. Wenn zwey oder mehrere Verhältnisse so beschaffen sind, daß immer das Hinterglied eines vorhergehenden Verhältnisses das Vorderglied des nachfolgenden Verhältnisses ist: so ist das Verhältniß des Vordergliedes des ersten Verhältnisses zum Hintergliede des letzten Verhältnisses aus allen diesen Verhältnissen, oder solchen, die ihnen gleich sind, zusammengesetzt.

1. Satz. Lehrsatz.

Dreyecke ABC, ACD, Fig. 171, wie auch Parallelogramme EC, CF, von einerley Höhe, verhalten sich wie ihre Grundlinien.

Beweis.

Verlängert man BD auf beyden Seiten nach H und L, und nimmt, der BC gleich, BG, GH ꝛc. und der CD gleich, DK, KL ꝛc. und zieht AG, AH, ꝛc. AK, AL, ꝛc: so ist

$$\triangle AHG = \triangle AGB = \triangle ABC, \text{ und } \triangle ALK = \triangle AKD = \triangle ADC$$

und also

$$\frac{HC}{BC} = \frac{\triangle AHC}{\triangle ABC} \text{ und } \frac{CL}{CD} = \frac{\triangle ACL}{\triangle ACD}$$

Ferner ist nach einem bekannten Satze des 1sten Buchs

$$HC <=> CL = \triangle AHC <=> ACL$$

und

und also auch

1) $BC : CD = \triangle ABC : \triangle ACD$

Ferner ist $EC = 2\triangle ABC$, und $CF = 2\triangle ACD$, und also

$\triangle ABC : \triangle ACD = EC : CF$. Da nun nach 1) $\triangle ABC : \triangle ACD = BC : CD$, so ist auch

2) $BC : CD = EC : CF$.

2. Satz. Lehrsatz.

Wenn in einem Dreyecke ABC, Fig 172, eine gerade Linie DE einer Seite BC parallel gezogen worden: so schneidet diese DE die beyden andern Seiten proportionirt. Umgekehrt, wenn eine gerade Linie DE zwey Seiten eines Dreyecks AB, AC proportionirt schneidet: so ist sie der dritten BC parallel.

Beweis.

Zieht man EB und DC, so ist zuvörderst, wenn DE parallel BC ist, nach dem 37sten Satze des 1sten Buchs, $\triangle$ ED $= \triangle CDE$, und also

$$\triangle BDE : \triangle ADE = \triangle CED : \triangle ADE$$

Nun ist nach dem vorhergehenden Satze

$$\triangle BDE : \triangle ADE = BD : DA, \text{ und}$$

$$\triangle CDE : \triangle ADE = CE : EA, \text{ also auch}$$

$$1)\ BD : DA = CE : EA.$$

Ist aber zum andern $BD : DA = CE : CA$, so hat man

BD :

BD : DA = △BDE : △ADE, und
CE : CA = △CDE : △ADE, also
△BDE : △ADE = △CDE : △ADE,
folglich nach dem 9ten Satze des 5ten Buchs
△BDE = △CDE,

und hieraus erkennt man, da DE beyden Dreyecken gemein ist, nach dem 39sten Satze des 1sten Buchs, daß DE der BC parallel ist.

3. Satz. Lehrsatz.

Wenn eine gerade Linie AD, Fig. 173, einen Winkel BAC eines Dreyecks ABC in zwey gleiche theilt: so schneidet sie die Gegenseiten dieses Winkels BC den beyden andern Seiten BA, AC proportionirt. Umgekehrt, wenn die Linie AD die Seite BC den beyden übrigen Seiten BA, AC, proportionirt schneidet: so theilt sie auch den Winkel BAC in zwey gleiche Theile.

Beweis.

Denn zieht man durch C der DA parallel CE, und verlängert BA bis E, so ist ACE = CAD, und CEA = DAB; also auch, da CAD = DAB angenommen worden, ACE = CEA, und daher AE = AC. Nun ist im Dreyecke BCE die Linie DA der CE parallel, und deswegen

BD : DC = BA : AE; also ist auch, weil AE = AC
1) BD : DC = BA : AC.

Ist

Ist aber umgekehrt BD : DC = BA : AC, so ist auch, wenn man wie vorhin CE der DA parallel zieht, und BA bis E verlängert, BD : DC = BA : AE und also AC = AE, folglich AEC = ACE Nun ist aber auch AEC = BAD, und ACE = DAC, alse auch

2) BAD = DAC.

Wenn man die beyden Dreyecke ADE, ABC, Fig. 170, auf die Art, wie S. 233 f. geschehen betrachtet, so hat man darin zwey Figuren, die in ihren wesentlichen und beständigen Merkmalen mit einander überreinstimmen, und sich bloß in ihren zufälligen Beschaffenheiten von einander unterscheiden. Da man also Dinge, die bloß in ihren zufälligen Beschaffenheiten von einander unterschieden sind, ähnliche Dinge nennt, so leitet die erwähnte Betrachtung der Dreyecke ADE und ABC, Fig. 170, zu dem Begriffe der einander ähnlichen Figuren, und die erste sich darbietende Art derselben ist so beschaffen, daß die Winkel der einen Figur den Winkeln der andern gleich, und die Seiten, welche gleiche Winkel einschließen, proportionirt sind Nimmt man hiervon Gelegenheit, den Begriff der ähnlichen Figuren überhaupt festzusetzen, (und die obige Erklärung der einander ähnlichen Figuren bietet sich eigentlich hier erst dar und kann erst hier ganz deutlich werden so ist zwar in Ansehung der Dreyecke nur die Frage zu beantworten: Durch was für Dinge wird die Aehnlichkeit zweyer Dreyecke bestimmt? allein von den übrigen Figuren bleibt es so lange unentschieden, ob sie ebenfalls unter diese Erklä-

rung

kung gehören, bis die Möglichkeit davon durch eine Aufgabe, wie die im 18ten Satze folgende dargethan worden ist. Nach dieser Anmerkung wird zur Entwickelung der Ordnung der zunächst folgenden Sätze bis zum 18ten nur noch einiges wenige hinzuzufügen seyn.

4. Satz. Lehrsatz.

Wenn in zweyen Dreyecken ABC, DCE, Fig. 174, zwey Winkel gleich sind, z. B. ABC = DCE und ACB = DEC: so sind auch die Seiten, welche gleiche Winkel einschließen, proportionirt, und die, so gleichen Winkeln gegenüber liegen, homolog.

Beweis.

Bringt man BC und CE in eine gerade Linie, und verlängert BA und ED, so treffen die Verlängerungen nach dem 11ten Grundsatze des ersten Buchs in F zusammen, und dabey wird BF der CD, und AC der FE parallel. Auf diese Art hat man nicht nur

BA : AF = BC : CE, oder BA : CD = BC : CE

sondern auch

BC : CE = FD : DE, oder BC : CE = AC : DE

und hieraus

BA : CD = AC : DE,

so wie durch Verwechselung der mittlern Glieder aus diesen dreyen Proportionen

BA

BA : BC = CD : CE

BC : AC = CE : DE

BA : AC = CD : DE.

Wenn in zweyen Dreyecken zwey Winkel gleich sind, so sind solches die dritten ebenfalls. Man kann daher auch statt zweyer Dreyecke, worin zwey Winkel einander gleich sind, zwey gleichwinklige Dreyecke setzen, aber in dem vorhergehenden Satze ist dazu kein Grund vorhanden.

5. Satz. Lehrsatz.

Wenn in zweyen Dreyecken ABC, DEF, Fig. 175, die Seiten proportionirt sind: so sind die Dreyecke gleichwinklig, und die Winkel, so homologen Seiten gegenüberliegen, einander gleich.

Beweis.

Es sey in den Dreyecken ABC, DEF,

AB : BC = DE : EF

BC : CA = EF : FD

BA : AC = ED : DF.

Setzt man an FE, FEG = ABC, und EFG = BCA, so sind die Dreyecke ABC, GEF unter dem vorhergehenden Satze begriffen, und daher in ihnen

AB : BC = GE : EF

BC : CA = EF : FG

BA : AC = GE : FG.

Vergleicht man aber diese Proportionen mit den vorhergehenden, so erkennt man, daß DE = GE,

FD

FD = FG, und also auch, da EF den Dreyecken DEF und FEG gemein ist, daß die Dreyecke DEF und FEG einander gleich sind. Auf diese Art erhellet aber ferner, daß DEF = GEF = ABC; DFE = GFE = ACB, und EDF = EGF = BAC ist.

Aus den beyden Proportionen AB : BC = DE : EF und BC : CA = EF : FD fließt die dritte BA : AC = ED : DF nach einem bekannten Satze; und so hätten im Satze auch bloß diese beyde Proportionen gegeben zu seyn gebraucht.

6. Satz. Lehrsatz.

Wenn in zweyen Dreyecken ABC, DEF, Fig. 176, ein Winkel, BAC, einem Winkel, EDF, gleich ist, und die Seiten, von denen diese gleichen Winkel eingeschlossen werden, proportionirt sind, oder BA : AC = ED : DF ist: so sind die Dreyecke ABC, DEF gleichwinklig, und die Winkel, so homologen Seiten gegenüberstehen, einander gleich.

Beweis.

Legt man an FD, FDG = BAC = EDF, und DFG = ACB, so ist auch DGF = ABC, und also in den Dreyecken ABC, DGF

BA : AC = GD : DF. Nun soll
BA : AC = ED : DF

seyn, und es ist daher in den Dreyecken DEF und DFG, ED = GD, und also die Dreyecke selbst, da außerdem DF = DF, und EDF = FDG ist, einander gleich, und DFE = DFG = ACB, und DEF = DGF = ABC.

Vergleicht man diese drey Sätze von ähnlichen Dreyecken mit den Sätzen von gleichen und sich deckenden Dreyecken im ersten Buche, so wird man in Ansehung der jedesmal gegebenen Dinge theils Uebereinstimmung theils Verschiedenheit, in Ansehung der Ordnung dieser Sätze aber bloß die letztere bemerken.

7. Satz. Lehrsatz.

Wenn in zweyen Dreyecken ABC, DEF, Fig. 177, ein Winkel BAC, einem Winkel EDF gleich ist, und die Seiten, von denen andere Winkel ABC, DEF, eingeschlossen werden, proportionirt sind, auch von den noch übrigen Winkeln ACB, DFE, jeder zugleich entweder kleiner oder nicht kleiner als ein rechter Winkel ist: so sind die Dreyecke gleichwinklig, und die Winkel, welche von den proportionirten Seiten eingeschlossen werden, ABC, DEF, einander gleich.

Beweis.

Erster Fall. Es sey jeder der Winkel ACB, DFE kleiner als ein rechter Winkel. Wären die Winkel ABC, DEF nicht einander gleich, so wäre einer davon z. B. ABC, größer als der andere. Es sey daher ABG = DEF, so wäre, weil BAC = EDF, auch

auch AGB = DFE, und die Dreyecke ABG und DFE gleichwinklig, und daher

AB : BG = DE : EF. Nun soll seyn

AB : BC = DE : EF, und es wäre also auch

BC = BG, und BCG = BGC.

Da also BCG < R angenommen worden, so müßte auch BGC < R, und also sein Nebenwinkel BGA > R seyn. Aber nach dem Vorhergehenden ist BGA = DFE, und so müßte also auch DFE > R seyn, und dieses widerspricht dem Angenommenen. Es ist demnach ABC = DEF, und, da BAC = EDF, auch ACB = DFE, und die Dreyecke ABC und DEF gleichwinklig.

Zweyter Fall. Ist jeder der Winkel ACB, DFE nicht kleiner als ein rechter Winkel, so wird auf eben die Art bewiesen, daß BCG = BGC ist, wenn ABC und DEF einander nicht gleich sind, und z. B. ABC > DEF ist. Nun ist BCG nicht kleiner als ein rechter Winkel, und es wäre also solches auch BGC nicht. Folglich müßten im Dreyecke BGC die genannten beyden Winkel nicht kleiner als zwey rechte Winkel seyn, welches unmöglich ist. Es ist demnach auch in diesem Falle ABC = DEF, und da BAC = EDF gegeben worden, auch ACB = DFE, und die Dreyecke ABC und DEF gleichwinklig.

Die Vergleichung dieses Satzes mit dem in den Anmerkungen nach dem 26sten Satze des ersten Buchs S.

 60.

60. 61. bewiesenen und gleiche Dreyecke betreffenden Satze kann zu verschiedenen nützlichen Bemerkungen führen.

Nach diesen allgemeinen Sätzen von ähnlichen Dreyecken ist es das natürlichste, zur Betrachtung specieller Fälle fortzugehen, worunter der im nächsten Satze betrachteter die Hauptstelle verdient, und daher auch hier stehen muß.

8. Satz. Lehrsatz

Wenn in einem rechtwinkligen Dreyecke ABC, Fig. 178, aus der Spitze des rechten Winkels BAC auf die Gegenseite desselben eine senkrechte Linie AD herabgefällt wird: so sind die beyden Dreyecke ABD, ADC, in welche das Dreyeck ABC durch diese senkrechte Linie getheilt wird, sowohl dem Dreyecke ABC, als einander ähnlich.

Beweis.

Der Winkel BAD ergänzt sowohl den Winkel DBA als den Winkel DAC zum rechten Winkel, und es ist demnach DBA = DAC. Auf ähnliche Art läßt sich zeigen, daß DAB = DCA; und so ist klar, daß die Dreyecke ABD und ADC sowohl dem Dreyecke ABC als auch einander gleichwinklig sind, und daraus folgt die behauptete Aehnlichkeit mittelst des vierten Satzes

Jede drey Dinge lassen sich auf dreyerley Art zu zweyen verbinden. Combinirt man also die im Satze genannten

nannten Dreyecke, so hat man dreymal zwey, und jede zwey geben drey Proportionen. Unter den auf diese Art leicht zu findenden neun Proportionen zeichnen sich folgende drey

$$BD : DA = DA : DC$$

$$BD : BA = BA : BC$$

$$CD : CA = CA : BC$$

als stetige Proportionen aus, und die beyden letzten sind im Grunde eine und dieselbe. So findet man den Satz:

Wenn man aus der Spitze des rechten Winkels eines rechtwinkligen Dreyecks auf die Hypotenuse eine senkrechte Linie herabfällt, so ist

einmal diese senkrechte Linie die mittlere Proportionallinie zwischen den durch sie entstandenen Theilen der Hypotenuse, und

zweytens jede Cathete die mittlere Proportionallinie zwischen dem an ihr liegenden Theile der Hypotenuse und der ganzen Hypotenuse.

Was für Aufgaben ist man nun durch die bisherigen Lehrsätze im Stande aufzulösen?

9 Satz Aufgabe.

Von einer gegebenen geraden Linie, AB, Fig. 179, einen bestimmten Theil abzuschneiden.

Auflösung und Beweis.

Man verknüpfe mit AB unter einem beliebigen Winkel die unbegrenzte gerade Linie AC, nehme auf dieser AC willkührlich AD, und darauf DE = EC = AD,

AD, bis AD ein eben so vielter Theil von AC ist, als von AB abgeschnitten werden soll. Endlich ziehe man CB, und mit CB parallel DF. Denn da alsdann AF : AB = AD : AC ist: so ist durch das beschriebene Verfahren von AB in AF auch der verlangte Theil abgeschnitten.

Es wird bey diesem Beweise vorausgesetzt, daß man bey der Erlernung der Mathematik nicht eher zu neuen Untersuchungen fortgehe, als bis man das Gefundene sich so ausführlich deutlich, als jedesmal möglich ist, gemacht hat, und bey dieser Voraussetzung ist er unstreitig nicht zu kurz vorgetragen.

Uebrigens läßt sich hieraus leicht eine Art und Weise ableiten, jede gegebene gerade Linie in jede gegebene Anzahl von gleichen Theilen zu theilen.

10. Satz. Aufgabe.

Eine gegebene gerade Linie AB, Fig. 180, in eben dem Verhältnisse zu theilen, in welchem eine andere gegebene gerade Linie AC getheilt worden ist.

Auflösung und Beweis.

Es sey die gerade Linie AC in D und E getheilt. Legt man sie in dieser Beschaffenheit unter einem beliebigen Winkel an AB, und zieht darauf BC, und dieser BC parallel GE und FD, so wie durch D die DK der AB: so ist

AF:

AF : FG = AD : DE und
FG (oder DH) : GB (oder HK) = DE : EC.

11. Satz. Aufgabe.

Zu zweyen gegebenen geraden Linien AB, AC, Fig. 181, die dritte Proportionallinie zu finden.

Auflösung und Beweis.

Man lege AB und AC unter einem beliebigen Winkel an einander, und verlängere sie nach D und E, so daß BD = AC, und DE der BC parallel wird, wenn diese beyden Linien, wie geschehen muß, gezogen werden. Alsdann ist

AB : AC = BD : CE

oder

AB : AC = AC : CE.

Da Fig. 170, nach dem 4ten Satze beurtheilt, allemal AD : AE = AB : AC ist, so läßt sich die Auflösung dieser Aufgabe auf die Art abändern, daß man, wie Fig. 182, AD = AC, macht, und übrigens eben so wie vorhin verfährt. Denn man hat alsdann AB : AC = AD : AE, oder AB : AC = AC : AE.

Setzte man AB und AC, Fig. 183, unter einem rechten Winkel an einander, zöge BC, verlängerte BA und ließe die Verlängerung von der auf CB in C senkrechten geraden Linie CE schneiden: so hätte man nach dem achten Satze ebenfalls AB : AC = AC : AE.

12. Satz. Aufgabe.

Zu drey gegebenen geraden Linien A, B, C, die vierte Proportionallinie zu finden.

Auflösung und Beweis.

Verfährt man wie vorhin, bloß mit dem Unterschiede, daß man AB = A, AC = B, und BD = C, oder BD = B und AC = C macht: so hat man im ersten sowohl als im zweyten Falle

A : B = C : CE.

13. Satz. Aufgabe.

Zu zweyen gegebenen geraden Linien AB, BC, Fig. 184, die mittlere Proportionallinie zu finden.

Auflösung und Beweis.

Legt man AB und BC in Eine gerade Linie an einander, und beschreibt über AC einen halben Kreis: so ist die aus dem Punkte B auf AC bis zum Umfange des Halbkreises senkrecht errichtete Linie BD die gesuchte mittlere Proportionallinie, welches mit Hülfe des 8ten Satzes sogleich einleuchtend ist, wenn man die geraden Linien AD und DC zieht.

Eine andere Auflösung dieser Aufgabe gründet sich darauf, daß AD die mittlere Proportionallinie zwischen AB und AC ist.

Nach diesen Untersuchungen wird es Zeit zu den Parallelogrammen zurückzukehren.

14. Satz.

14. Satz. Lehrsatz.

Wenn zwey Parallelogramme AB, BC, Fig. 185, einander gleich sind, und ein Winkel, FBD, des einen Parallelogramms, einem Winkel, EBG, des andern gleich ist: so sind die Seiten, von denen die gleichen Winkel eingeschlossen werden, im umgekehrten Verhältnisse. Umgekehrt, wenn in zweyen Parallelogrammen AB, AC ein Winkel, FBD, einen Winkel, EBG, gleich ist, und die Seiten, von denen die gleichen Winkel eingeschlossen werden, in umgekehrten Verhältnisse sind: so sind die Parallelogramme AB, BC einander gleich.

Beweis.

Ist zuvörderst AB = BC, so bringe man DB, BE in Eine gerade Linie, wodurch zugleich FB und BG in Eine gerade Linie gebracht seyn werden, und vollende das Parallelogramm FE. Alsdann ist

AB : FE = BC : FE, deßgleichen
AB : FE = DB : BE und
BC : FE = GB : BF; also auch
DB : BE = GB : BF.

Ist aber zum andern DB : BE = GB : BF: so ist bey der vorhergehenden Vorbereitung auch

DB : BE = AB : FE
GB : BF = BC : FE, also

AB : FE = BC : FE, und daher

AB = BC.

Da ein ähnlicher Fall bey zwey Dreyecken statt findet, welche einen Winkel gleich haben, und dabey selbst einander gleich sind: so gehört mit Recht auch folgender Satz hierher.

15 Satz. Lehrsatz.

Wenn zwey Dreyecke ABC, ADE, Fig. 186, einander gleich sind, und ein Winkel, BAC, einem Winkel, DAE, gleich ist: so sind die Seiten, von denen die gleichen Winkel eingeschlossen werden, im umgekehrten Verhältnisse. Umgekehrt, wenn in zweyen Dreyecken ABC, ADE, ein Winkel, BAC, einem Winkel, DAE, gleich ist, und die Seiten, von denen die gleichen Winkel eingeschlossen werden, im umgekehrten Verhältnisse sind: so sind die Dreyecke ABC und ADE einander gleich.

Beweis.

Ist zuvörderst △ABC = △ADE, so lege man CA und AD in Eine gerade Linie, wodurch EA, AB ebenfalls in Eine gerade Linie gelegt seyn werden, und ziehe BD. Ist dieses geschehen, so ist

△ABC : △BAD = △ADE : △BAD, desgleichen

△ABC : △BAD = CA : AD

△ADE : △BAD = EA : AB; folglich auch

CA : AD = EA : AB.

Ist

Ist aber zum andern CA : AD = EA : AB., so handle man wie vorhin. Alsdann ist

$$CA : AD = \triangle ABC : \triangle BAD$$

$$EA : AB = \triangle ADE : \triangle BAD, \text{ folglich}$$

$$\triangle ABC : \triangle BAD = \triangle ADE : \triangle BAD, \text{ und also}$$

$$\triangle ABC = \triangle ADE.$$

16. Satz. Lehrsatz.

Wenn vier gerade Linien proportionirt sind: so ist das Rechteck zwischen den beyden äußersten von ihnen dem Rechtecke zwischen den beyden mittlern gleich. Umgekehrt, wenn das Rechteck zwischen den beyden äußersten von vier geraden Linien dem Rechtecke zwischen den beyden mittlern gleich ist: so sind diese vier geraden Linien proportionirt.

Der Beweis

hiervon ist mittelst des 14ten Satzes so leicht, daß es überflüßig seyn würde, ihn ausdrücklich hersetzen zu wollen.

17. Satz. Lehrsatz.

Wenn drey gerade Linien stetig proportionirt sind, so ist das Rechteck zwischen den beyden äusersten von ihnen dem Quadrate der mittlern gleich. Umgekehrt, wenn das Rechteck zwischen den beyden äußersten von drey geraden Linien dem Quadrate

drate der mittlern gleich ist: so sind diese drey gerade Linien stetig proportionirt.

Der Beweis

dieses Satzes braucht deswegen nicht ausdrücklich hier zu stehen, weil dieser Satz nur ein specieller Satz von dem vorhergehenden allgemeinen ist.

So wie der 14te Satz nicht bloß Rechtecke, sondern gleichwinklige Parallelogramme überhaupt zum Gegenstande hat: so kann man auch dem 16ten und 17ten Satze einen weitern Umfang geben. Sind nemlich vier gerade Linien proportionirt: so ist jedes Parallelogramm zwischen den beyden äußersten von ihnen dem gleichwinkligen Parallelogramme zwischen den beyden mittlern gleich; und sind drey gerade Linien stetig proportionirt, so ist jedes Parallelogramm zwischen den beyden äußersten dem gleichwinkligen Rhombus der mittlern von ihnen gleich. Der Beweis dieser Sätze ist am gegenwärtigen Orte sehr leicht, und zugleich fällt in die Augen, daß beyde Sätze auch umgekehrt bewiesen werden können. Wird gefragt, warum bey diesen Umständen ein specieller Fall dem allgemeinen vorgezogen worden? so ist die Antwort: Weil der gedachte allgemeine Fall eine so leichte Folge aus dem 14ten Satze ist, daß er nicht ausdrücklich angeführt und bewiesen zu werden braucht.

Um nunmehr weiter zu gehen, ist nach der Bemerkung S. 238 f. vor allem andern die Frage zu beantworten: Giebt es außer den Dreyecken und Parallelogrammen noch mehr einander ähnliche Figuren nach der S. 234. stehenden ersten Erklärung? — Oder sollte etwa zuvor,

so

so wie bey den Dreyecken geschehen ist, von den Parallelogrammen gelehrt werden müssen, auf was für Beschaffenheiten bey ihnen sich ihre Aehnlichkeit gründe? Das würde geschehen, und es würde außerdem noch vorher gezeigt werden müssen, daß es ähnliche Parallelogramme nach der erwähnten Erklärung gebe, wenn in schriftlich verfaßten Elementen theils das, was jeder von selbst finden kann, theils dasjenige Besondere, was in dem weit nothwendigern und bald folgenden Allgemeinern unverkennbar enthalten ist, aufgenommen werden dürfte. Wäre dies, so hätte auch die S. 75. 76. von den Parallelogrammen bemerkte Beschaffenheit der Gegenstand eines Satzes seyn müssen, und im zweyten Buche würden die Sätze den Anfang gemacht haben, wobey die gegebene gerade Linie in zwey gleiche Theile getheilt worden wäre. Es entsteht also keine Lücke, wenn wir jetzt zu folgender Aufgabe fortgehen.

18. Satz. Aufgabe.

Auf einer gegebenen geraden Linie AB, Fig. 187, eine geradlinige Figur einer andern gegebenen geradlinigen Figur CE ähnlich und ähnlich liegend zu beschreiben.

Auflösung und Beweis.

Macht man BAG = DCF, ABG = CDF, BGH = DFE, GBH = DFE: so ist ABG = CFD und GHB = FED, folglich die Seiten, von denen gleiche Winkel eingeschlossen werden, proportionirt, und also auch AH ähnlich CE.

Nun-

Nunmehr ist es Zeit sein Augenmerk nach einer andern Seite hinzurichten, und statt der Dreyecke überhaupt, so weit sie nemlich hieher gehörten, einander ähnliche Dreyecke zu untersuchen.

19. Satz. Lehrsatz.

Aehnliche Dreyecke ABC, DEF, Fig. 188, sind in zwiefach höherm Verhältniß ihrer homologen Seiten BC, EF.

Beweis.

Man suche zu BC, EF die dritte Proportionallinie BG, so daß BC : EF = EF : BG, und folglich BC : BG ein zwiefach höheres Verhältniß als BC : EF sey, und ziehe AG. Da die Dreyecke ABC, DEF einander ähnlich seyn sollen, und die Winkel bey B und E gleich sind: so ist

AB : BC = DE : EF, oder

AB : DE = BC : EF. Nun war

BC : EF = EF : BG, also ist auch

AB : DE = EF : BG, und folglich nach dem 15ten Satze

△ABG = △DEF. Nun ist

△ABC : △ABG = BC : BG, also auch

△ABC : △DEF = BC : BG, und folglich

△ABC : △DEF = (BC : BF)²

wenn durch die Bezeichnung (BC : BF)² das zwiefach höhere Verhältniß von BC : CF angedeutet wird.

Wenn

Wenn also drey gerade Linien stetig proportionirt sind: so verhält sich auch jedes Dreyeck über der ersten von ihnen zu dem ihm ähnlichen Dreyecke über den zweyten, wie die erste dieser Linien zur dritten.

Aehnliche Vielecke erhält man, wenn man gleich viel ähnliche Dreyecke auf ähnliche Art an einander und in Eine Ebene legt; also ähnliche Vielecke aus gleich viel ähnlichen Dreyecken. Geben umgekehrt ähnliche Vielecke auf ähnliche Art getheilt auch gleich viel ähnliche Dreyecke?

20 Satz. Lehrsatz.

Aehnliche Vielecke ABCDE, FGHKL, Fig. 189, lassen sich in gleich viel ähnliche, den Vielecken homologe Dreyecke theilen: und ähnliche Vielecke sind im zwiefach höhern Verhältnisse ihrer homologen Seiten AB, FG.

Beweis.

Man ziehe BE, EC, und GL, LH. Da die Vielecke ABCDE, FGHKL einander ähnlich sind, so ist BAE = GFL, und BA : AE = GF : FL, und daher die Dreyecke ABE und FGL gleichwinklig und einander ähnlich. Demnach ist ABE = FGL, und also auch, da, wegen der Aehnlichkeit der gegebenen Vielecke, ABC = FGH ist, EBC = LGH Nun fließt aus der Aehnlichkeit der Dreyecke ABE und FGL.

EB : BA = LG : GF, und aus der Aehnlichkeit der Vielecke

AB : BC = FG : GH, und es ist demnach auch
EB : BC = LG : GH. Folglich sind die Dreyecke BCE, GHL gleichwinklig und also auch einander ähnlich. Eben so läßt sich beweisen, daß die Dreyecke CDE, HKL einander ähnlich sind.

Ferner ziehe man AC und FH, so hat man, wegen der Aehnlichkeit der Vielecke ABCDE, FGHKL,
ABC = FGH, und AB : BC = FG : GH.
Folglich sind die Dreyecke ACB und FGH gleichwinklig, oder BAC = GFH, und BCA = GHF. Demnach ist in den Dreyecken AMB und FNG, A = F, und nach dem Obigen war B = G, folglich ist auch M = N. Es sind daher auch die Dreyecke AMB und FNG gleichwinklig und ähnlich, und eben das läßt sich von den Dreyecken CMB, HNG erweisen. Folglich ist

AM : MB = FN : NG, und
BM : MC = GN : NH, folglich
AM : MC = FN : NH. Nun ist
AM : MC = △BAM : △BMC = △EAM : △EMC,
und daher
AM : MC = △ABE : △BEC.

Eben so ist erweislich, daß
FN : NH = △FGL : △GLH, und es ist also
△ABE : △BEC = △FGL : △GLH, oder
△ABE : △FGL = △BEC : △GLH.

Ziebt

Zieht man nun BD und GK, so läßt sich eben so zeigen, daß

$$\triangle BEC : \triangle GLH = \triangle ECD : \triangle LHK,$$

und man hat demnach

$$\triangle ABE : \triangle FGL = ABCDE : FGHKL.$$

Es sind also diese ähnlichen Dreyecke, worin die Vielecke zerlegt worden sind, den Vielecken selbst homolog.

Oder, da vorhin bewiesen worden, daß die Dreyecke des einen Vielecks den Dreyecken des andern ähnlich sind: so ist

$$\triangle ABE : \triangle FGL = (BE : GL)^2 = \triangle EBC : \triangle LGH$$

und eben so ist erweislich, daß

$$\triangle EBC : \triangle LGH = (EC : LH)^2 = \triangle ECD : \triangle LHK$$

Folglich ist

$$\triangle ABE : \triangle FGL = \triangle EBC : \triangle LGH = \triangle ECD : \triangle LHK$$

und daher

$$\triangle ABE : \triangle FGL = ABCDE : FGHKL.$$

Da endlich

$$\triangle ABE : \triangle FGL = ABCDE : FGHKL$$

und

$$\triangle ABE : \triangle FGL = (AB : FG)^2$$

so ist auch

$$ABCDE : FGHKL = (AB : FG)^2.$$

Was hier von ähnlichen Vielecken bewiesen worden ist, läßt sich auf ähnliche Art von ähnlichen

Vierecken beweisen. Nun ist besonders von ähnlichen Dreyecken gezeigt worden, daß sie in zwiefach höherm Verhältnisse ihrer homologen Seiten sind. Also kann man allgemein behaupten, daß alle ähnliche geradlinige Figuren in zwiefach höherm Verhältnisse ihrer homologen Seiten stehen.

Sucht man zu zweyen geraden Linien die dritte Proportionallinie, so hat die erste zur dritten ein zwiefach höheres Verhältniß als die erste zur zweyten. Da also auch jede über der ersten beschriebene geradlinige Figur zu der über der zweyten beschriebenen ähnlichen Figur ein zwiefach höheres Verhältniß hat, als die erste Linie zur zweyten: so verhält sich von drey stetigen Proportionallinien allemal die erste zur dritten, wie jede über der ersten beschriebene geradlinige Figur zu der auf der zweyten beschriebenen ihr ähnlichen Figur.

Nach diesen Untersuchungen der ähnlichen Figuren überhaupt, sind folgende zwey Sätze, sowohl was ihren Beweis betrifft, als auch in Ansehung ihrer Verknüpfung mit den vorhergehenden Sätzen, leicht.

21. Satz. Lehrsatz.

Zwey geradlinige Figuren A, B, welche Einer dritten C ähnlich sind, sind selbst einander ähnlich.

Beweis.

Beweis.

Da A und C ähnlich sind, so sind sie auch gleichwinklig, und die gleiche Winkel einschließende Seiten proportionirt. Nun sind auch B und C ähnlich, und folglich ebenfalls gleichwinklig, und die gleiche Winkel einschließende Seiten proportionirt. Folglich sind auch A und B gleichwinklig, und die gleiche Winkel einschließende Seiten proportionirt, oder A und B einander ähnlich.

22. Satz. Lehrsatz.

Wenn vier gerade Linien AB, CD, EF, GH, Fig. 190, proportionirt sind: so sind die auf denselben beschriebenen ähnlichen und ähnlich liegenden geradlinigen Figuren KAB, LCD, MF, NH, gleichfalls proportionirt. Umgekehrt, wenn die auf vier geraden Linien beschriebenen ähnlichen und ähnlich liegenden Figuren, KAB, LCD MF, NH, proportionirt sind: so sind die vier geraden Linien AB, CD, EF, GH gleichfalls proportionirt.

Beweis.

Wenn

AB : CD = EF : GH

ist, so mache man

AB : CD = CD : O, und EF : GH = GH : P

so ist

CD : O = GH : P; und da

AB : CD = EF : GH angenommen worden,

AB : O = EF : P. Nun ist

AB : O = △KAB : △LCD, und EF : P = MF : NH

folglich auch

△KAB : △LCD = MF : NH.

Nun sey

△KAB : △LCD = MF : NH.

Man mache

AB : CD = EF : QR

und beschreibe auf QR eine der MF und der NH ähnliche und ähnlich liegende Figur SR. Alsdann ist nach dem Vorhergehenden

△KAB : △LCD = MF : SR, und also, da

△KAB : △LCD = MF : NH angenommen ist,

MF : SR = MF : NH, und also

SR = NH.

Nun ist nach dem 21sten Satze SR ähnlich NH, und daher auch QR = GH. Nun war AB : CD = EF : QR, und es ist demnach auch AB : CD = EF : GH.

Hier ist alles deutlich, bis auf den Schluß, daß QR = GH sey, weil SR = NH, und außerdem auch beyde Figuren einander ähnlich sind. Daß bey gleichen und ähnlichen geradlinigen Figuren SR, NH die homologen Seiten gleich sind, läßt sich indeß auf folgende Art leicht zeigen. Gesetzt QR, GH wären

wären ungleich, also eine davon z. B. QR größer: so wäre, da SR der NH ähnlich,

$$QR : QS = GH : GN, \text{ oder}$$

$$QR : GH = QS : GN.$$

Sollte also QR > GH seyn, so müßte auch QS > GN, und also auch, nach dem 20sten Satze, SR > NH seyn, welches dem Angenommenen widerspricht.

Es läßt sich aber auch folgender Beweis führen.

Da $\triangle KAB : \triangle LCD = MF : NH$

$\triangle KAB : \triangle LCD = (AB : CD)^2$ und

$MF : NH = (EF : GH)^2$ ist: so ist auch

$(AB : CD)^2 = (EF : GH)^2$, und folglich

$$AB : CD = EF : GH.$$

Zu folgendem Satze kann selbst die Frage leiten: Ob nicht etwa so wie bey den Dreyecken also auch bey den übrigen geradlinigen Figuren die Gleichheit ihrer Winkel zur Aehnlichkeit hinreichend sey?

23. Satz. Lehrsatz.

Gleichwinklige Parallelogramme AC, CF, Fig. 191, sind im zusammengesetzten Verhältnisse ihrer Seiten BC, CG; DC, CE.

Beweis.

Bringt man BC an CG in Eine gerade Linie, so sind auch DC und CE in Einer geraden Linie. Man vollende das Parallelogramm DG, und nehme willkührlich eine gerade Linie K an. Ferner mache man

BC : CG = K : L und

DC : CE = L : M,

so ist das Verhältniß K : M aus den Verhältnissen K : L und L : M, oder den ihnen gleichen Verhältnissen BC : CG und DC : CE zusammengesetzt. Da nun

BC : CG = AC : CH und

DC : CE = CH : CF ist, so ist auch

K : L = AC : CH und

L : M = CH : CF und also

K : M = AC : CF,

folglich das Verhältniß AC : CF aus den Verhältnissen BC : CG und DC : CE zusammengesetzt.

24 Satz. Lehrsatz.

In jedem Parallelogramme ABCD, Fig. 192, sind die um der Diagonale AC liegende Parallelogramme EG, HK dem ganzen sowohl als auch einander selbst ähnlich.

Beweis.

Da in den Dreyecken ABC, ACD, EF der BC und GF der DC parallel ist, so ist

BE : EA = CF : FA, und

CF : FA = DG : GA, folglich

BE : EA = DG : GA, und daher

BA : EA = DA : GA, oder

BA : DA = EA : GA,

oder

oder es sind in den Parallelogrammen ABCD, EG die Seiten um den gemeinschaftlichen Winkel BAD proportionirt.

Da ferner GF der DC parallel ist, so ist AGF = ADC, und GFA = DCA, und überdem ist DAC = DAC. Folglich sind die Dreyecke ADC, AGF gleichwinklich, und eben dieses läßt sich auf ähnliche Art von den Dreyecken ACB, AFE zeigen. Folglich sind die Parallelogramme ABCD, EG gleichwinklig; auch ist

AD : DC = AG : GF, und CB : BA = FE : EA

desgleichen

DC : CA = GF : FA, und AC : CB = AF : FE;

also

DC : CB = GF : FE. Nun war

BA : AD = EA : AG.

Demnach sind in den gleichwinkligen Parallelogrammen ABCD, EG die Seiten, von denen gleiche Winkel eingeschlossen werden, proportionirt, und also die Parallelogramme einander ähnlich. Da sich also eben so zeigen läßt, daß auch KH und ABCD ähnlich sind, so ist auch EG ähnlich KH.

So wie bey den Erfahrungserkenntnissen die praktischen das Ziel seyn müssen, um dessen willen die theoretischen erworben werden: so ist in der Wissenschaft, womit wir uns jetzt beschäftigen, nach gefundenen Lehrsätzen die Frage nothwendig: Zu was für Aufgaben setzen diese Lehrsätze in den Stand? Hiernach ist bereits öfters verfahren worden, und eben dies ist am gegenwärtigen Orte zu thun.

25 Satz. Aufgabe.

Eine geradlinige Figur zu beschreiben, die einer gegebenen ABC, Fig 193, ähnlich, und einer andern gegebenen D gleich sey.

Auflösung und Beweis.

Man beschreibe auf BC ein Parallelogramm BE = △ABC, und auf CE unter dem Winkel CBL ein Parallelogramm CM = D: so sind BC, CF, desgleichen LE und EM in Einer geraden Linie. Ferner suche man zu BC und CF die mittlere Proportionallinie GH und beschreibe auf GH ein dem Dreyecke ABC ähnliches und ähnlich liegendes Dreyeck KGH: so ist dem Verlangten ein Genüge geschehen. Denn da

BC : GH = GH : CF, so ist

BC : CF = △ABC : △KGH. Nun ist

BC : CF = BE : CM; folglich

△ABC : △KGH = BE : CM; also da

△ABC = BE, auch

△KGH = CM = D.

Von folgenden Parallelogramme betreffenden Sätzen fällt der Grund, warum sie hier stehen, bey einigem Nachdenken von selbst in die Augen.

26. Satz.

26. Satz. Lehrsatz.

Wenn von einem Parallelogramme ABCD, Fig 194, ein demselben ähnliches und ähnlich liegendes Parallelogramm AEFG unter einem gemeinschaftlichen Winkel DAB abgeschnitten wird: so liegen beyde um einerley Diagonale.

Beweis.

Gesetzt sie lägen nicht beyde um einerley Diagonale, oder die Diagonale des Parallelogramms ABCD gienge nicht durch F: so müßte sie durch einen andern Punkt, zum Beyspiel durch H gehen. Es sey dieses. Zieht man durch H der AD parallel HK, so wäre alsdann

ABCD ähnlich GK, und also

DA : AB = GA : AK Nun ist aber

ABCD ähnlich EG, und daher

DA : AB = GA : AE, und es müßte also auch

GA : AK = GA : AE, oder

AK = AE seyn, und dieses ist unmöglich.

27. Satz. Lehrsatz.

Ein Parallelogramm auf der Hälfte einer gegebenen geraden Linie AB Fig. 195, ist größer, als jedes andere Parallelogramm auf einem beliebigen Theile derselben Linie dessen Ergänzung auf dem übrigen Theile dem Parallelogramme auf der Hälfte ähnlich ist und ähnlich liegt.

Beweis.

Wenn AB in C in zwey gleiche Theile getheilt wird, so ist der Theil, auf welchem das andere Parallelogramm beschrieben werden soll, entweder größer oder kleiner als die Hälfte AC.

Ist das erste, oder Fig. 196. AK > AC, so beschreibe man auf AC das Parallelogramm AD, dessen Ergänzung CE, und auf AK ein anderes Parallelogramm AF, dessen Ergänzung KH dem Parallelogramme CE oder AD ähnlich. Da CE und KH ähnlich sind, so liegen beyde um einerley Diagonale. Man ziehe diese Diagonale DFB, und vollende die Figur: so ist CH = KE, weil CF = FE und KH = KH ist. Nun ist CH = CG, weil AC = CB. Folglich auch CG = KE, und CG + CF = KE + CF; folglich auch AD(= CE = KE + CF + FD) > CG + CF oder AF.

Ist aber das andere, oder Fig. 197, AD < AC, so beschreibe man auf AC das Parallelogramm AL, dessen Ergänzung CM, und auf AD ein anderes Parallelogramm AE, dessen Ergänzung DF den Parallelogrammen CM und AL ähnlich. Da DF und CM einander ähnlich sind, so liegen beyde um einerley Diagonale. Man ziehe diese Diagonale ELB, und vollende die Figur. Alsdann ist LF = LH, weil FG = GH, und folglich LF > EK. Nun ist LF =

LD

LD, folglich LD > EK, und LD + DK > EK + KD, oder AL > AE.

Die beyden folgenden Sätze sind Aufgaben, und so ergiebt sich aus ihrem Inhalte, nach der Bemerkung S. 263 nach dem 24sten Satze erwogen, warum sie hier stehen.

28. Satz. Aufgabe.

Ein Parallelogramm auf einem Theile einer gegebenen geraden Linie AB, Fig. 198, so zu beschreiben, daß dasselbe einer gegebenen geradlinigen Figur C, die nicht größer ist, als das Parallelogramm auf der Hälfte der Linie, gleich, seine Ergänzung aber auf dem übrigen Theile einem gegebenen, der Ergänzung des Parallelogramms auf der Hälfte der Linie ähnlichen Parallelogramme D ähnlich sey.

Auflösung und Beweis.

Es sey die gegebene gerade Linie AB in E in zwey gleiche Theile getheilt. Man beschreibe auf BE das Parallelogramm EBFG, dem gegebenen Parallelogramme D ähnlich und ähnlich liegend, und vollende AG, wo denn AG, welches nicht kleiner als C seyn darf, entweder eben so groß oder größer als C ist. Ist AG = C, so ist geschehen, was verlangt worden, weil auf AE ein Parallelogramm AG beschrieben

schrieben ist, welches der Figur C gleich, und dessen Ergänzung EF der Figur D ähnlich ist.

Ist aber AG > C, so ist auch, weil AG = EF, EF > C. Man beschreibe ein Parallelogramm KLMN dem Ueberschusse von EF über C gleich (oder mache C + KLMN = EF) und dem gegebenen Parallelogramme D ähnlich und ähnlich liegend. Dieses Parallelogramm wird dadurch auch EF ähnlich, so daß LK der GE und LM der GF homolog, oder LK : LM = GE : GF ist. Nun ist EF = C + KM, und daher EF > KM. Folglich ist GE > LK und GF > LM. Man mache GZ = LK, und GO = LM, und vollende ZO; so ist ZO gleich und ähnlich KM. Nun ist KM ähnlich EF, folglich auch ZO ähnlich EF, und es liegen also beyde um einerley Diagonale. Man ziehe diese Diagonale BPG und vollende die Figur.

Da EF = C + KM, und ZO = KM, so ist EF = C + ZO, folglich TVX = EP + PB + PF = C. Nun ist OQ = ZR, und also auch FR = EQ = ES, folglich TVX = SR. Folglich ist SR = C, und also auf AR ein Parallelogramm SR beschrieben, welches = C und dessen Ergänzung QR den Figuren OZ und D ähnlich ist.

29. Satz. Aufgabe.

Ein Parallelogramm auf einer gegebenen geraden Linie AB, Fig 199, so zu beschreiben, daß es nebst seiner, einem gegebenen Parallelogramme D ähnlichen Ergänzung auf der in gleicher Richtung angesetzten Linie, einer gegebenen geradlinigen Figur C gleich sey.

Auflösung und Beweis.

Es sey AB in E in zwey gleiche Theile getheilt. Man beschreibe auf EB das Parallelogramm EL dem Parallelogramme D ähnlich, und ein Parallelogramm GH, welches = EL † C und dem Parallelogramme D, und also auch dem Parallelogramme EL ähnlich sey, und dabey habe man KH : KG = FL : FE. Nun ist GH > EL. Folglich KH > FL, und KG > FE. Man verlängere FL und FE nach M und N, und mache FM = KH, und FN = KG, und vollende MN, welches GH gleich und ähnlich seyn wird. Nun ist GH ähnlich EL, folglich auch MN ähnlich EL, folglich liegen beyde um einerley Diagonale. Man ziehe diese Diagonale FBZ, und vollende die Figur.

Da GH = EL † C, und GH = MN, so ist MN = EL † C, folglich QRS = C. Nun ist AN = NB = LO, und daher AZ = QRS; folglich AZ = C. Auf diese Art ist auf AB ein Parallelogramm AP beschrieben

schrieben worden, welches nebst seiner der Figur D ähnlichen Ergänzung PO, der Figur C gleich ist.

Nunmehr ist für jetzt nichts weiter übrig, als zu den in den ersten vier Büchern enthaltenen Sätzen auf die Art zurück zu kehren, daß man versucht, ob nicht einige von diesen Sätzen durch das Bisherige sich auf eine andere Art behandeln lassen, oder einen weitern Umfang bekommen können.

30 Satz. Aufgabe.

Eine gegebene gerade Linie AB, Fig. 200, nach stetiger Proportion zu schneiden.

Auflösung und Beweis.

Man beschreibe auf AB das Quadrat BC, und auf AC ein Parallelogramm CE, welches nebst seiner der BC ähnlichen Ergänzung AD, BC gleich sey; so ist, weil BC ein Quadrat ist, auch AD ein Quadrat. Da ferner CD = CB, so ist auch AD = BF, und außerdem sind auch AD und BF gleichwinklig. Folglich ist FE : ED = AE : EB, und also auch BA : AE = AE : EB. Nun ist BA > AE, und daher auch AE > EB, und folglich ist AB in E nach stetiger Proportion geschnitten.

Oder: Man theile AB in E so, daß AB × BE = AEq wird. Denn ist dieses geschehen, so ist BA : AE = AE : EB.

31. Satz.

31. Satz. Lehrsatz.

In jedem rechtwinklichten Dreyecke ABC, Fig. 201. ist jede auf der Hypotenuse beschriebene Figur den ihr ähnlichen und ähnlich liegenden Figuren auf den Catheten gleich.

Beweis.

Fällt man aus der Spitze des rechten Winkels A auf BC die senkrechte Linie AD herab: so ist

CB : BA = AB : BD, und also

CB : BD = E : F. Eben so ist

CB : CD = E : G, folglich (5 B. 24. S.)

CB : BD † CD = E : F † G. Nun ist

CB = BD † CD, und also auch

E = F † G.

Oder. Da die Figuren E, F und G einander ähnlich sind, so ist

E : F = (BC : AB)², also da auch

BCq : ABq = (BC : AB)², auch

E : F = BCq : ABq. Eben so ist

E : G = BCq : ACq; folglich

E : F † G = BCq : ABq † ACq Nun ist

BCq = ABq † ACq; folglich auch

E = F † G.

32. Satz. Lehrsatz.

Wenn zwey Dreyecke ABC, DCE, Fig. 202, bey denen zwey Seiten BA, AC, mit zweyen Seiten

CD,

CD, DE proportionirt sind, so aneinander gelegt werden, daß ihre homologen Seiten AB, CD; AC, DE auch parallel sind: so liegt die dritte Seite BC mit der dritten Seite CE in Einer geraden Linie.

Beweis.

Da AB der DC, und AC der DE parallel ist, so ist BAC = ACD, und CDE = ACD, folglich BAC = CDE. Nun ist auch angenommen worden, daß BA : AC = CD : DE sey. Folglich sind die Dreyecke ABC, DCE gleichwinklig. Demnach ist ABC = DCE. Nun war auch BAC = ACD. Folglich ist ABC + BAC = ACE, folglich ABC + BAC + ACB = ACE + ACB. Nun ist ABC + BAC + ACB = 2R, folglich auch ACE + ACB = 2R, und daher BCE Eine gerade Linie.

33. Satz. Lehrsatz.

In gleichen Kreisen ABC, DEF, Fig. 203, haben sowohl die Winkel am Mittelpunkte BGC, EHF als auch die Winkel am Umkreise BAC, EDF, und eben so die Ausschnitte GBC, HEF einerley Verhältniß mit den Bogen BC, EF, auf welchen sie stehen.

Beweis.

Erstlich nehme man in beliebiger Anzahl die Bogen CK = KL = BC, und FM = MN = EF, und ziehe GK, GL; HM, HN. Da die Winkel am Mit-

Mittelpunkte, die auf gleichen Bogen stehen, einander gleich sind, so hat man

$$\frac{BL}{BC} = \frac{BGL}{BGC}, \text{ und } \frac{EN}{EF} = \frac{EHN}{EHF}$$

und dabey ist

$$BL < = > EN = BGL < = > EHN$$

Folglich ist

$$BC : EF = BGC : EHF.$$

Nun ist BGC = 2BAC, und EHF = 2EDF, und daher

$$BGC : EHF = BAC : EDF.$$

Folglich ist auch

$$BC : EF = BAC : EDF.$$

Zum andern ziehe man die geraden Linien BC, CK, nehme zwischen B und C, und zwischen C und K in dem Umkreise willkührlich die Punkte O und P, und ziehe BO, OC, CP und PK. Da GB = GC = GK, und BGC = CGK; so ist △GCB = △GKC, und BC = CK. Da die Bogen BC, CK gleich sind, so sind solches auch ihre Reste von dem ganzen Umkreise, und es stehen demnach die Winkel BOC, CPK auf gleichen Bogen und sind deswegen einander gleich. Also enthalten die Abschnitte BOC, CPK gleiche Winkel, und sind folglich, da auch ihre Grundlinien BC, CK gleich groß sind, selbst einander gleich. Nun waren die Dreyecke GBC, GCK einander gleich.

Folglich sind es auch die Ausschnitte GBC, GCK. Eben so ist erweislich, daß die Ausschnitte GCK und GKL einander gleich sind Folglich sind alle drey Ausschnitte einander gleich. Folglich ist

$$\frac{BL}{BC} = \frac{GBL}{GBC},$$ und aus ähnlichen Gründen

$$\frac{EN}{EF} = \frac{HEN}{HEF}.$$ Auch ist

$$BL <=> EN = GBL <=> HEN.$$

Folglich

$$BC : EF = GBC : HEF.$$

Was drittens die Ausschnitte GBC HEF in Vergleichung mit den Winkeln BGC, EHF betrifft: so erhellet mittelst des 11ten Satzes des fünften Buches hieraus auch, daß sich die Ausschnitte GBC und HEF wie die Winkel BGC, EHF verhalten.

Anmerkungen und Zusätze
zum
sechsten Buche.

Die Aufgabe, welche in der Anmerkung zum 9ten Satze S. 246, berührt worden ist, kann auch auf eine solche Art aufgelöset werden, daß man bey dem Beweise bloß Sätze aus

aus den vier ersten Büchern nöthig hat. Setzt man nemlich an eine gegebene gerade Linie AB, Fig. 203, eine unbegrenzte gerade Linie AC, nimmt auf dieser AD willkührlich, und darauf DE = EF = EG ... = AD: so wird, wenn man GB, und ihr parallel Ff, Ee, Dd durch F, E und D zieht, AB in eben so viel einander gleiche Theile Ad de ef, fB getheilt, als die Linie AG hat. Denn zieht man dm, en, fo der AG parallel, so ergiebt sich die Gleichheit der Dreyecke AdD, dem, efn und fBo aus dem 29ten und 26ten Satze des ersten Buchs; und da man auf der unbegrenzten geraden Linie AC so viel der AD gleiche Theile abschneiden kann als man will, so erhellet hieraus die Art, jede gegebene gerade Linie in jede beliebige Anzahl gleicher Theile zu theilen, ohne daß man, die Richtigkeit der Auflösung zu erkennen, irgend einen Satz des fünften und sechsten Buchs dazu braucht.

Will man diese Aufgabe dadurch entweder verkürzen oder erleichtern, daß man vor ihr einen Lehrsatz vorausschickt, auf welchem sie gebauet werden kann: so ist dieser folgender. Wenn eine Seite eines Dreyecks in eine beliebige Anzahl gleicher Theile getheilt ist, und durch alle Theilungspunkte gerade Linien, der anliegenden Seite parallel, gezogen werden: so theilen diese die dritte Seite in eben so viele gleiche Theile.

Gründet man demnach die Auflösung der vorhergehenden Aufgabe bloß auf diejenigen Sätze, welche dazu so eben gebraucht worden sind, und legt außerdem das S. 223. 224. Gesagte zum Grunde: so läßt sich der zweyte Satz des sechsten Buchs auch auf folgende Art beweisen.

Man theile AD, Fig. 172, in irgend eine Anzahl von Theilen m, und ziehe durch die Theilungspunkte nach AE mit DE parallele Linien: so wird dadurch auch AE in m gleiche Theile getheilt werden. Ist dies geschehen, und druckt man dabey durch $\frac{AD}{m}$ und $\frac{AE}{m}$ die erwähnten gleichen Theile von AD und AE aus: so ist entweder

$$BD = p\text{mal}\ \frac{AD}{m},\ \text{oder}\ BD > q\text{mal}\ \frac{AD}{m}\ \text{und} <$$

$$(q + 1)\text{mal}\ \frac{AD}{m}.$$

Nun läßt sich leicht erkennen oder zeigen, daß im ersten Falle auch allemal $EC = p\text{mal}\ \frac{AE}{m}$, und im andern $EC > q\text{mal}\ \frac{AE}{m}$ und $< (q + 1)\text{mal}\ \frac{AE}{m}$ seyn muß. Ist das das erste, so ist offenbar, daß

$DB : AD = EC : AE$, und versetzt $AD : DB = AE : EC$; und ist das andere, so bedeutet m keine bestimmte Zahl und man kann sich also die dadurch ausgedruckte Menge so groß denken als man will. Wenn also auch in keinem Falle $BD = p\text{mal}\ \frac{AD}{m}$, sondern immer $BD > q\text{mal}\ \frac{AD}{m}$ und $< (q + 1)\text{mal}\ \frac{AE}{m}$ wäre, und es sich folglich auch mit EC auf ähnliche Art verhielte: so wäre wenigstens aus dem Gesagten offenbar, daß die Grenzen, zwischen welchen DB und EC enthalten wären, mit AD und AE in Proportion ständen; und es wäre daher wenigstens auch in so fern hierdurch bewiesen, daß

AD

AD : DB = AE : EC

in so fern das von jeden Grenzen der DB und EC Erwiesene mit Recht auf DB und EC selbst angewendet würde.

Wenn die Arithmetik vor der Geometrie vorhergegangen ist, so kann der Zweifel, der hier allerdings noch übrig bleiben muß, schon zuvor gehoben seyn, und dann fällt von selbst in die Augen, was man über den jetzt beschriebenen Gang für ein Urtheil zu fällen habe.

Unter den vom 4ten Satze an folgenden vier Sätzen von der Aehnlichkeit der Dreyecke ist unstreitig der erste, oder der im 4ten Satze, der Hauptsatz, und deswegen auch mehr als alle übrige in der Folge gebraucht worden. Gleichwohl sind die davon gemachten Anwendungen bloß diejenigen, welche schlechterdings nicht aus Elementen wegbleiben durften, und sie lassen sich ohne Mühe mit vielen andern vermehren. Z. B.

Zwey gerade Linien (in Einer Ebene) AB, CD, Fig. 204, werden von dreyen Parallellinien EF, GH, IK allemal so geschnitten, daß die Stücke zwischen den Parallellinien LM, MN, OP, PQ proportionirt sind. Denn zieht man LQ, so ist

LM : MN = LR : RQ, und
LR : RQ = OP : PQ, folglich
LM : MN = OP : PQ.

Ferner: Zwey zwischen zweyen Parallelen AB, CD, Fig. 205, in I sich schneidende gerade Linien EF, GH, schneiden sich allemal so, daß die Stücke EI, GI, FI, HI proportionirt sind. Denn da EIG = HIF, und GEI = HFI: so sind die Dreyecke EIG und HIF einander ähnlich, und EI : GI = FI : HI.

Drittens: Jede zwey in einem Kreise sich schneidende gerade Linien AB, CD, Fig. 206, schneiden sich so, daß die Stücke proportionirt sind. Denn zieht man AD und BC, so ist nicht nur AED = CEB, sondern auch DAB = DCB; und folglich AE : ED = EC : EB.

Nun sey aus A Fig. 207, einem Punkte außer dem Kreise DBCE, AB und AC gezogen. Zieht man DC und EB, so ist klar, daß das Dreyeck AEB dem Dreyecke ADC ähnlich, und

AD : AC = AE : AB, oder AD : AE = AC : AB.

Ferner sey, Fig. 208, AB eine Tangente, und AC willkührlich gezogen. Zieht man BD und BC, so ist (3. B. 32. S.) ABD = BCD, und also da A = A, das Dreyeck ADB dem Dreyecke ABC ähnlich, und

AD : AB = AB : AC.

Verbindet man diese Sätze mit dem 16ten Satze des sechsten Buchs, so lassen sich daraus der 35ste und 36ste Satz des dritten Buchs sehr leicht finden. Denn da, Fig 206, AE : ED = EC : EB, ist, so folgt daraus nach dem erwähnten 16ten Satze unmittelbar AE × EB = DE × EC; so wie Fig. 208, da darin AD : AB = AB : AC ist, nach eben diesem Satze AD × AC = ABq sich ergiebt. Da Fig. 207, AD : AE = AC : AB ist, so erhält man dabey auf ähnliche Art, AD × AB = AE × AC.

Vermittelst dieser Sätze ist man ferner im Stande, die Aufgabe aufzulösen: Zu zweyen gegebenen geraden Linien AB, AC, Fig. 209, zwey mittlere Proportionallinien zu finden, deren Summe oder Unterschied gegeben ist. Denn ist zuvörderst die Summe der gedachten mittlern Proportionallinien = AD, so lege man AB, AC und AD; so so wie es die Figur darstellt, theile BC in E und AD in F in zwey gleiche Theile, lege durch E senkrecht auf BC die EG, und durch F senkrecht auf AD die FG, und beschreibe aus dem Durchschnittspunkte G der EG und FG mit seiner Entfernung von B oder C den Kreis CBHI, welcher, wenn AD groß genug gegeben worden, die AD in H und I schneiden wird. Auf diese Art bekommt man, AB : AH = AI : AC, und dabey ist, weil AH = ID, wie leicht zu erkennen, AH + AI = AD.

Ist aber der Unterschied der verlangten mittlern Proportionallinien gegeben, und derselbe = AD. Fig. 210, so lege man AB, AC und AD, so wie es diese Figur darstellt, und befolge dieselben Vorschriften, die vorhin gegeben worden sind. Alsdann hat man AB : AH = AI : AC, und dabey AH — AI = AD, weil, wie leicht zu erkennen, HD = AI ist.

Vermittelst des 8ten und 17ten Satzes des 6ten und des 2ten Satzes des zweyten Buchs, läßt sich der 47ste Satz des ersten Buchs auf folgende Art beweisen.

Da Fig. 178, nach B. 6. S. 8.

BD : BA = BA : BC, und

DC : AC = AC : BC,

und hieraus nach dem 17ten Satze eben dieses Buchs

BD × BC = BAq, und

DC × BC = ACq ist: so ist auch

BD × BC + DC × BC = BAq + ACq.

Nun ist nach dem gedachten Satze des zweyten Buchs

BD × BC + DC × BC = BCq. und folglich auch

BCq = BAq + ACq.

Wenn zwey gerade Linien gegeben sind, so lehrt der 11te Satz, wie man dazu die dritte Proportionallinie finden hen kann. Soll auch eine vierte, fünfte u. s. w. stetige Proportionallinie gesucht werden, so ist dazu nichts weiter als öftere Wiederholung des in der Auflösung eben dieses Satzes Enthaltenen erfoderlich. Denn es sey, Fig. 211, AC = AC', AD = AD', AE = AE' und C'D, D'E, E'F der BC parallel; so ist

$$AB : AC = AC' : AD$$
$$AC' : AD = AD' : AE$$
$$AD' : AE = AE' : AF,$$

oder

$$AB : AC = AC' : AD = AD' : AE = AE' : AF$$

oder

$$AB : AC = AC : AD = AD : AE = AE : AF.$$

Schneiden sich, Fig. 212, die geraden Linien DF und GE unter einem rechten Winkel, und ist außerdem BCD = CDE = EFG = R: so ist nach dem 8ten Satze ebenfalls

$$AB : AC = AC : AD = AD : AE = AE : AF.$$

Noch eine andere Methode der Erfindung stetiger Proportionallien in beliebiger Anzahl findet man in der Ausgabe der Euclideischen Elemente vom Jesuiten Clavius, die aber der Euclideischen Art wenig gemäß ist.

Nach dem Begriffe, der im Anfange des 6sten Buchs von ähnlichen Figuren gegeben worden ist, hat in diesem Buche von der Aehnlichkeit der Kreise nicht geredet werden können, da die Kreise nicht zu den geradlinigen Figuren gehören. Aehnlich sind übrigens alle Kreise einander, wie in der Folge gezeigt werden wird, und die Halbkreise sind es ebenfalls. Nehmen wir dieses hier an, so ist Fig. 213, nach dem 31sten Satze

der

der Halbkr. BAC = dem Halbkr. BAF + dem Halbkreis AEC.

Zieht man also auf beyden Seiten die Abschnitte BFA und AEC ab, so erkennt man, daß die mondförmigen Figuren BDAF + AEGC dem Dreyecke BAC gleich sind. Ist BA = AC, so wird außerdem jede der gedachten mondförmigen Figuren der Hälfte des Dreyecks BAC gleich.

Was sonst hier noch über das sechste Buch beygebracht werden könnte, findet man unter den folgenden Reflexionen.

Reflexionen über die sechs ersten Bücher der Euclideischen Elemente.

Die Stelle aus Plato's 7ten Buche von der Republik, welche auf der Rückseite des Titelblattes steht,*) ist

*) Ich habe sie aus Hrn. Prof. Eberhard's Schrift: Ueber den Begriff der Philosophie und ihre Theile, entlehnt.

ist nicht ganz treu übersetzt. *) Plato sagt nicht bloß, daß die Mathematik, überhaupt genommen, das Organ der Seele reinige und belebe, sondern, daß jedes Mathema zur Reinigung und Belebung des Organs der Seele etwas beytrage.

Die Reinigung und Belebung des Organs der Seele ist nach Plato'n deswegen äußerst wichtig, weil dieses Organ durch die übrigen Beschäftigungen des Lebens ausgelöscht und geblendet seyn soll. Welches sind diese übrigen Beschäftigungen des Lebens? und warum kann man von ihnen behaupten, daß durch sie das Organ der Seele ausgelöscht und geblendet werde?

Das ist offenbar, daß Plato unter den erwähnten Beschäftigungen des Lebens keine andere verstanden haben könne, als diejenigen, welche vor dem Studium der Mathematik vorhergehen, und der Natur unserer Seele und den Umständen nach, unter

*) Im Original lautet sie so: — — ὁτι ἐοικας δεδιοτι τους πολλους, μη δοκης ἀχρηστα μαθηματα προσταττειν. το δ'ἐστιν ὀυ πανυ φαῦλον ἀλλα χαλεπον πιστευσαι οτι ἐν τουτοις τοις μαθημασιν ἑκαστοις ὀργανον τι ψυχης ἐκκαθαιρεται τε και ἀναζωπυρειται, απολλυμενον και τυφλουμενον ὑπο των ἀλλων ἐπιτηδευματων, κρειττον ὀν σωθηναι μυριων ὀμματων. μονω γαρ αυτω ἀληθεια ὁραται. Im 7ten Bande der Zweybrücker Ausgabe von Plato's Werken, S. 154.

ter welchen wir uns als Menschen befinden, vor demselben vorhergehen müssen. Also nichts anders als die bloß sinnlichen Beschäftigungen mit sinnlichen Gegenständen, wodurch wir höchstens zum Besitze der gemeinen Vernunft gelangen. Daß aber diese Beschäftigungen vermögend sind das Organ der Seele auszulöschen und zu blenden, das läßt sich, wie mich dünkt, auf dem Wege der Erfahrung und des Nachdenkens leicht und bald erkennen.

Den Menschen beym Eintritte in die Welt genommen, wo alle seine Geistesanlagen schlafende Fähigkeiten sind, die erst durch Einwirkung der äussern Sinnenwelt in lebende Kraft übergehen müssen. Welch eine Menge von Gegenständen wirkt vom ersten Augenblicke an unaufhörlich auf seine Sinneswerkzeuge! In welcher Mannigfaltigkeit, Veränderung und Abwechselung stellen sie sich ihm dar! Wie zusammengesetzt ist der größte Theil von ihnen! Wie zahlreich und verschieden sind die Wege, auf welchen denselben der Zugang offen steht! Wäre das, was wir unsern Geist nennen, weiter nichts als das Resultat des Spiels, ich weiß nicht, was für eines feinen materiellen Stoffs; belebte die Maschine unsers Körpers keine von ihm wesentlich verschiedene unzerstörbare Kraft: wäre es zu verwundern, wenn sich die Anlagen, durch deren Ausbildung wir erst

unsere

unsere Vorzüge vor den übrigen uns bekannten Geschöpfen bekommen, bald nach ihrem Entstehen dem Untergange wieder näherten? Zwar hat sich der weise Urheber unserer Natur und der Regierer aller unserer Schicksale, er der so oft durch das, was wir Uebel nennen, am meisten unser Glück beabsichtet, gründet und befördert, auch hier als Vater bewiesen. Sich selbst zu bewegen zu schwach ist dem neugebornen Menschen seine Wiege und das Zimmer, in welchem sie steht, seine Welt. Geruch und Gehör liegen noch im tiefen Schlafe begraben; das Gefühl ist wach, aber bloß, daß der Säugling durch Weinen die Sorgfalt der Mutter errege, wenn er Nahrung und Hülfe nöthig hat, die er sich selbst nicht gewähren kann; sein Gaumen lechzt nur nach Milch aus Mutterbrust; das Auge kann sich öffnen, aber Monatte vergehen, ehe es von dem Kinde nach irgend einem Gegenstande hingerichtet wird. Die erste Zeit seines Lebens bringt der Mensch bis auf einen geringen Theil schlafend zu. Und mußte es, nach unsern Einsichten zu urtheilen, nicht so seyn, wenn die Seele des jungen Menschen der Gewalt der äussern Eindrücke nicht unterliegen sollte? Man versetze einen Erwachsenen, der in einer niedrigen Sphäre alle derselben angemessene Bildung genossen, auf einmal auf Schach Lolo's Thron; *) wie lange wird

*) Hrn. Wieland's auserlesene Gedichte; 5ter Band.

wird er seinen Verstand behalten? Oder führe nur einen Dürftigen auf eine Anhöhe, zeige ihm, was er da von den Schätzen der Welt erblicken kann, und sage: Das alles soll dein seyn *) Was würde aus ihm werden, wenn es ihm gegeben würde? Aber wenn gleich die anfängliche Schwäche unsers Körpers wahre Wohlthat für unsern Geist ist: so gleicht doch öfters hinterher die Seele bey den sinnlichen Eindrücken, welche sie erhält, dem, der alle seine Kräfte anstrengen muß, um sich aus einem ihn bedeckenden Schutthaufen hervorzuarbeiten. Habe er von Natur und durch Uebung noch so große körperliche Kraft, wir werden uns nicht wundern, wenn beym Herauskommen sein Antlitz vom Schweiße trieft, seine Brust keucht, und Ermattung die Glieder zitternd macht. Einseitige und unvollständige Vorstellungen sind für unsern Geist keine stärkende Nahrung; Dunkelheit und Verworrenheit erfüllen ihn mit Unlust und Trägheit, und drücken ihn zu den groben Vergnügungen des bloß sinnlichen Genusses nieder; und Irthum ist Gift für das Wesen, das zur Erkenntniß der Wahrheit erschaffen ist. Aber darauf, daß wir bey der Beschaffenheit und nothwendigen Einschränkung unserer Natur von den sinnlichen Gegenständen

*) Dies Mittel versuchte, nach der Bibel, der Satan bey Jesu, als alle andere Versuchungen ihm fehlgeschlagen waren.

ständen eine geraume Zeit hindurch keine andere als einseitige und unvollständige, dunkele und verworrene Vorstellungen haben können, gründet z. B. Sulzer *) die Behauptung, daß wir nicht anders als durch mancherley Zustände des Irrthums und Leidens in einen Zustand der vollkommenen Erkenntniß der Wahrheit und des ungestörten Genusses der Glückseligkeit gelangen können; und auf diese Art glaube ich hier nicht nöthig zu haben, die Gründe der Behauptung weiter zu zergliedern: daß durch die bloß sinnlichen Beschäftigungen mit sinnlichen Gegenständen das Organ der Seele geschwächt und geblendet werde, d. h. daß dadurch die Seele außer Stand gesetzt werde, die Wahrheit in der Reinheit, Klarheit und Gewißheit zu erblicken, als sie dessen bey weggeräumten Hindernissen ihrer Natur nach fähig ist. Höchstens brauchte ich des Einflusses und der Gewalt der dunklen und vorgefaßten Vorstellungen, Meinungen und Neigungen zu gedenken, wovon man unter andern ebenfalls in Sulzers vermischten philosophischen Schriften **) merkwürdige und

*) In der Abhandlung: Ueber die Glückseligkeit verständiger Wesen, im 1sten Theile seiner vermischten philosophischen Schriften.

**) Im ersten Bande, in der Abhandlung: Erklärung eines psychologischen paradoxen Satzes: daß der Mensch zuweilen nicht nur ohne Antrieb und ohne sichtmeisterhaft entwickelte Beyspiele findet, und hinzusetzen, was jeder zugeben muß, daß wir bey bloß sinnlichen Beschäftigungen mit sinnlichen Gegenständen nur höchst selten von dergleichen Vorstellungen, Meinungen und Neigungen frey sind.

Dieses vorausgesetzt läßt sich im Allgemeinen die Beschaffenheit und der Gebrauch des Mittels, wodurch das ausgelöschte und geblendete Organ der Seele wieder gereiniget und belebt werden kann, leicht bestimmen.

Einmal muß dasselbe von der Art seyn, daß unser Geist dabey dem Einflusse äußerer Gegenstände entweder nicht ausgesetzt, oder, wenn derselbe nicht ganz aus dem Wege geräumt werden kann, doch von ihm nicht abhängig ist. Die Nothwendigkeit dieses Erfordernisses läßt sich aus dem Gesagten leicht und zur Gnüge erkennen.

Zum andern ist unser Geist, auch bey der Bestimmung eine Kraft zu werden, wodurch wir einmal selbst Gott wie von Angesicht zu Angesicht schauen sollen, dennoch anfänglich und eine geraume Zeit hindurch, bloße Geistes-Anlage, bloße Fähigkeit; und kann als solche nur durch Uebung in Kraft übergehen. Also muß auch das erwähnte Mittel so beschaffen

sichtbare Gründe, sondern selbst gegen dringende Antriebe und überzeugende Gründe urtheilet und handelt.

schaffen seyn, daß unser Geist bey dem Gebrauche desselben einer steten Uebung unterworfen seyn kann.

Und einer Uebung drittens, die stufenweise vom Einfachen zum Zusammengesetzten, vom Leichten zum Schweren, vom Niedrigen zum Höhern fortschreitet. Dieses Erforderniß ergiebt sich aus dem Unterschiede der Kräfte bloßer Körper und der Kräfte unserer Seele. Jene erhalten den Grad ihrer Vollkommenheit auf einmal; richten sich in ihren Aeußerungen nach den Umständen, unter welchen sie wirken: und werden durch zu große Lasten zwar in der Hervorbringung wirklicher Phänomene gehindert, aber selbst weder geschwächt noch unterdrückt; oder es müßte dadurch zugleich in der Structur der Körper, bey welchen sie sich befinden, eine Veränderung vorgehen. Die Kräfte unsers Geistes hingegen, aus unserm Standpunkte beurtheilt, müssen insgesammt von bloßen Anlagen zu Fertigkeiten durch Uebung empor gehoben werden; der Effect, welchen sie hervorbringen, hängt von der Stärke ab, welche ihnen bereits angeübt worden, so wie ihre Anstrengung von dem Bedürfnisse, welches zu ihrem Gebrauche treibt; und zu große und zu schwere Lasten, d. h. ihr Gebrauch bey Gegenständen, die bey dem Grade der bereits wirklich erfolgten Ausbildung noch zu zusammengesetzt, zu verwickelt, zu hoch

hoch sind, schwächen und unterdrücken dieselben, und sind bloß nicht vermögend, sie völlig zu zernichten. Hierzu setze man, daß die Kräfte bloßer Körper, ohne die Körper selbst zu verändern, weder verdrehet werden können, noch, ungebraucht, etwas von ihrer Stärke verlieren; und halte dagegen, was Hr. Resewitz im ersten Stücke seiner Gedanken, Vorschläge und Wünsche zur Verbesserung der öffentlichen Erziehung sagt: *) Werden die Geisteskräfte in der Jugend nicht angeregt, so schlummern sie für immer: haben sie eine falsche Richtung bekommen, so bleibt sie gewiß lebenslang herrschend, so sehr man auch hinterher daran drehen und bessern will: ist das Herz gegen Güte und Wahrheit im Alter, da es noch weich war, verschlossen geblieben, wer will hernach wohl durch die eingerosteten Pfosten hindurch dringen? Man hat Recht zu sagen, daß nur Gottes Geist, nur die Macht der Vorsehung in solche Situationen versetzen könne, daß es sich

*) In der Beantwortung der Frage: Verdiente der Schulstand nicht eben die Ermunterungen und Aussichten, welche andere Stände im gemeinen Wesen genießen; im ersten Bande S. 4. 5 Daß die angeführte Stelle von dem Fehler der Uebertreibung nicht ganz frey sey, gebe ich willig zu Aber auch [illegible]ectis deducendis bleibt Wahrheit, und wichtige Wahrheit genug übrig

sich aufthun muß. Hat die Seele einmal eine Sinnesart, eine Gewohnheit, ein Principium in der Jugend angenommen, so ist das so innig in ihre Kraft und Thätigkeit verwebt worden, daß Gründe, Ermahnungen und Schlüsse in erwachsenen Jahren fast immer unvermögend dagegen werden erfunden werden.

Zum vierten folgt aus dem rastlosen Triebe unsers Geistes nach Erkenntniß, daß der rechte Gebrauch des erwähnten Mittels nicht bloß den Kräften desselben Uebung, sondern auch ihm selbst Erkenntnisse gewähren müsse, die schon vom Anfang an durch ihre Wichtigkeit, Deutlichkeit, Vollständigkeit und Gewißheit sich empfehlen, und in der Folge durch eben diese Vorzüge je länger je mehr reitzen und an sich ziehen. Denn ist dieses nicht, so fehlt es dem Geiste an dem Bedürfnisse, welches allein ihn zwingen kann, seine ganze Kraft anzustrengen; und es bedarf keines ausdrücklichen Beweises, daß nur durch solche Gegenstände unsere Geistesanlagen möglichst erweckt, geübt, gestärkt und vervollkommnet werden, deren Erkenntniß für unsern Geist inneres und natürliches Bedürfniß ist, und zugleich den ganzen Gebrauch aller seiner Fähigkeiten erfordert.

Ja es reicht nicht hin, daß bloß die Gegenstände, an welchen die Uebung angestellt wird, deutlich, vollständig und gewiß erkannt werden, es muß vielmehr fünftens eben dieses auch in Ansehung der Wege geschehen, auf welchen jene Erkenntnisse erworben werden. Dieses Erforderniß beruht auf mehrern Gründen. Um nur einige anzuführen, so gehört es schon zur gänzlichen Vollständigkeit und Deutlichkeit der Erkenntnisse, daß man auch mit den Wegen zu ihnen bekannt sey; wenigstens wird ohnedies eine gewisse Einseitigkeit der Vorstellungen mit den von ihr unzertrennlichen Folgen schwerlich aus dem Wege geräumt werden können. Ferner sind die Kenntnisse, welche man sich unabhängig von dem Einflusse äußerer Gegenstände erwirbt, nichts anders als Kenntnisse der Formen, die bey allen übrigen Kenntnissen dergestalt zum Grunde liegen, daß die Beschaffenheit und Vollkommenheit von diesen durchaus nach der Beschaffenheit und Vollkommenheit von jenen sich richtet; und es ist daher hier jede Versäumniß, jeder Mangel doppelt schädlich. Endlich faßt das Gedächtniß am leichtesten und festesten das, was nach allen Seiten untersucht und erkannt worden ist, und die erwähnte Bekanntschaft mit den Wegen gewährt, selbst bey den zahlreichsten und mannigfaltigsten Gegenständen, einen schnellen Ueberblick und Fertigkeit im Gebrauche der von ihnen erworbenen Kenntnisse.

Das letzte, und ich weiß nicht, ob nicht auch das wichtigste, Erforderniß ist, daß die Seele, deren Organ wieder gereiniget und belebt werden soll, den Gegenstand, mit welchem sie sich zu diesem Endzwecke zu beschäftigen hat, sogleich vom Anfang an ganz in Einer Totalvorstellung bekomme, so daß bloß Entwickelung dieser Totalvorstellung, und dieselbe lediglich nach Gesetzen, welche die Seele in sich selbst und in dem, womit sie sich beschäftiget, zu finden im Stande ist, nöthig sey, um das ganze Gebäude aufzuführen, mit dessen Aufführung und Vollendung die Reinigung und Belebung des Seelenorgans gleichen Schritt hält.

Sind wir im Besitz eines Mittels, welches alle diese Merkmale an sich trägt? Und wenn diese Frage bejahet werden muß, ist dieses Mittel in seiner Würde und Wichtigkeit erkannt und zweckmäßig und allgemein genug gebraucht worden? Und was haben wir bis jetzt gethan, was bleibt uns zu thun übrig? Die Beantwortung dieser Fragen wird selbst als bloßer Versuch nicht ohne Nutzen seyn.

Was die erste Frage betrifft, so sind wir allerdings im Besitz eines Mittels, das, durch die ersten bloß sinnlichen Beschäftigungen des Lebens ausgelöschte

löschte und geblendete, Organ der Seele wieder zu reinigen und zu beleben; und es wird um so weniger befremden, hier die Mathematik, nach der Methode bearbeitet, welche in Euclid's Elementen zum Grunde liegt, als dieses Mittel angepriesen zu finden, da ein Plato gerade dies als die Hauptseite der Mathematik betrachtet, und Euclides in der Platonischen Schule seine Bildung erhalten hat. Doch es wird der Mühe nicht unwerth seyn, die Gründe davon genauer zu erwägen, das heißt, sich zu überzeugen, daß alle vorher angeführte Merkmale in ihrem ganzen Umfange der Euclideischen Mathematik wirklich zukommen.

Das erste Geschäft dessen, der die Mathematik erlernen will, muß (S. 7. 8.) seyn, in Gedanken alles zu entfernen, was von außen auf ihn wirken kann. Von dem, was dann außer der in ihm denkenden Kraft übrig bleibt (S. 8. Abs. 2.) oder vom Raume, wäre es eine von der Erfahrung entlehnte Vorstellung, wenn derselbe jetzt schon als aus Theilen bestehend gedacht würde. Aber auch diese wird (S. 8. Abs. 3.) weggeräumt und das Gegentheil genommen, oder, was keine Theile hat, der Punkt. Auf diese Art ist der erste Begriff, den der angehende Mathematiker erhält, ein durch bloße negative Merkmale gegebener Begriff, und also weder von äußern Gegenständen entlehnt, noch so beschaffen daß bey dem Gebrauche desselben äußere Dinge Einfluß haben können.

Aber eben weil der Begriff des Punkts ein bloßer negativer Begriff, und dabey der erste unter den mathematischen Begriffen ist, ist es unmöglich von dem Punkte irgend etwas positives zu finden. Man kann und muß ihn daher auch nicht zum Gegenstande der Untersuchung machen wollen, wozu die Möglichkeit der Wahrnehmung positiver Merkmale erfordert wird; sondern denselben, damit er kein völlig unnützes Ding bleibe, als Mittel brauchen, Gegenstände zu erhalten, die, gehörig behandelt, der Wahrnehmungskraft unserer Seele positive Beschaffenheiten darbieten. Dieses geschieht in der Mathematik, wenn (S. 8, 9.) nach dem Begriffe vom Punkte nach und nach zwey, drey und mehr Punkte gedacht, und die Vorstellungen, welche unserer Seele dabey, aber anfänglich dunkel, gegenwärtig sind, sorgfältig entwickelt und zergliedert (analysirt) werden. Zwey auch der Zeit und dem Orte nach dieselben Punkte sind uns unmöglich zu denken; und so liegt in dem Begriffe von zwey Punkten, da billiger Weise vorausgesetzt werden kann, daß sie gedenkbar seyn sollen, daß der andere entweder nicht eben da, wo der erste gedacht wird, oder nicht in derselben Zeit gedacht werden müsse. Es führen aber zwey außer einander angenommene

Punkte,

Punkte, (um bloß bey dem jetzt stehen zu bleiben, wobey Berufung auf die vorhergehenden Bücher der Euclideischen Elemente möglich ist) wenn das dabey und dadurch der Seele Gegenwärtige gehörig analysirt wird, zu den Begriffen der Linie und der geraden Linie; drey Punkte, eben so behandelt, zu den Begriffen der Fläche, der Ebene und des ebenen Winkels und seiner Arten (S. 9-13, Erkl. 11.); zwey Punkte, außerdem auf die nach der Anmerkung S. 13. vor der 12ten Erklärung gedacht, zu den Begriffen der ebenen Figur und des Kreises, (S. 13, 14.) und hierauf drey und mehr Punkte zu den Begriffen der geradlinigen Figur, des Dreyecks, des Vierecks, des Vielecks u. s. w.

Auf diese Art ist klar, daß von den ersten mathematischen Gegenständen *) bloß der Punkt durch eine Definition gegeben wird; denn alle übrige Gegenstände, bis zu den Parallellinien, werden der Seele gegenwärtig, und gewissermaßen dadurch von ihr selbst hervorgebracht, daß sie zwey und mehrere Punkte annimmt, und das sich vorstellt, was jedesmal durch die angenommenen Punkte bestimmt wird.

 Ferner

*) Daß die Geometrie und nicht die Arithmetik die erste unter den mathematischen Wissenschaften sey, ist keinem Zweifel ausgesetzt; es müßte denn nicht von der natürlichen Ordnung der Theile der Mathematik die Rede seyn, oder die Arithmetik mit der bloßen Rechenkunst verwechselt werden.

Ferner erhellet, daß die erwähnten mathematischen Gegenstände insgesammt erst dunkel oder verworren der Seele sich darstellen; daß die verworrenen Begriffe davon nicht anders als durch eine genaue und stufenweise fortschreitende Analyse Klarheit und Deutlichkeit bekommen; und daß die sogenannten Erklärungen derselben (die vom Punkt ausgenommen) nichts weniger als Definitionen *), sondern bloße Beschreibungen sind, um den Gegenstand derselben durch zweckmäßige (nicht durch alle ihm zukommende) Merkmale deutlich kenntlich zu machen (S. 208). Und hieraus läßt sich schon beurtheilen, ob man mit Recht behaupte, daß alle mathematische Begriffe durch die Definition zuerst gegeben werden; so weit die vier ersten Bücher der Euclideischen Elemente sich erstrecken, möchte dies wohl schwerlich von irgend einem Begriffe dargethan werden können, außer von denen, deren Definitionen bloße negative Merkmale enthalten. Ueberhaupt aber gilt alles das, was hier von den ersten mathematischen Gegenständen gesagt worden ist, von allen in den vier ersten Büchern der Euclideischen Elemente untersuchten Gegenständen; und es würde überflüßig seyn, solches hier

*) Definiren soll nemlich eigentlich bedeuten: den ausführlichen Begriff eines Dinges innerhalb seiner Grenzen ursprünglich darstellen. Hrn. Kant's Critik der reinen Vernunft, 2te Aufl. S 755.

hier ausführlich aus einander zu setzen, da jeder durch eigenes Nachdenken sich davon ohne Mühe überzeugen kann.

Bleiben wir demnach jetzt bey den vier ersten Büchern der Euclideischen Elemente stehen, (von den übrigen wird in der Folge ebenfalls geredet werden): so entlehnt unsere Seele die Gegenstände der Mathematik nicht nur nicht von der Erfahrung, sondern es würde sich bey einer genauen Untersuchung und Vorstellung der Beschaffenheit dieser Gegenstände selbst sehr deutlich zeigen, daß die Begriffe davon, wenn man sie von der Erfahrung entlehnen wollte, von der ihnen zukommenden Reinheit und Nettigkeit weit entfernt seyn würden. Aber auch bey der Entwickelung der anfänglich verworrenen Begriffe von diesen Gegenständen bleibt uns're Seele von dem Einflusse äußerer Dinge unabhängig. Denn alles, was sie dabey thut, besteht im Zergliedern und Analysiren; und wenn man aus seinem Begriffe nicht hinausgehen darf, um ein Urtheil abzufassen, und also kein Zeugniß der Erfahrung nöthig hat, so wäre es ungereimt, das Urtheil auf Erfahrung zu gründen. *) Wahr ists freylich, daß man sich die gedachte Analyse durch Erfahrungserkenntnisse erleichtern kann; allein was man thun kann, ist deswegen noch nicht nothwendig, und außerdem ist der

*) Critik der reinen Vernunft, 2te Aufl. S. 11.

Unterschied zwischen absoluter und hypothetischer Nothwendigkeit jedermann bekannt.

So viel von den Gegenständen der bloßen Elementar-Mathematik (S. 209-211.) und den ersten Begriffen derselben; es folgt die Frage: Wie verhalten wir uns in der Mathematik bey der Erfindung der Forderungen der Grundsätze und der Sätze? Auch bey der Beantwortung dieser Frage wollen wir uns hier auf die Elementar-Mathematik, so weit sie in den vier ersten Büchern der Euclideischen Elemente enthalten ist, einschränken.

Die Forderungen, die Grundsätze, die Lehrsätze und Aufgaben mögen analytische und synthetische Urtheile *) seyn oder nicht, das ist ausgemacht, daß sie insgesammt allgemeine, unwidersprechlich wahre und nothwendige Sätze sind. Also die Frage: Könnten die Forderungen, die Grundsätze und Sätze der Elementar-Geometrie allgemeine, unwidersprechlich wahre und nothwendige Sätze seyn, wenn sie synthetische Sätze wären?

Nennt man das Subjekt A und das Prädikat B, so ist ein bejahendes Urtheil synthetisch, wenn das darin dem Subjekte A beygelegte Prädikat B ganz außer dem Begriffe A liegt. Ein solches synthetisches Urtheil ist entweder ein erstes oder ursprüngliches

*) Ich nehme diese Worte so wie sie Hr Kant in seiner Critik der Vernunft, 2te Aufl. S. 10 f. bestimmt hat.

ches Urtheil, das heißt, ein solches, welches sich auf kein anderes Urtheil gründet, oder ein abgeleitetes, welches auf andere Urtheile gebauet werden kann. Im ersten Falle enthält der Begriff von A keinen Grund, der uns berechtigte, das Prädikat B dem Subjekte A beyzulegen, weil, wenn dies wäre, der Begriff B nicht g a n z außer dem Begriffe A liegen könnte. In unserer Seele kann auch kein Grund dazu gefunden werden, weil es sonst angeborne Urtheile geben, oder unsere Seele in Ansehung ihrer Erkenntnißvermögen mehr als Wahrnehmungskraft seyn müßte. Also bleibt, da von ersten oder ursprünglichen Urtheilen die Rede ist, nichts übrig, als zu Anschauungen von dem Subjecte A seine Zuflucht zu nehmen.

Es geschehe dies, so sind in den Anschauungsvorstellungen, welche wir dadurch bekommen, entweder nicht mehr Partial-Vorstellungen enthalten als vorher in dem Begriffe, oder es sind mehr darin. Im ersten Falle führen auch die Anschauungen nicht weiter als die Begriffe, höchstens erleichtern und versinnlichen sie die Merkmale; im andern leiten sie entweder zu Begriffen, aus denen die Verknüpfung des Prädikats B mit dem Subiecte A analytisch dargethan oder bewiesen werden kann, oder sie geben höchstens zu erkennen, daß diese Verknüpfung statt finde, aber nicht, daß sie allemal statt

finde

finde und statt finden müsse. Ist jenes, so erkennen wir, daß der neue Begriff statt des Begriffs A genommen werden müsse, und ist dieses, so findet keine Gewißheit statt. Was die abgeleiteten Urtheile anlangt, so können diese nicht allgemein, unwidersprechlich wahr und nothwendig seyn, so lange unter denen, worauf sie gegründet sind, irgend eins von entgegenstehender Art befindlich ist, und am allerwenigsten, wenn das letzte oder die letzten von allen diesen Urtheilen, welche nothwendig ursprüngliche Urtheile seyn müssen, zu dieser entgegenstehenden Art gehören. Da also bey jedem abgeleiteten Urtheile, worin ein Prädikat B mit einem Subjekte A verknüpft wird, wenn dasselbe unwidersprechlich und allgemein wahr seyn soll, nach dem Vorhergehenden das Grundurtheil analytisch seyn muß: so hat man deswegen schon kein Recht, jenes abgeleitete Urtheil als ein synthetisches Urtheil zu betrachten; und wäre dies am gegenwärtigen Orte nicht hinlänglich, so würde es eben nicht sehr schwer fallen, den Ungrund jenes Rechts noch auf andere Art klar zu machen.

Ist also hierdurch bewiesen, daß kein Urtheil allgemein, unwidersprechlich wahr und nothwendig sey, außer, wenn es zu den analytischen Urtheilen gehört: so folgt daraus, in Verbindung mit der vorhergehenden Behauptung von den Forderungen, Grundsätzen und Sätzen der Mathematik, daß alle

diese

diese Sätze analytische Sätze seyn müssen, wofern sie nicht ihren Anspruch auf den Namen mathematische Sätze aufgeben wollen. Wer indeß, durch Nachdenken und Beyspiele gelehrt, sich daran erinnert, wie leicht bey Beweisen aus Begriffen ein Fehltritt ist, der wird allerdings auch Erläuterungen fordern, die denselben Gegenstand noch von andern Seiten darstellen, und doch am Ende immer wieder zu denselben Resultaten führen.

Alle unsere Kenntnisse lassen sich in drey Hauptklassen theilen, so daß die erste die Erfahrungserkenntnisse von wirklichen Dingen, die andere die reinen Vernunfterkenntnisse von den Gegenständen, welche unsere Seele unabhängig von dem Einflusse des Aeußern für sich entstehen lassen, anschauen und untersuchen kann, und die dritte die wissenschaftlichen Erkenntnisse von wirklichen Dingen unter sich begreife.

Ferner haben die Erfahrungserkenntnisse und die reinen Vernunfterkenntnisse das mit einander gemein, daß jede dieser Hauptarten eine doppelte Gattung unter sich enthält, einmal Kenntnisse aus Anschauungen, und zweytens Erkenntnisse aus Begriffen; aus beyden in Verbindung entspringt, wenn man nicht bloß bey den einfachen Untergattungen stehen bleiben will, die Gattung der Kenntnisse aus An=

Anschauungen, die durch gleichartige Erkenntnisse aus Begriffen erweitert und zu einem höhern Grade von Klarheit, Deutlichkeit und Gewißheit erhoben sind. Aber darin unterscheiden sich die Erfahrungserkenntnisse von den rein vernünftigen, daß jener Gegenstände ohne unser Zuthun uns gegeben werden, die Gegenstände von diesen hingegen von unserer Seele selbst, und zwar ohne dabey etwas von der Erfahrung zu entlehnen, ihr Daseyn erhalten müssen. *) In der ganzen Summe unserer Erfahrungserkenntnisse, welche als solche aus lauter synthetischen Urtheilen bestehen, ist keine, wobey wir uns der Gewißheit rühmen könnten, und dagegen findet allenthalben die strengste Gewißheit statt, wo wir nicht auf dem Wege der Synthesis, sondern auf dem der Analysis zu Erkenntnissen gelangt sind. Wofern nicht dargethan werden kann, daß die reinen Vernunfterkenntnisse den Erfahrungserkenntnissen, ihrer Natur nach, in allen Stücken, gerade entgegengesetzt sind, eine Behauptung, die nie wird bewiesen

*) Dies letzte könnte auf keine Weise behauptet werden, wenn die Geometrie Wissenschaft des Raums und Arithmetik Wissenschaft der Zeit wäre. Eins ist indeß so wenig als das andere, obgleich der Beweis davon hier am unrechten Orte stehen würde. Auch wird es wohl wenige geben, die die Arithmetik durch Wissenschaft der Zeit gut erklären zu können glaubten, bey der Geometrie ist es leichter sich täuschen zu lassen.

bewiesen werden können: so ist schon hieraus sehr wahrscheinlich, daß der hohe Grad der Gewißheit, welcher allen Wahrheiten der Mathematik ohne Widerspruch zukömmt, hauptsächlich daher rühre, weil alle mathematische Urtheile analytische und nicht synthetische Urtheile sind. Aber diese Wahrscheinlichkeit wird beträchtlich vermehrt werden, wenn wir die Erfahrungs- und reinen Vernunfterkenntnisse nach ihren kurz vorhin angeführten Untergattungen, und nach dem darauf bemerkten Unterschiede zwischen beyder Gegenständen mit einiger Ausführlichkeit betrachten werden.

Es ist sehr uneigentlich gesprochen, wenn man sagt, wir schauen die wirklichen Dinge an, denn es ist bloß die Oberfläche oder das Aeußere, was unserm Anschauungsvermögen ausgesetzt ist; und dies findet vorzüglich dann statt, wenn wir nichts weiter thun als erfahren und beobachten, keine Versuche anstellen. Gleichwohl bilden wir unsere Begriffe von den wirklichen Dingen, wenige ausgenommen, bloß nach Erfahrungen davon im eingeschränktern Sinne und nach Beobachtungen; und es sind deswegen auch diese Begriffe, wenn wir sie mit Worten ausdrucken, nichts weniger als Erklärungen, sondern bloße Beschreibungen. Ist uns also an einer genauern Erkenntniß dieser Dinge gelegen, so ist es natürlich, daß die bloße Analyse unserer Begriffe

davon

davon unsere Vorstellungen nicht erweitert, sondern bloß erläutert; denn es enthalten diese Begriffe nichts weiter als was wir schon erfahren und beobachtet haben, und wir können folglich durch die erwähnte Analyse zu keinen andern als solchen Merkmalen gelangen, die wir auch ohne Begriffe durch bloße Beobachtungen kennen zu lernen vermögen. Ja, da die Gegenstände der Erfahrungen und Beobachtungen einzelne Dinge sind, die Begriffe aber, welche wir aus Erfahrungen und Beobachtungen abstrahiren, nur die mehrern einzelnen Dinge gemeinschaftlichen Merkmale enthalten: so erreichen wir durch die bloße Analyse der Begriffe nicht einmal alle die Merkmale, welche die Erfahrungen und Beobachtungen uns an die Hand geben, sondern aller Vortheil, den wir davon haben, besteht darin, daß wir eins und das andere von den erfahrnen oder beobachteten Prädikaten mit mehr Deutlichkeit erkennen. Auf diese Art wird es freylich nothwendig, wenn man zu einer erweiterten und vollständigen Erkenntniß der wirklichen Dinge gelangen will, daß man die Beschreibungen von diesen Dingen, nachdem man sich dieselben durch eine sorgfältige Analyse so deutlich als möglich gemacht hat, bloß brauche, um die zu untersuchenden Dinge selbst aufzusuchen, und dann eben diese Dinge in die Sphäre derjenigen Erkenntnißvermögen stelle, für welche sie gehören,

sie

sie nun mit mehrerer Sorgfalt und Anstrengung und von mehrern Seiten beobachte, und zuletzt mit den bloßen Erfahrungen und Beobachtungen so viel und so vielerley Versuche verbinde, als man in seiner Gewalt hat. Thun wir dieses, so kann es nicht fehlen, daß unsere Kenntniß von den untersuchten Dingen je länger je mehr erweitert werde, und es ist dabey auch das einleuchtend, daß die Urtheile, wodurch wir diese unsere erweiterten Kenntnisse ausdrucken, lauter synthetische Urtheile seyn werden. Allein nach diesen erweiterten Kenntnissen ist es auch öfters möglich, die anfänglich gebrauchten Beschreibungen gegen andere zu vertauschen, die mehr den Namen der Erklärungen verdienen; und haben wir dieses gethan, so führt die bloße Analyse dieser, wirklichen Erklärungen sich nähernden, Beschreibungen meistens eben so weit, als vorhin der Weg der Beobachtungen und der Versuche: ja man gelangt dadurch nicht nur weit schneller und mit leichterer Mühe zu seinem Ziele, sondern so weit Gewißheit bey Erfahrungserkenntnissen möglich ist, wird dieselbe erst durch diese Analyse erhalten. Beyspiele zur Erläuterung führe ich hier nicht an, weil ein jeder, der sich über das Gesagte ein Urtheil anmassen will, dergleichen selbst muß auffinden und brauchen können; in jedem Systeme wissenschaftlicher Erkenntnisse von wirklichen Dingen sollten sie in

Menge enthalten seyn. Es giebt daher in den Summen unserer Erfahrungserkenntnisse allerdings eine große Menge synthetischer Urtheile, und die erste Ueberzeugung von ihrer Wahrheit wird auf dem Wege der Anschauungen enthalten. Allein je vollkommner die Begriffe von den Gegenständen jener Kenntnisse vom Anfang an sind, desto geringer wird die Anzahl der synthetischen Kenntnisse, und dagegen wächst die der analytischen; und je mehr dieses geschieht, desto mehr nimmt auch die Ueberzeugung zu und nähert sich der Gewißheit, desto kürzer werden die Wege, welche zur vollständigen Erkenntniß und Gewißheit führen.

In den reinen Vernunfterkenntnissen, wo wir es mit Gegenständen zu thun haben, welche unsere Seele, unabhängig von dem Einflusse äußerer Dinge für sich entstehen lassen, anschauen und untersuchen kann, können wir dagegen mit Recht sagen, daß wir diese Gegenstände selbst anschauen; denn untersucht man die Gegenstände der reinen Vernunfterkenntnisse mit gehöriger Sorgfalt, so entdeckt man, daß sie ohne Ausnahme vollständig durch ihre Grenzen gegeben werden, vorausgesetzt, daß man das, was mit der Vorstellung dieser Grenzen unzertrennlich verknüpft ist, durch eine genaue Analyse entwickele. So sind, um ein Paar Beyspiele aus der

Geometrie anzuführen, Punkte Grenzen von Linien, Linien Grenzen von Flächen, Flächen, Grenzen von Körpern, und es ist bekannt, daß zwey Punkte zur Bestimmung einer geraden Linie und drey zur Bestimmung einer Ebene hinreichend sind. Aus diesem Grunde sind auch die Begriffe, unter welchen wir in den reinen Vernunfterkenntnissen mehrere Gegenstände zusammenfassen, nicht so einseitig und unvollständig, als unsere Begriffe von Erfahrungsgegenständen es unvermeidlich seyn müssen; obgleich daraus noch keinesweges folgt, daß die wörtlichen Ausdrücke dieser Begriffe, welche wir Erklärungen nennen, (der Grieche hat dafür den Namen ὅροι, und der Lateiner die Benennung definitiones) die Begriffe auch nach allen ihren Seiten erschöpften. Um indeß jetzt nicht nur bey der Mathematik, sondern selbst bey den sechs ersten Büchern der Euclideischen Elemente stehen zu bleiben, und zuvörderst von den vier ersten Büchern zu reden: so ist das allerdings nicht zu verkennen, daß darin, sobald ein Gegenstand genau und so viel als möglich vollständig untersucht werden soll, allemal mit der Construction des Begriffs, das heißt, mit der Darstellung einer von der Erfahrung unabhängigen und dem Begriffe genau entsprechenden Anschauung gemacht, und darauf der Gegenstand selbst in dieser Construction, und also das Allgemeine im Besondern, ja gar im Einzelnen und doch a priori (ohne daß Erfahrung reellen Einfluß haben kann) untersucht werde. *) Aber soll die Frage: Ob die mathematischen Urtheile insgesammt synthetisch, wie Hr. Kant behauptet, **) oder insgesammt analytisch sind, wie vorhin gezeigt worden, wirklich entschieden werden: so muß auch noch ausgemacht und festgesetzt werden, einmal: Ob die reine Vernunft selbst, eher die Gegenstände anschaue, oder eher in Begriffen denke? mit andern Worten: Ob die Gegenstände erst durch die Begriffe gegeben, oder die Begriffe erst von angeschauten Gegenständen abstrahirt werden müssen? und zweytens: Ob von einer bloßen Analyse der Worte, wodurch die jedesmaligen Begriffe ausgedruckt sind, oder von einer Analyse der Begriffe die Rede seyn solle?

Die erste dieser Fragen ist auf eine Art schon in und durch das Vorhergehende beantwortet, hier muß es also auf eine andere Art geschehen. Gesetzt die Gegenstände der Mathematik sollten erst durch die Begriffe gegeben werden, so entstünde natürlicherweise die Frage: Woher die mathematischen Begriffe genommen würden? Es geschehe dieses woher es wolle, so dürfen sie einmal nicht von der Erfahrung entlehnt werden, weil sie dadurch aufhörten,

*) Critik der reinen Vernunft, 2te Aufl. S. 741, 742.

**) Ebendaselbst S. 14 f.

ten, mathematische Begriffe zu seyn, und müssen zweytens entweder ohne Anschauungen erhalten werden können, oder auf Anschauungen sich gründen. Aber im ersten Falle wären sie leere Begriffe, und im andern müssen die Gegenstände vor den Begriffen angeschaut werden können, also nicht erst durch Begriffe gegeben werden. Der Stufengang, der in der Mathematik gegangen werden kann, und wenn wahre mathematische Kenntnisse, nach dem Sinne der alten Mathematiker und Philosophen gedacht, erworben werden sollen, auch gegangen werden muß, ist daher, seinem Anfange nach, der, daß zuerst die Seele Grenzen sich denkt, und dasjenige zum Gegenstande ihrer Thätigkeit zu machen sich vorsetzt, was durch die angenommenen Grenzen bestimmt wird. Sind auf diese Art der Seele Gegenstände gegenwärtig geworden, wobey sie von denselben, weil sie diese Objecte nur noch bloß anschaut, keine andere als blinde Anschauungen hat: so ist das nächste, daß sie diese blinden Anschauungen sich verständlich zu machen sucht, oder unter Begriffe bringt; und so entstehen in der Seele die Vorstellungen, die man in den Elementen Euclid's und in jedem andern mathematischen Lehrbuche, unter dem nicht ganz genauen Titel Erklärungen, findet. Den Vorzug haben allerdings diese Erklärungen vor den Beschreibungen wirklicher Dinge, daß sie wesentliche Merkmale enthalten, allein so klar stellen sie gleichwohl ihre Gegenstände der Seele nicht dar, und auch nicht so vollständig als die Constructionen, selbst wenn diese in der bloßen Einbildung entworfen werden, und außerdem auch von nicht mehr als von einer und derselben Seite. Dieses letzten Umstandes wegen ist nun aber auch die Analyse der mathematischen Erklärungen, so wie überhaupt aller wörtlich ausgedruckten Erklärungen, so lange keine Anschauungen, oder solche Ausdrücke, die, verändert, ihren Gegenstand auch von veränderten Seiten darstellen, zu Hülfe genommen werden, nichts als Wort-Analyse, und da ist es natürlich, daß aller dadurch zu erhaltende Vortheil auf eine sehr oft eben nicht beträchtliche Erläuterung der durch die Erklärungen bestimmten Begriffe eingeschränkt werden muß. Aber ist es Analyse der Worte, wodurch man Begriffe ausdruckt, oder Analyse der Begriffe selbst, worauf es ankommt, wenn Urtheile gesichtet und gewürdigt, in analytische und synthetische eingetheilt, und die Kraft jeder dieser Arten bestimmt werden soll? Da sich die Antwort auf diese Frage von selbst versteht, so wird es zum fernern Beweise des Satzes, daß alle mathematische Urtheile analytische Urtheile seyn, nur noch darauf ankomme, daß gezeigt werde, wie der Gebrauch der Constructionen in der Mathematik keine andere Absicht habe und zu nichts weiter diene, als die Analyse der Begriffe der zu untersuchenden Gegenstände zu erleichtern und zu befördern.

Das Gegentheil von dieser Behauptung findet man in Hrn. Kant's Critik der reinen Vernunft, 2te Aufl. S. 743 f. an einem Beyspiele dargestellt, und es wird daher nöthig seyn, vor allen Dingen dieses Beyspiel zu erwägen. Hrn. Kant's Worte sind:

„Die Philosophie hält sich bloß an allgemeine Begriffe, die Mathematik kann mit dem bloßen Begriffe nichts ausrichten, sondern eilt sogleich zur Anschauung, in welcher sie den Begriff in concreto betrachtet, aber doch nicht empirisch, sondern bloß in einer solchen, die sie a priori darstellet, d. i. construiret hat, und in welcher dasjenige, was aus den allgemeinen Bedingungen der Construction folgt, auch von dem Objecte des construirten Begriffs allgemein gelten muß."

„Man gebe einem Philosophen den Begriff eines Triangels, und lasse ihn nach seiner Art ausfindig machen, wie sich wohl die Summe seiner Winkel zum rechten verhalten möge. Er hat nun nichts als den Begriff von einer Figur, die in drey gerade Linien eingeschlossen ist, und an ihr den Begriff von eben so viel Winkeln. Nun mag er diesem Begriffe nachdenken, so lange er will, er wird nichts

Neues herausbringen. Er kann den Begriff der geraden Linie, oder eines Winkels, oder der Zahl drey, zergliedern und deutlich machen, aber nicht auf andere Eigenschaften kommen, die in diesem Begriffe gar nicht liegen. Allein der Geometer nehme diese Frage vor. Er fängt sofort damit an, einen Triangel zu construiren. Weil er weiß, daß zwey rechte Winkel zusammen gerade so viel austragen, als alle berührende Winkel, die aus einem Punkte auf einer geraden Linie gezogen werden können, zusammen, so verlängert er eine Seite seines Triangels, und bekommt zwey berührende Winkel, die zweyen rechten zusammen gleich sind. Nun theilet er den äußern von diesen Winkeln, indem er eine Linie mit der gegenüberstehenden Seite des Triangels parallel zieht, und sieht, daß hier ein äußerer berührender Winkel entspringe, der einem innern gleich ist, u. s. w. Er gelangt auf solche Weise durch eine Kette von Schlüssen, immer von der Anschauung geleitet, zur völlig einleuchtenden und zugleich allgemeinen Auflösung der Frage."

Hier muß zuvörderst das auffallen, daß der Mathematiker, wenn man ihm weiter nichts erlaubt, als den Begriff des Triangels zu construiren, durch alle noch so angestrengte Betrachtung der entworfenen Construction nicht das mindeste mehr erkennt, als der Philosoph durch seine Analyse des Begriffs

griffs des Triangels, und daß aller Unterschied zwischen beyden darauf hinausläuft daß der Mathematiker sieht, wo der Philosoph denken muß, und folglich mit weniger Anstrengung und schneller sein Ziel erreicht. Um aber dabey nicht stehen zu bleiben, so ist das Urtheil, wodurch das Verhältniß der drey Winkel eines jeden Dreyecks zu zwey rechten Winkeln bestimmt wird, ein Urtheil der Vergleichung, und wird als ein solches ein analytisches Urtheil seyn, wenn zur einleuchtenden Darstellung der Wahrheit desselben weiter nichts erfordert wird, als die Analyse einmal des Begriffs des Triangels, und zweytens des Begriffs von zwey rechten Winkeln. Dadurch daß der Mathematiker den Begriff des Triangels und den von zwey rechten Winkeln construirt, erreicht er weiter nichts, und hat folglich auch dabey weiter nichts zur Absicht, als daß er die erforderliche Analyse dieser beyden Begriffe auf einem leichtern und kürzern Wege zu Stande bringe, als es der Philosoph zu thun vermag; und daß er bey der Construction zweyer rechter Winkel von der vor ihr entworfenen Construction des Triangels braucht, was er davon brauchen kann, geschicht nicht gerade aus Bequemlichkeit oder des Gesetzes der Sparsamkeit wegen, obgleich dadurch beyden ein Genüge gethan wird, sondern weil die Natur der Vergleichung erfordert, daß die zu vergleichenden Dinge einander so nahe gebracht werden, als möglich ist. Auf diese Art bekommt aber der Mathematiker zwey Nebenwinkel, davon der eine ein Winkel des Triangels und der andere ein äußerer Winkel ist, und nun entsteht die Frage: Ob bey dem Vorsatze, das Verhältniß aller drey Winkel des Triangels zu zweyen rechten Winkeln zu finden, Synthesis zu der Behauptung erfordert werde, daß jene drey Winkel zweyen rechten gleich oder nicht gleich seyn werden, je nachdem der äußere Winkel den beyden innern gegenüberstehenden gleich oder nicht gleich gesetzt werden müsse. Ist dazu keine Synthesis nöthig, dazu braucht man keine, daß ein Theil des äußern Winkels, (da derselbe größer ist, als jeder der innen ihm gegenüberstehenden innern) einem von diesen innern Winkeln gleich sey; und sonach wäre es überflüßig, diese Untersuchung weiter fortzusetzen: ich wende mich also näher zur Sache.

Betrachtet und gebraucht man die Forderungen und Grundsätze der Geometrie so, wie ich in den Anmerkungen zu den Erklärungen, Forderungen und Grundsätzen des ersten Buchs der Elemente des Euclides gezeigt zu haben glaube, daß sie, ihrer Natur nach, betrachtet und gebraucht werden können und müssen: so ist durch alle vier erste Bücher der Euclideischen Elemente, vom Anfang an bis zu Ende, zur Erfindung der darin befindlichen Sätze weiter nichts

nichts nöthig, als daß die Gegenstände dieser Sätze oder ihre Subjecte erst in Constructionen dargestellt, dann diese Constructionen nach den Forderungen verändert, und so nach den Grundsätzen betrachtet, und hiermit stufenweise und abwechselnd so lange fortgefahren werde, bis die Wahrnehmungskraft unserer Seele sich nicht mehr thätig zu beweisen im Stande ist. Läßt sich hierwider nichts mit Grunde einwenden, so entstehen die Fragen: Einmal: Was sind die Forderungen und Grundsätze für Sätze, analytische oder synthetische? und zweytens: Was thun wir dem Wesentlichen nach, wenn wir die Forderungen auf die so eben gedachte Art gebrauchen?

Von den Forderungen läßt sich schon aus dem, was ich darüber in den Anmerkungen auf dem ersten Bogen der vorhergehenden Elemente des Euclides gesagt habe, so wie ohne große Mühe also mit erforderlicher Deutlichkeit, erkennen, daß sie keine andere als analytische Sätze sind, und vielleicht hätte ich auch von den Grundsätzen nur wenig Worte zu sagen, wenn nicht Hr. Kant diese ausdrücklich für synthetische Sätze erklärt hätte. In der Critik der reinen Vernunft lieset man nemlich S. 16: „Eben so wenig ist irgend ein Grundsatz der reinen Geometrie analytisch. Daß die gerade Linie zwischen zweyen Punkten die kürzeste sey, ist ein synthetischer Satz. Denn mein Begriff vom Geraden enthält

nichts

nichts von Größe, sondern nur eine Qualität. Der Begriff des Kürzesten kommt also gänzlich hinzu, und kann durch keine Zergliederung aus dem Begriffe der geraden Linie gezogen werden. Anschauung muß also hier zu Hülfe genommen werden, vermittelst deren allein die Synthesis möglich ist." – So sehr indeß diese Stelle auch immer mir im Wege zu stehen scheinen mag, so gehört sie doch keinesweges zu den unwiderlegbaren. Denn einmal ist hier nicht von den Sätzen die Rede, welche Grundsätze genennt werden sind, sondern bloß von denen, welche diesen Namen mit Recht verdienen. Die Euclideischen Grundsätze heißen mit Recht Grundsätze, aber unter ihnen findet sich der Satz nicht, daß die gerade Linie zwischen zweyen Punkten der kürzeste sey, es ist derselbe so gar nicht einmal ein Euclideischer Satz. Zum andern mag immerhin dieser Satz durch keine Zergliederung aus dem Begriffe der geraden Linie gezogen werden können; da er ein Vergleichungssatz ist, so käme es darauf an, ob er nicht aus dem Begriffe der geraden und allen zwischen ihren Endpunkten möglichen krummen Linien durch Zergliederung gezogen werden könne? Drittens, wenn auch zugegeben werden müßte, daß dieses bey den gewöhnlichen Begriffen, insbesondere von der geraden Linie, nicht möglich sey, so ist damit die Unmöglichkeit eines dazu tauglichen Begriffs von

diesem

diesem Gegenstande nicht ausgemacht. Endlich viertens ist das allerdings richtig, daß nur durch die Anschauung Synthesis möglich sey, indem ganz willkürliche Synthesis hier gar nicht in Anschlag kommt; allein daraus folgt auf keine Weise, daß alle Sätze, bey denen Anschauung zu Hülfe genommen werden müsse, synthetische Sätze seyen; und ist dieses nicht, so verlieren auch Hrn. Kants Gründe einen großen Theil ihrer Stärke. In dem Gebiete der Erfahrungserkenntnisse verdanken wir freylich der Anschauung synthetische Sätze, aber vollständig und mit Ueberzeugung erkennen wir da auch keinen, nur einigermaßen vom Individuellen sich entfernenden, synthetischen Satz anders als mit Mühe und Weitläuftigkeit; in dem Reiche der reinen Vernunfterkenntnisse hingegen gelangen wir, auch durch den Gebrauch der Anschauung, zu keinen andern als zu analytischen Urtheilen, und eben deswegen wird die Ueberzeugung davon so bald und so leicht vollständig und so allgemein befriedigend. Denn überdenkt man die Frage: **Was thun wir dem Wesentlichen nach, wenn wir die Forderungen auf die vorhin beschriebene Art gebrauchen?** so ist die Antwort darauf:

Wenn wir sie befolgen bey angenommenen Grenzen, und bloß bey diesen, so bringen wir dadurch die Gegenstände der mathematischen Untersu-

tersuchungen in Constructionen so weit hervor, daß wir uns an und durch diese Constructionen die Merkmale derselben sinnlich mit Leichtigkeit, Klarheit und Deutlichkeit, und in größerer Vollständigkeit gegenwärtig machen und erhalten können, als wir solches in und durch wörtlich ausgedruckte und zergliederte Begriffe zu thun im Stande wären. Man erlaube mir in der Folge für dergleichen Constructionen mathematischer Gegenstände, wozu wir bloß Grenzen und Forderungen brauchen, den Namen erster Constructionen.

Wenn wir ferner die Forderungen anwenden, die ersten Constructionen zu verändern: so geschieht solches

a) wenn die Wort-Analyse des Begriffs eben so weit führt als die Analyse des Begriffs selbst, der durch die Construcution dargestellt ist, um neue, obgleich mit jenem verbundene Gegenstände und Begriffe zu bekommen.

b) wenn die Analyse des Begriffs weiter reicht als die Zergliederung der Worte in der Erklärung, (und es also zur Beförderung der Analyse des Begriffs nöthig ist, den Begriff sich von andern Seiten oder unter andern Umständen darzustellen, als solches durch die bloße Erklärung oder die erste Construction geschehe-

geschehen kann) um auch diese andern Seiten oder Umstände der Seele sinnlich gegenwärtig zu machen und so darzustellen, daß sie ihre Aufmerksamkeit mit Leichtigkeit nach jeder und nach so vielen als der beabsichteten vollständigen und gewissen Erkenntniß wegen erfordert wird, hinrichten oder auch davon abziehen kann.

Und dies vorausgesetzt frage ich: Ob bey der Erwerbung mathematischer Erkenntnisse nach Euclid's Methode, nach wahrem Gebrauche der Forderungen, irgend etwas weiter in der Seele vorgehe, als entweder bloße unmittelbare Wahrnehmung dessen, was die Seele jedesmal in den Gegenständen erblickt, oder vermittelst des bereits wahrgenommenen mittelbar in ihnen zu erkennen im Stande ist? Und da ich bey dieser Frage mich nicht auf die Sätze der Mathematik einschränke, sondern dabey auch alle Grundsätze, die etwa ausgenommen, welche Hr. Kant, Critik der reinen Vernunft, S. 16. 17. selbst für analytische Sätze hält, im Auge habe: so muß ich wenigstens von mir gestehen, daß ich in keinem einzigen wirklich mathematischen Satze, ob ich gleich hier nur von einem kleinen Theile der ersten zu reden habe, Synthesis zu erkennen vermag; und so nach trügen denn die vier ersten Bücher der Euclideischen Elemente das erste

Kenn

Kennzeichen des Reinigungs- und Belebungs-Mittels des Organs der Seele, meiner Vorstellungsart nach, allerdings an sich. Oder sind Erkenntnisse nicht von aller Erfahrung unabhängig, wenn einmal ihre Gegenstände und die Begriffe davon es sind? zweytens die Erkenntnisse selbst aus den Begriffen, obgleich mittelbar doch lediglich auf dem Wege der Analysis erworben werden? und drittens die Mittel, welche bey der Analysis gebraucht werden, ebenfalls dem Einflusse der Erfahrung nicht ausgesetzt sind? Uebrigens giebt man hoffentlich zu, daß der Chymiker, wenn er Körper zerlegt oder zersetzt, ob er gleich dadurch die Bestandtheile und die Natur der Körper weit besser und vollständiger kennen lernt, als es durch eine bloße auch noch so weit getriebene mechanische Theilung je geschehen könnte, am Ende doch nichts weiter thue als die Körper zergliedern; und wenn daher Analyse bey den Begriffen eben das ist, was Zersetzen bey den Körpern; so befürchte ich auch den Vorwurf nicht, daß ich die Sphäre der Analyse zu weit mir gedacht habe.

Was das fünfte und sechste Buch der Euclideischen Elemente betrifft, so enthält jenes den Anfang der allgemeinen Mathematik, und dieses ihren Gebrauch bey der Elementar-Mathematik. Das erste findet man in den vorhergehenden Elementen nicht ganz in der Gestalt, welche es in den Original-Ausgaben

gaben der Euclideischen Elemente hat, und es ist daher nöthig, daß ich mich zuvor über die damit vorgenommenen Veränderungen erkläre.

Diese betreffen weder die Sätze selbst, noch die Ordnung, in welcher die Sätze auf einander folgen, sondern lediglich das Mittel, welches gebraucht werden muß, um die in dem fünften Buche zum Grunde gelegten und untersuchten Begriffe auf die erforderliche Art analysiren zu können.

Von diesen Begriffen ist bereits in den Anmerkungen und Zusätzen zum fünften Buche S. 208. angeführt worden, daß sie sich von den in den vier ersten Büchern behandelten Begriffen dadurch unterscheiden, daß sie erst durch die Erklärungen gegeben werden, und zwar so, daß man aus diesen Erklärungen nicht die Grenzen, zwischen welchen die Gegenstände der Begriffe enthalten sind, sondern die wesentlichen Merkmale dieser Gegenstände selbst kennen lerne. Dergleichen Erklärungen sind nach einem kleinen Theile der Elementar-Mathematik eben so gut möglich, als nach einem größern; denn alles genau überlegt, kommt es im Anfange der allgemeinen Mathematik, das heißt, so weit dieselbe in dem fünften Buche der Euclideischen Elemente enthalten ist, nur auf die Erfindung der einzigen Erklärung der Größe an, weil sich die übrigen aus dieser auf dem Wege der Analysis erhalten lassen. Was aber die Erfindung des Begriffs oder der Erklärung der Größe betrifft, so habe ich hier bloß nöthig, auf den durch Häkgen unterschiedenen letzten Absatz des vierten Buchs meiner Euclideischen Elemente S. 174. zu verweisen.

Der Begriff der Größe ist ein allgemeiner Begriff, so daß man bey dem Worte Größe keine Species oder Gattung, sondern ein Geschlecht sich zu denken hat. Ferner erhalten wir den Begriff der Größe auf dem Wege der Abstraction aus den Begriffen von geraden Linien, geradlinigen Winkeln u. s. f.; und wir sind daher nicht nur, so bald wir ihn haben, von seiner Realität überzeugt, sondern es erhellet auch, daß alles, was von der Größe gelten soll, von allen unter diesem allgemeinen Gegenstande begriffenen besondern Gegenständen gelten müsse. Es kann daher auch jede Gattung dieser besondern Gegenstände bey der Untersuchung des allgemeinen Objects der Größe gebraucht werden, um die mit dem Begriffe der Größe vorzunehmende Analyse zu erleichtern, und zugleich die auf diesem Wege gefundenen allgemeinen Resultate im Besondern oder auch im Einzeln dem Anschauungsvermögen darzustellen. Allein wenn jenes geschehen soll, so wird dabey Fertigkeit im Abstrahiren und im Aufsteigen vom Einzelnen zum Allgemeinen vorausgesetzt, wie sie nicht bey jedem Schüler der Mathe-

matik

matik vorausgesetzt werden darf; und aus diesem Grunde habe ich die vom Euclides im fünften Buche gebrauchten Linien gegen willkührliche, aber, wie ich hoffe, dem Endzwecke, warum sie gewählt, und den Gegenständen, für welche sie gewählt worden, genugsam entsprechende Zeichen vertauscht. Euclides Art ist auf keine Weise verwerflich, es giebt vielmehr Fälle, wo dadurch noch ein Vortheil mehr erhalten werden kann. Allein da dieselbe für einen großen Theil der Schüler der Mathematik abschreckende Schwierigkeiten zu haben pflegt, wenn man sie allein oder zuerst braucht: so habe ich deswegen der meinigen im Buche einen Platz gegeben, und behalte die Euclideische den Zusätzen bey der mündlichen Erläuterung vor.

Um nun zu dem fünften Buche selbst zu kommen, so braucht zuvörderst das kaum berührt zu werden, daß der Begriff der Größe ein reiner Vernunftbegriff sey, wenn er auf dem vorhin erwähnten Wege von den Gegenständen der vier ersten Bücher abstrahirt wird: daß man auch eben diesen Begriff von Erfahrungsgegenständen abstrahiren könne, ist unleugbar, und in andern aber nicht hierher gehörigen Rücksichten selbst äußerst wichtig. Es liegt aber in dem Begriffe der Größe der Begriff der Theile, und zwar bey der Art, wie man dazu gelangt ist, theils der einander gleichen, theils der unter sich ungleichen Theile, so offenbar, daß man bey der Zergliederung jenes Begriffs die in der ersten und zweyten Erklärung enthaltenen gar nicht verfehlen kann; und was die dritte Erklärung anbetrifft, so bietet sie sich bey der Entwickelung des Begriffs der ungleichen Theile nach den beyden ersten Erklärungen eben so bald dar. Was bey der vierten Nummer steht, ist keine Erklärung, sondern nur eine Anmerkung, um ein Kennzeichen darzubieten, nach welchem man die im Verhältnisse stehenden Größen von andern unterscheiden könne. Zwey Paar im Verhältniß stehender Grössen ferner genommen, so liegt in dem Begriffe der Größe eben so wenig als in dem des Verhältnisses, wie diese Verhältnisse in Vergleichung mit einander beschaffen seyn werden; als gleichartige Dinge aber müssen sie entweder einerley oder nicht einerley, und das heißt, genauer überlegt, entweder gleich oder das eine größer als das andere seyn. Da nun auch der Sinn dieser Ausdrücke nicht anders als durch Analysis gefunden werden kann, und alle übrige Erklärungen des fünften Buchs lauter Worterklärungen sind: so zählt man offenbar die Begriffe des fünften Buchs der Euclideischen Elemente mit eben dem Rechte zu den reinen Vernunftbegriffen, als man es bey den Begriffen der vorhergehenden Büchern gethan hat.

Von

Von den Grundsätzen braucht nicht besonders geredet zu werden, da die ersten achte keine neue Grundsätze sind, und die übrigen sich von selbst als analytische Sätze darstellen. Den vor ihnen stehenden Regeln der Bezeichnung aber wird Niemand einen wesentlichen Einfluß bey der jetzt vor Augen zu habenden Rücksicht beylegen.

Um an ein Paar Beyspielen zu zeigen, daß die von S. 187 an folgenden Sätze analytische Sätze sind, will ich die vier ersten davon in Fragen verwandeln, welche bloß den Vordersatz derselben enthalten, und diese Fragen analysiren. Also

1. Was läßt sich von der Summe mehrerer Größen A', B', C' behaupten, wenn dieselben von eben so vielen andern A, B, C, je eine von einer, Gleichvielfache sind?

Hier hat man als gegeben

$$\frac{A'}{A} = \frac{B'}{B} = \frac{C'}{C}, \text{ und } A' + B' + C'$$

Was für ein Vielfaches A' von A sey, ist unbestimmt gelassen worden, und eben das gilt von B' und C' in Vergleichung mit B und C. Aber irgend ein Vielfaches soll es seyn, und dies und weiter nichts sagt der Ausdruck $\frac{A'}{A} = m$. Nimmt man ihn an, so hat man aus dem ersten Gegebenen auch $\frac{B'}{B} = m$,

und

und $\frac{C'}{C} = m$. Aber dies ist völlig gleichbedeutend mit

$$A' = mA,\ B' = mB, \text{ und } C' = mC$$

und hieraus und dem zweyten Gegebenen erhält man nach dem Begriffe von gleichen Dingen

$$A' + B' + C' = mA + mB + mC$$

so wie hieraus nach dem 11ten Grundsatze

$$A' + B' + C' = m(A + B + C)$$

und findet also auf diese Art

$$\frac{A' + B' + C'}{A + B + C} = m = \frac{A'}{A} = \frac{B'}{B} = \frac{C'}{C}$$

das im Satze dem Subjecte $A' + B' + C'$ beygelegte Prädicat als mit demselben nothwendig verbunden, ohne daß dessen zuvor die mindeste Erwähnung zu geschehen brauchte.

2. Was läßt sich von den Aggregaten $A' + A''$ und $B' + B''$ behaupten, wenn $\frac{A'}{A} = \frac{B'}{B}$, und auch $\frac{A''}{A} = \frac{B''}{B}$ ist?

So bald man die gegebenen Bedingungen analysirt, findet man

$$\frac{A'}{A} = \frac{B'}{B} = m, \text{ und } \frac{A''}{A} = \frac{B''}{B} = n,$$

und hieraus

$$A' = mA,\ B' = mB;\ A'' = nA,\ B'' = nB,$$

Stellt

Stellt man sich also mit Erinnerung an den Begriff von gleichen Dingen die gegebenen Subjecte vor, so erkennt man, daß

$$A' + A'' = mA + nA;\ B' + B'' = mB + nB$$

sey, und zieht hieraus, ohne etwas Fremdes zu Hülfe zu nehmen, die Folge

$$A' + A'' = (m + n)A;\ B' + B'' = (m + n)B, \text{ oder}$$

$$\frac{A' + A''}{A} = m + n;\ \frac{B' + B''}{B} = m + n$$

so daß nun nur noch der erste Grundsatz angewandt zu werden braucht, um

$$\frac{A' + A''}{A} = \frac{B' + B''}{B}$$

zu finden.

3. Was läßt sich von A'' und B'' behaupten, wenn $\frac{A'}{A} = \frac{B'}{B}$ und $\frac{A''}{A'} = \frac{B''}{B'}$ ist?

Nach den beyden vorhergehenden Beyspielen darf ich wegen dieser dritten Frage nur auf den Beweis des dritten Satzes S. 189. verweisen.

4. Was läßt sich von A', B', C', D' behaupten, wenn $\frac{A'}{A} = \frac{C'}{C}$ und $\frac{B'}{B} = \frac{D'}{D}$, und dabey $A : B = C : D$ ist?

Eine der bey den vorhergehenden Sätzen ähnliche Entwickelung der ersten Bedingung oder daß

$\frac{A'}{A} = \frac{C'}{C}$ und $\frac{B'}{B} = \frac{D'}{D}$ seyn soll, würde hier nichts helfen; und wenn man wegen der übrigen anführen wollte, daß $A' <=> B' = C' <=> D'$ sey: so wäre das keine Entwickelung, sondern bloße Anwendung der Erklärung von einerley Verhältnissen. Allein so bald man daran denkt, daß wegen dieser Erklärung allemal $E <=> F = G <=> H$ seyn müsse, wenn $\frac{E}{A} = \frac{G}{C}$ und $\frac{F}{B} = \frac{H}{D}$, und zugleich $A : B = C : D$ ist: so leitet der dritte Satz dahin, daß man aus der Menge der unter E, F, G und H begriffenen Vielfachen bloß die behält, wobey auch $\frac{E}{A'} = \frac{G}{C'}$ und $\frac{F}{B'} = \frac{H}{D'}$ ist. Thut man dieses, so hat man nach dem dritten Satze

$\frac{E}{A} = \frac{G}{C}$ und $\frac{F}{B} = \frac{H}{D}$, also, weil

$A : B = C : D$, auch

$E <=> F = G <=> H$, und folglich nun, da

$\frac{E}{A'} = \frac{G}{C'}$ und $\frac{F}{B'} = \frac{H}{D'}$ genommen worden, auch

$A' : B' = C' : D'$.

Plato läßt in dem Gespräche, welches den Titel, Menon oder von der Tugend führt, den Socrates gegen Menon behaupten, daß der Mensch eigentlich nichts lerne, sondern daß alles sogenannte

Lernen

Lernen Wiedererinnerung sey. Die durch Menon's Befremden hierüber veranlaßte Unterredung mit einem Sclaven über den Satz: daß das Quadrat der Diagonale eines Quadrats, dieses Quadrats Zwiefaches sey, ist bekannt, und das darauf zwischen Socrates und Menon erfolgte Gespräch dieses. *)

Socr. Was dünkt dich Menon? Sind es nicht alles ganz seine eigene (des Sclavens) Vorstellungen, womit er geantwortet hat?

Men. Ganz seine eigenen.

Socr. Indessen kurz vorher, wie wir gesehen haben, wußte er's nicht.

Men. Das ist wahr.

Socr. Waren denn aber die Vorstellungen in ihm oder nicht?

Men. Freylich waren sie in ihm.

Socr Also auch in dem, der etwas nicht weiß, liegen doch wahre Vorstellungen von den Dingen, die er nicht weiß, wie in diesem über das, was er nicht wußte.

Men. Augenscheinlich.

Socr. Aber nun sind diese Vorstellungen bey ihm wie im Traum aufgeregt worden. Wenn ihm jemand eben dasselbe öfter und auf verschiedene Art

 abfragte,

*) Hrn. Gedike'ns Vier Analogen des Platon, Berlin 1780, S. 58 – 62.

abfragte, glaubst du wohl, daß dann am Ende seine Kenntniß davon so genau als bey irgend einem Menschen seyn würde?

Men. So scheint's.

Socr Und zwar wird er es wissen, ohne daß ihn jemand unterrichtet. Er wird bloß vermittelst der Fragen aus sich selbst deutliche Ideen herauswickeln?

Men. Allerdings.

Socr Und dies Herauswickeln der deutlichen Ideen aus sich selbst ist ja eben Wiedererinnerung?

Men. Unstreitig.

Socr. Die Erkenntniß, die dieser Mensch hat, die hat er doch irgend einmal bekommen, oder er hat sie immer gehabt?

Men. Natürlich.

Socr. Hat er sie immer gehabt, so hat er die Sache auch immer gewußt. Hat er sie irgend einmal bekommen, so mögt' er sie doch wohl nicht in diesem Leben bekommen haben. Oder es muß ihn jemand in der Geometrie unterrichtet haben. Denn er wird dasselbe bey der ganzen Geometrie und bey allen übrigen Gegenständen des Unterrichts leisten. Sage, hat ihn jemand in dem allen unterrichtet? Du mußt es ja wissen, zumal da er in deinem Hause geboren und erzogen ist.

Men.

Men. Ich weiß gewiß, daß ihn kein Mensch je unterrichtet hat.

Socr. Hat er denn die Ideen wirklich oder nicht?

Men. Offenbar hat er sie.

Socr. Wenn er es also nicht aus einer in diesem Leben erhaltenen Kenntniß wußte, so folgt augenscheinlich, daß er die Kenntniß schon zu einer andern Zeit gehabt und bekommen hat.

Men. Freylich.

Socr. Ist das nicht die Zeit, da er noch nicht Mensch war?

Men. Ja.

Socr. Wenn er also die Zeit über, da er Mensch ist, und auch die, da er es nicht ist, wahre Vorstellungen hat, die durch Fragen aufgeweckt, Wissenschaft werden, so muß ja seine Seele wohl schon immer Ideen eingesammlet haben. Denn offenbar sind nur zwey Fälle möglich. Die ganze Zeit hindurch ist er entweder Mensch oder er ist es nicht.

Men. Unstreitig.

Socr. Wenn also beständig in unserer Seele wahre Vorstellungen von Dingen sind, so muß ja wohl die Seele unsterblich seyn. Daher kannst du dem, was du jetzt gerade nicht weißt, d. i., woran du du dich nicht erinnerst, getrost nachforschen, und die Wiedererinnerung desselben zu bewirken suchen.

Men. In der That Socrates, dein Raisonnement scheint mir, ich weiß selbst nicht recht wie, sehr gegründet.

Socr. Mir selbst auch. Doch in Ansehung aller übrigen Punkte will ich für meine Behauptung eben nicht sonderlich streiten. Aber dafür will ich, so viel ich kann, mit Wort und That streiten, daß die Ueberzeugung, man müsse dem, was man nicht weiß, nachforschen, uns zu weit bessern, mannhaftern und thätigern Menschen macht, als wenn wir uns einbilden, wir könnten das uns unbekannte ja doch nicht finden, und müßten's darum auch nicht suchen.

Beyspiele, wie die vorhin angeführten, erinnern sehr natürlich an das, was ich hier aus Plato's Schriften beygebracht habe, und überdenkt man es in der gegenwärtigen Verbindung, so ist es hoffentlich kein irregulärer Ideengang, wenn man dadurch zur Vergleichung der Platonischen und Kantischen Behauptungen geleitet wird.

Nach Platon kann man die ganze Mathematik *) aus sich selbst herauswickeln, nach Hrn. Kant sind alle

*) Er wird dasselbe bey der ganzen Geometrie und bey allen übrigen Gegenständen des Unterrichts leisten; wofür

alle mathematische Urtheile ohne Ausnahme synthetische Sätze. Nach der Meynung des berühmtesten unter den alten Philosophen sind bloß Fragen nöthig, um die mit einem Subjecte A zu verbindenden Prädicate zu erfinden, nach dem Urtheile des scharfsinnigsten Denkers unserer Zeit ist das, worauf sich der Verstand stützt, um die A zukommenden wichtigsten Prädicate, selbst wenn sie an sich schon bekannt sind, mit Gewißheit mit ihrem Subjecte zu verbinden, weiter hin etwas Unbekanntes = x. Nach jenem ist bloße Wiedererinnerung nöthig, nach diesem alle Analyse der Begriffe nicht hinlänglich.

Sollte etwa, wie in so vielen andern ähnlichen Fällen, also auch hier die Wahrheit in der Mitte liegen?

Nach dem, was bereits gesagt worden ist, wird es zur Beantwortung dieser Frage hauptsächlich auf eine befriedigende Beantwortung einer andern ankommen, nemlich: Ob in der Mathematik vermittelst der Constructionen synthetische Urtheile zu Stande gebracht werden? Mit andern Worten: Ob durch den Gebrauch der Constructionen in der Mathematik Prädicate erkannt werden, die nicht in dem Begriffe des durch die Constructionen dargestellten Subjects liegen? Was darüber in dem Vorherge-

wofür im Oriainale steht: οὗτος γαρ ποιησει περι πασης γεωμετριας ταυτα ταυτα, και των αλλων μαθηματων ἁπαντων.

hergehenden schon gelegentlich beygebracht ist, räumt noch nicht alle Zweifel aus dem Wege; es soll aber eben deswegen auch hier nicht gebraucht werden.

Da Begriffe ohne Anschauungen leer sind, und Anschauungen Gegenstände voraussetzen, die angeschaut werden können, die Gegenstände der Mathematik aber nicht von der Erfahrung entlehnt werden dürfen: so müssen wir hier nochmals zu der Art und Weise zurückkehren, wie wir uns die mathematischen Gegenstände verschaffen. Ueberlegen wir also das, was S. 293-295. hierüber gesagt worden ist, in Verbindung mit dem, was hieher gehöriges auf den ersten Seiten dieses Buchs steht: so wird erhellen, daß die ersten mathematischen Begriffe der geraden Linie, der Ebene, des ebenen Winkels, des geradlinigen Dreyecks keine andere seyen, als: die gerade Linie sey, was durch zwey Punkte, die Ebene, was durch drey Punkte, der ebene Winkel, was durch zwey von den drey zwischen dreyen Punkten mögliche Linien, und das geradlinige Dreyeck, was durch alle drey zwischen dreyen Punkten mögliche gerade Linien bestimmt wird; und daß die gewöhnlichen Erklärungen der geraden Linie, der Ebene, des ebenen Winkels, des geradlinigen Dreyecks erst aus jenen Annahmen oder Angaben analytisch hergeleitet werden.

Die

Die eigentlichen Definitionen der geraden Linie und des geradlinigen Dreyecks sind daher: Die gerade Linie ist, was durch zwey Punkte, und das geradlinige Dreyeck, was durch die drey zwischen dreyen Punkten möglichen geraden Linien bestimmt wird; und da es hier nur auf Beyspiele zur Erläuterung ankommt, so wäre es überflüßig, mehr als diese beyden anzuführen. So oft und so lange von dergleichen Definitionen die Rede ist, so ist es auch streng wahr, was Hr. Kant, Critik der reinen Vernunft, 2te Aufl. S. 759. behauptet: daß die Begriffe in der Mathematik erst durch die Definitionen gegeben werden; allein für wie viele Begriffe findet man in den mathematischen Lehrbüchern solche Definitionen? Ferner ist das keinem Zweifel ausgesetzt, daß die ersten und untersten Begriffe der Mathematik, so lange sie bloß durch eigentliche Definitionen gegeben sind, und dabey keine Anschauungen gebraucht werden, zu den leeren Begriffen gehören; aber es bedarf auch bloß einer Frage, weil die Antwort darauf sich von selbst versteht: ob durch die Anschauungen, welche wir brauchen, um jenen Definitionen für uns Inhalt zu geben, und daraus die in den Lehrbüchern vorkommenden sogenannten Erklärungen abzuleiten, zu etwas anderm als zur Explication jener Begriffe dienen? Ist dieses nicht, so fällt bis jetzt noch alle Synthesis weg; denn wir ent-

entwickeln bloß mittelst der gebrauchten Anschauung ein Merkmal, welches uns in den Stand setzt, jene Begriffe leicht zu construiren, und das ist Analysis. Aber eben hieraus erhellet auch, daß die Erklärungen, welche dieses Merkmal enthalten, und statt der Definitionen in die Lehrbücher aufgenommen worden sind, die durch sie ausgedruckte Begriffe nicht von allen, sondern nur von Einer Seite darstellen, und folglich auch nicht anders als in Verbindung mit der Construction, um derentwillen sie aufgesucht und aufgenommen sind, den Begriff erschöpfen. Wenn daher in der Folge nie behauptet werden kann, daß irgend eine Construction mehr darstelle, als in dem zu construirenden Begriffe wirklich enthalten ist; (und es gehört ja zum Wesen der Construction auch, daß sie dem darzustellenden Begriffe genau entspreche, und wir abstrahiren deswegen bey denen, die nicht in der ganzen erforderlichen Vollkommenheit von uns entworfen werden können, von alle dem, was sie nach dem Begriffe nicht an sich haben sollten) und aller Gebrauch der Constructionen nichts weiter als Entwickelung oder Analysis dieser Constructionen ist: so ist hoffentlich auch das weiter keinem Zweifel unterworfen, daß in der Mathematik durch keine Anschauung synthetische Urtheile zu Stande gebracht werden, und daß folglich auch in der Elementar-Mathematik alle Sätze analytische Sätze sind.

Um

Um der hiedurch möglichen Ueberzeugung einen höhern Grad von Deutlichkeit zu geben, wollen wir die obigen Definitionen noch etwas ausführlicher betrachten.

Es seyen zwey Punkte gegeben. Dadurch ist zugleich die gerade Linie zwischen ihnen, und, durch diese, die Entfernung beyder Punkte von einander gegeben. Da aber die Lage der gedachten geraden Linie durch das Gegevene nicht bestimmt ist, denn von zwey, auch dem Orte nach gegebenen, Punkten ist hier nicht die Rede: so ist es Vorstellung des Gegebenen von allen Seiten, von welchen es, der Unbestimmtheit wegen, in welcher es gegeben ist, betrachtet werden kann, wenn ich nach und nach jeden der gegebenen Punkte unverrückt, und dabey den andern an allen den Orten mir gedenke, wo er ohne Veränderung der gegebenen Entfernung gedacht werden kann. Thue ich dieses, so daß ich mich dabey zugleich auf Eine Ebene einschränke, und mache ich mir die gehabten Vorstellungen, der größern Leichtigkeit wegen, durch eine sinnliche Darstellung sinnlich gegenwärtig: so entsteht vor meinen Augen, was die dritte Figur darstellt, die Verlängerungen der Linie AB bey Seite gesetzt. Bemerke ich dabey die darin vor andern sich auszeichnenden Punkte C und D, und stelle ich mir dieselben mit Erinnerung an die Punkte A und B vor, so entsteht in meiner Seele die Vorstellung der Linien CA, CB, DA, DB und CD; so bekomme ich durch die sinnliche Darstellung auch dieser Stücke die fünfte Figur, und habe darin zwey gleichseitige und zwey gleichschenklige Dreyecke, vier in zwey gleiche Theile getheilte Winkel, eine in zwey gleiche Theile getheilte gerade Linie, eine auf einer geraden Linie senkrecht aufgerichtete, und eine auf eine andere senkrecht herabgefällte gerade Linie u. s. w. Alle diese Dinge aber habe ich mittelst zweyer mir gegebenen Punkte zu Stande gebracht, ohne daß ich weiter etwas als Analyse des Gegebenen gebraucht hätte, und kann sie selbst zu Stande bringen, ohne daß ich, auch wenn ich es gethan, schon wüßte, was ich wirklich zu Stande gebracht habe. Wo ist hier Synthesis? und was ist weiter nöthig als Analyse, um nun auch das auf die beschriebene Art zu Stande gebrachte deutlich und vollkommen kennen zu lernen?

So auch den Begriff des geradlinigen Dreyecks genommen. Da ein geradliniges Dreyeck ist, was durch drey Punkte und die zwischen denselben möglichen geraden Linien bestimmt wird: so ist es eine analytische Vorstellung von der geraden Linie, wenn man sie sich mit der Möglichkeit verlängert zu werden denkt. Auf diese Art ist ein Dreyeck mit einer verlängerten Seite kein Gegenstand, zu dessen Erfindung aus dem Begriffe des Dreyecks weiter etwas

was als Analyse erfordert würde; und den Begriff dieses Dreyecks genommen und entwickelt, so frage ich wieder bloß: ob die Construction desselben mehr enthalte als der Begriff? und ob bey der Erfindung des Satzes, der äußere Winkel sey größer als jeder der innern gegenüberstehenden Winkel, weiter etwas als Entwickelung der Construction erfordert werde? Ist dieses nicht, die Construction enthält nichts, was nicht auch in dem Begriffe enthalten wäre, nur daß wir in jener alles mit mehrerer Leichtigkeit uns vorstellen können; so ist die Entwickelung der Construction auch nichts weiter als eine erleichterte Analyse des durch die Construction dargestellten Begriffs selbst.

Ist nicht von den ersten und untersten, sondern von den höhern und allgemeinen Begriffen die Rede, davon das fünfte Buch die niedrigsten zu seinem Gegenstande hat: so ließe sich vielleicht selbst noch fragen: Ob die bey der Analyse dieser Begriffe gebrauchten willkührlichen Constructionen den Namen der Constructionen mit vollem Rechte verdienten? Doch das ist nicht nöthig, da das zu offenbar und oben an mehrern Beyspielen gezeigt worden ist, daß zur Erfindung der Sätze des fünften Buchs bloße Analyse erfordert werde.

Es ist daher der Wahrheit sehr angemessen, wenn Plato behauptet, daß man die ganze Mathematik aus sich selbst entwickeln, und auch andere durch bloße Fragen in den Stand setzen, ja selbst zwingen könne, eben dasselbe zu thun; nur gründet sich dieses nicht darauf, weil alles Lernen Wiedererinnerung ist, sondern weil weiter nichts erfordert wird, als Analyse solcher Begriffe, die sich am Ende aus einigen wenigen, jedermann sehr leicht möglichen, ja bey einiger Leitung kaum zu vermeidenden Begriffen, und zwar wiederum auf dem Wege der Analyse von selbst darbieten. Auch wird es aus dem Bisherigen vollkommen klar seyn, daß sich die Mathematik bequem in die oben S. 210 bereits angeführten Theile, die Elementar- und die allgemeine Mathematik, theilen lasse, so daß jene die Erkenntnisse, welche wir uns aus Constructionen vermittelst der Begriffe, und diese diejenigen in sich begreife, welche wir uns aus Begriffen vermittelst der Constructionen zu erwerben im Stande sind. Denn das ist keinem Zweifel ausgesetzt, ob es gleich Lehrern der Mathematik, welche ihre Wissenschaft bey ihren Lehrerbeschäftigungen nach der Platonischen Vorstellung behandelt haben, am klärsten vor Augen stehen wird, daß alles, was man an und durch Constructionen erkennt, nur dann erst Gewißheit erhalte, wenn das Bewußtseyn dazu kommt, es könne solches wegen der durch die Constructionen dargestellten Begriffe nicht anders seyn.

Zum Ueberflusse noch folgendes. Alle unsere Erkenntnisse haben entweder individuelle, oder specielle, oder generelle Dinge zum Gegenstande, und diese letztern sind überhaupt genommen, ihren Graden nach unzählbar. Kein individueller Gegenstand kann durch irgend einen Begriff mit allen seinen Merkmalen gegeben, sondern, vollständig, lediglich durch Anschauung erkannt werden. Daß man specielle und generelle Begriffe von dergleichen Gegenständen abstrahiren könne, die desto mehrere dieser Gegenstände unter sich begreifen, je allgemeiner sie sind, ist bekannt; so wie auch, daß die Objecte dieser Begriffe durch die Begriffe gegeben werden können. Die Gegenstände der Erfahrung sind individuelle Gegenstände, und auf sie läßt sich daher dieses anwenden. Bey ihnen giebt es daher Vorstellungen aus bloßen Anschauungen, und Kenntnisse aus Anschauungen, die durch Begriffe verständlich gemacht und entwickelt worden sind; auch kann der, der sich diese letzte Art von Erkenntnissen erworben hat, andern abgezogene specielle und generelle Objecte durch Begriffe geben, und darauf diese nicht nur durch Anschauungen entwickeln, sondern durch Anschauungen auch erweiternde synthetische Urtheile davon hervorbringen. Die letzte Quelle aller auf diesen Wegen möglichen Erkenntnisse aber sind Anschauungen unmittelbar gegebener Dinge; die Begriffe werden gebraucht, aber selbst dann, wenn dadurch anfänglich Gegenstände gegeben werden, ist man gezwungen, nicht nur bey den Entwickelungen dieser Begriffe bis zu unmittelbar gegebenen Dingen herabzusteigen, sondern es erhalten auch alle aus den Begriffen geschöpften Kenntnisse erst dadurch und in so fern Realität und Gewißheit, daß und in so fern man gewiß ist, daß die Begriffe wirkliche individuelle Gegenstände unter sich begreifen.

In dem Gebiete der reinen Vernunfterkenntnisse sind alle individuelle Gegenstände von unsern Untersuchungen ausgeschlossen. Die Mathematik nimmt unter den reinen Vernunftwissenschaften den untersten Platz ein, weswegen man auch bey der Erwerbung dieser Schätze unsers Geistes zuerst nach ihr sein Bestreben richten muß; und unter den Theilen der Mathematik ist in der natürlichen Ordnung die Geometrie der erste. Aber selbst in der Elementar-Geometrie hat man keine andere Gegenstände als solche, die zuerst durch Definitionen gegeben werden müssen; und so begreift die unterste Classe der mathematischen Gegenstände schon Species oder Gattungen. Nennt man die individuellen Gegenstände niedere, und alle übrige, von den Gattungen an bis zu dem höchsten Geschlechte, höhere Gegenstände: so müssen sowohl in den Erfahrungs- als in den reinen Vernunfterkenntnissen einmal bey den Gattungsbegriffen, ihnen untergeordnete Anschauungen, und zweytens bey jedem höhern Begriffe, ihm zunächst untergeordnete Gegenstände zu Hülfe genommen werden, wenn jene Begriffe für uns Licht und Inhalt bekommen, und wir zugleich dabey in den Stand gesetzt seyn sollen, die Begriffe von mehrern Seiten und unter mehrern Umständen zu untersuchen, und gehörig zu entwickeln oder zu analysiren. Gesetzt daß wir, auch in den reinen Vernunftwissenschaften (bey den Erfahrungserkenntnissen geschieht es und muß geschehen) durch den Gebrauch der Anschauungen zu synthetischen Urtheilen gelangten: so läge in dem Gesagten die Antwort auf die Frage: Wie überhaupt synthetische Urtheile a priori möglich seyen? so unverkennbar, daß es dazu bloß eines leichten Winks bedürfte. Aber wenn wir in den reinen Vernunftwissenschaften bey der Untersuchung irgend eines höhern Begriffs ihm zunächst untergeordnete Gegenstände zu Hülfe nehmen, so betrachten wir diese Gegenstände jedesmal nur in so fern, als sie die Merkmate des Begriffs an sich tragen, und abstrahiren dabey von allem, was sich bloß bey ihnen und nicht auch zugleich in den Begriffen findet; und so ist alle unsere Beschäftigung in dem reinen Vernunftgebiete nichts weiter als Analysis. Subjective giebt es freylich auch in den reinen Vernunfterkenntnissen eine Menge synthetischer Urtheile.

theile. Aber dann fehlt diesen Urtheilen das Kennzeichen der Allgemeinheit und Nothwendigkeit, und sollen ihnen diese zu Theil werden, so geschieht solches nie anders, als durch ihre Verwandlung in analytische.

Gelegentlich berühre ich noch, daß sich in der Folge zeigen lassen werde, daß die ganze allgemeine Mathematik mit keinem höhern Begriffe weiter zu thun habe, als mit dem einzigen Geschlechtsbegriffe der Größe, und daß also die Abtheilungen der allgemeinen Mathematik lediglich auf der Verschiedenheit der Art und Weise beruhen, diesen Geschlechtsbegriff analytisch zu behandeln.

Vielleicht wäre es nicht nöthig gewesen, den Satz, daß alle mathematische Urtheile analytische Urtheile seyen, so ausführlich aus einander zu setzen und zu betrachten, wenn nicht Hr. Kant in seiner Critik der reinen Vernunft, 2te Aufl. S. 14 ausdrücklich das Gegentheil behauptet hätte. Ja er behauptet nicht nur, daß die mathematischen Urtheile insgesammt synthetisch seyen, sondern er setzt noch dazu: Dieser Satz scheinet den Bemerkungen der Zergliederer der menschlichen Vernunft bisher entgangen, ja allen ihren Vermuthungen gerade entgegengesetzt zu seyn, ob er gleich unwidersprechlich gewiß und in der Folge sehr wichtig ist.

ist. Dieser Umstand macht noch einige Zusätze nothwendig.

Man erklärt die Mathematik gewöhnlich durch die Wissenschaft der Größen, und unter andern findet man diese Erklärung in Hrn. Schulz Anfangsgründen der reinen Mathematik, Königsberg 1790, einem Buche, bey welchem des Verfassers Bestreben, nach der Vorrede, gewesen ist, die Elemente der reinen Größenlehre in ein solches System zu bringen, wie es theils die Natur und die erhabene Würde dieser Wissenschaft, theils das Bedürfniß unsers kritisch philosophischen Zeitalters erforderte. Meine Zweifel über den glücklichen Erfolg dieses Bestrebens findet man im dritten und fünften Stücke meiner Beyträge zur Beförderung des Studiums der Mathematik S. 247-272. und S. 403-433; hier führe ich bloß aus Hrn. Kant's Critik der reinen Vernunft S. 742 folgende Stelle an: „Der wesentliche Unterschied zwischen der mathematischen und philosophischen Erkenntniß beruhet nicht auf dem Unterschiede ihrer Materie oder Gegenstände, sondern auf dem der Form. Diejenigen, welche Philosophie von der Mathematik dadurch zu unterscheiden vermeinten, daß sie von jener sagten, sie habe bloß die Qualität, diese aber nur die Quantität zum Objecte, haben die Wirkung für die Ursache genommen." Daß es mathematische Systeme gebe,

 in

in welchen alle Sätze synthetische Urtheile seyen, bin ich gewiß unter allen am wenigsten geneigt zu leugnen; ich denke nur, daß hier nicht von Mathematik, so wie sie sich in diesem oder jenem Buche findet, sondern von Mathematik an sich, und im möglich vollkommenen Zustande betrachtet, die Rede seyn müsse. Daß ich Euclides Elemente als das einzige wahre, obgleich noch nicht ganz vollständige, System der Mathematik anerkenne, dazu bewegt mich unter andern Hrn. Kästners Urtheil, in seinen Anfangsgründen der Arithmetik, Geometrie ꝛc. Göttingen 1786, S. 428: „Ueber die unzähligen geometrischen Lehrbücher kann ich nur sagen, daß von dem eigenen Werthe der Geometrie, Deutlichkeit und Gewißheit, jedes desto weniger besitzt, je weiter es sich von Euclid's Elementen entfernt;" und daß ich über den Gebrauch dieser Elemente urtheile, er müsse, wenn er allen Vortheil gewähren solle, Plato's Vorstellungen von der Mathematik entsprechen, rührt daher, weil ich glaube, Euclid habe diese Ideen bey der Verfertigung seiner Elemente vor Augen gehabt. *) Auf diese Art aber gäbe es einen Gesichtspunkt, aus welchem auch ich Hrn. Kant's Behaup-

*) Unwahrscheinlich ist dies nicht, wenn Montucla in seiner Histoire des Mathematiques, Tom I. S. 217. Grund hat zu sagen: *Euclide* avoit étudié à Athenes sous les disciples de *Platon*.

Behauptung nicht widersprechen würde; und so ist zugleich klar, worauf es ankommen wird, wenn meine in dem Vorhergehenden darliegende Vorstellungsart für verwerflich erklärt werden soll.

„Aber es sollen, und zwar ebenfalls nach Hrn. Kant *) die analytischen Urtheile bloße Erläuterungs- und die synthetischen allein Erweiterungsurtheile seyn, weil jene durch das Prädicat nichts zum Begriffe des Subjects hinzuthun, sondern diesen nur durch Zergliederung in seine Theilbegriffe zerfällen, die in selbigen schon obgleich verworren gedacht waren; da hingegen die letztern zu dem Begriffe des Subjects ein Prädicat hinzuthun, welches in jenem gar nicht gedacht war, und durch keine Zergliederung desselben hätte gezogen werden können."

Daß die analytischen Urtheile bloße Erläuterungsurtheile seyen, ist eine so wahre Behauptung, daß keine Einwendung dagegen übrig bleibt; aber es folgt daraus keinesweges, daß wir in den reinen Vernunftwissenschaften synthetischer oder Erweiterungsurtheile bedürften. Da die reinen Vernunftwissenschaften von der Erfahrung unabhängig seyn müssen, so ist der einzige Weg zu ihrem Besitze zu gelangen der, daß man sie bey Wegräumung aller Erfahrung aus sich selbst entwickele. Unternimmt man

*) Critik der reinen Vernunft, S. 11.

man dieses, so ist es lediglich die Definition des Punkts, was wir haben; und wenn diese Definition uns nicht in den Stand setzt, Gegenstände unserer Seele gegenwärtig zu machen, die nicht nur selbst von aller Erfahrung unabhängig sind, sondern auch bloß entwickelt zu werden brauchen, damit nach und nach das ganze Gebiet der reinen Vernunfterkenntnisse mit allem seinen Schätzen uns deutlich vor Augen liege: so weiß ich nicht, ob es irgend möglich seyn wird, reine Vernunfterkenntnisse, als solche, sich zu erwerben. Diese Behauptung muß nothwendig alle die befremden, welche kein eigenes Bewußtseyn davon haben, wie wir durch die Entwickelung der ersten reinen Vernunftbegriffe nicht nur zu deutlichen Vorstellungen von den Gegenständen dieser Begriffe, sondern auch zu neuen und eben so ganz von aller Erfahrung unabhängigen Begriffen gelangen, deren Entwickelung wiederum den doppelten Vortheil gewährt, der so eben der Entwickelung der ersten reinen Vernunftbegriffe beygelegt ist. In der Definition des Punkts liegt nichts, was uns so einschränken sollte, daß wir uns nie mehr als einen Punkt denken könnten; und hoffentlich wird auch Niemand behaupten, wir machten uns dadurch bey unsern fernern Untersuchungen von der Erfahrung abhängig, wenn wir den Punkt mehr als einmal denken. Darf ich aber dieses vor-

aus-

aussetzen, so frage ich: Von wem und wo ist nur das, was unsere Seele erhält, wenn sie nach und nach zwey, drey und vier Punkte annimmt, und dieselben auf so mancherley Arten sich vorstellt, als sie es kann, ohne von der Erfahrung abhängig zu werden, so vollständig und so weit entwickelt werden, daß man sagen dürfte, hier ist das non plus ultra? Euclides hat den Anfang gemacht, und seine Elemente sind deswegen ein unschätzbares und unübertrefliches Muster; aber er hat auch in mehr als einer Rücksicht bloß den Anfang gemacht, und anstatt auf dem von ihm eröffneten und gebahnten Wege weiter fortzugehen, hat man sogar das fünfte Buch seiner Elemente, das heißt, die Elemente der allgemeinen Mathematik verworfen, eine weit unvollkommnere Theorie an dessen Stelle gesetzt, und sichs, dadurch vielleicht, nicht möglich gelassen, Euclid's Fußstapfen zu verfolgen. Die Ausführung dieser Behauptungen behalte ich mir, da sie hier nicht hergehören, bis zu einer andern Gelegenheit vor.

Zum Schlusse noch ein Paar Worte über die von Hrn. Kant *) behauptete Wichtigkeit des Satzes: daß die mathematischen Urtheile insgesammt synthetisch seyen.

Wenn

*) Critik der reinen Vernunft, 2te Aufl. S. 14.

Wenn man unter der Philosophie bloß die reine Philosophie mit ihrer nächsten Anwendung auf Begriffe, die von Erfahrungsgegenständen abgezogen sind, versteht: so mögte ich fast sagen, die Alten hätten die Sätze der Philosophie mit unter den Kenntnissen begriffen, welche sie μαθηματα nannten. Cicero sagt an einem Orte: *) Omnis optimarum rerum cognitio atque in iis exercitatio, philosophia nominatur; und an einem andern: **) Philosophia mater est omnium benefactorum, benedictorum. Diese Aussprüche passen auf keine andere als eine solche Philosophie, wozu man sich durch jene reine und angewandte Philosophie nur erst den Weg bahnt, und wozu also diese bloß Vorerkenntniß ist. Aber nicht bloß in dieser Rücksicht scheinen mir die μαθηματα der Alten auch die reine und angewandte Philosophie, in dem jetzt gewöhnlichen Verstande diese Worte genommen, unter sich begriffen zu haben, sondern auch deswegen, weil diese Philosophie in der That durchaus von der Beschaffenheit ist, daß ihre Sätze mit vollem Rechte μαθηματα genannt werden können. Doch dem sey wie ihm wolle; das, was wir reine Philosophie nennen, verhält sich zur allgemeinen Mathematik, wie diese zur Elementar-Mathematik; mit andern Worten: So wie der einzige

*) De finibus.

**) Tuscul.

zige Gegenstand der allgemeinen Mathematik der Begriff der Größen, und die aus ihm auf dem Wege der Analysis möglichen Begriffe sind: so hat die reine Philosophie zum Gegenstande den Begriff, der sich aus mehrern Arten der Größen durch die Abstraction ergiebt, und diejenigen die aus ihm bey einer vollständigen und genauen Entwickelung sich ergeben; und so wie alle mathematische Urtheile oder Sätze auf dem Wege der Analysis der Begriffe gefunden werden können, und daher insgesammt analytische Sätze sind: so findet eben dieses auch bey allen Sätzen der reinen Philosophie statt. In wiefern kann also der Satz, die mathematischen Urtheile seyen insgesammt synthetisch, ein um der Folge (also um der Philosophie) willen, sehr wichtiger Satz genennt werden? Wegen der Erfindung der Sätze der reinen Philosophie, und der Gründe, worauf sich ihre Wahrheit, als hypothetische Sätze, stützet, kann solches nicht geschehen, denn dazu reicht der Weg der Analysis allein hin. Also wahrscheinlich

einmal, um die physische Realität der mathematischen Begriffe und Sätze zu begründen;

zweytens, um im Allgemeinen zu zeigen, was der Philosoph müßte thun können wenn er bey seinen Untersuchungen das Glück des Mathematikers erfahren wollte, und wie weit dieses in unserer Gewalt stehe?

Von

Von dem letztern werde ich hier nicht nöthig haben, ausführlich zu reden; das erste aber darf ich nicht unberührt lassen, und dieses insbesondere wegen folgender Stelle in Hrn. Kant's Critik der reinen Vernunft, 2te Aufl. S. 40. 41.

„Geometrie ist eine Wissenschaft, welche die Eigenschaften des Raums synthetisch und doch a priori bestimmt. Was muß die Vorstellung des Raums denn seyn, damit eine solche Erkenntniß von ihm möglich sey? Er muß ursprünglich Anschauung seyn; denn aus einem bloßen Begriffe lassen sich keine Sätze, die über den Begriff hinausgehen, ziehen, welches doch in der Geometrie geschieht (Einleitung V). Aber diese Anschauung muß a priori, d. i. vor aller Wahrnehmung eines Gegenstandes, in uns angetroffen werden, mithin reine, nicht empirische Anschauung seyn. Denn die geometrischen Sätze sind insgesamt apodictisch, d. i. mit dem Bewußtseyn ihrer Nothwendigkeit verbunden, z. B. der Raum hat nur drey Abmessungen; dergleichen Sätze aber können nicht empirische oder Erfahrungsurtheile seyn, noch aus ihnen geschlossen werden, (Einleit. II.)“

„Wie kann nun eine äußere Anschauung dem Gemüthe beywohnen, die vor den Objecten selbst vorhergeht, und in welcher der Begriff der letztern a priori bestimmt werden kann? Offenbar nicht an-

ders,

ders, als sofern sie bloß im Subjecte, als die formale Beschaffenheit desselben, von Objecten afficirt zu werden, und dadurch unmittelbare Vorstellung derselben, d. i. Anschauung zu bekommen, ihren Sitz hat, also nur als Form des äußern Sinns überhaupt."

„Also macht allein unsere Erklärung die Möglichkeit der Geometrie als einer synthetischen Erkenntniß a priori begreiflich. Eine jede Erklärungsart, die dieses nicht liefert, wenn sie gleich dem Anscheine nach mit ihr einige Aehnlichkeit hätte, kann an diesen Kennzeichen am sichersten von ihr unterschieden werden."

Hier ist die Hauptfrage: Ist die Geometrie eine Wissenschaft, welche die Eigenschaften des Raums synthetisch und doch a priori bestimmt? Wenn sie es seyn sollte, so müßte sie natürlicher Weise den Raum zum Gegenstande haben; aber kann man dieses behaupten? Alles reiflich überlegt, so ist es lediglich die Geometrie der Flächen, wovon wir uns systematisch vollkommner Erkenntnisse rühmen können; die Stereometrie befindet sich, was darin bis jetzt auch irgend geleistet seyn mag, noch immer im Stande der Kindheit. Nun sind aber die Flächen nichts weiter als Grenzen, und diejenigen, welche wir in der Geometrie untersuchen, nicht einmal wirkliche Grenzen des Raums, sondern nur

Grenzen, welche wir uns in ihm willkührlich, obgleich unter Leitung der Vernunft, vorstellen. Wie kann also dies der Weg seyn, zur Kenntniß der Eigenschaften des Raums zu gelangen? Ja selbst, die Stereometrie, in ihrer ganzen Vollkommenheit, welche sie noch nicht hat, genommen, so sind doch auch bloß Flächen, deren jede mit einer andern continuirlich verbunden ist, und also ebenfalls bloße Grenzen ihr Gegenstand; was zwischen diesen Grenzen enthalten ist, untersucht die Stereometrie so wenig, daß man sich dazwischen denken kann, was man will, ohne daß deswegen ihre Lehrsätze die allermindeste Veränderung erfahren. Und synthetisch und doch a priori, und zwar vermittelst der Anschauung, soll die Geometrie die Eigenschaften des Raums bestimmen? Dann müßte in der Anschauung mehr enthalten seyn als in dem Begriffe, dessen Construction sie seyn soll. Aber wenn das ist, so hört die Anschauung auf eine reine Anschauung zu seyn, und wird empirisch. Oder es müßten die Ur- oder Prim-Objecte der Mathematik, (man erlaube mir diese leicht zu verstehende Namen) nicht zuerst durch Definitionen gegeben werden. Aber alsdann hört die ganze Mathematik, und mit ihr auch die Philosophie, auf, eine von der Erfahrung unabhängige Wissenschaft zu seyn. Auch müßte dabey unwidersprechlich dargethan worden seyn, daß unsere Vor-

stellung

stellung vom Raume eine reine Anschauung wäre. Aber Hrn. Kant's Criterien der reinen Vernunfterkenntnisse sind von ihm selbst (Critik der reinen Vernunft, 2te Aufl. S 3. 4.) nur für die Urtheile als Criterien dargethan worden; auch gehören nach seiner eigenen Behauptung beyde Criterien, Nothwendigkeit und strenge Allgemeinheit, unzertrennlich zu einander; und wenn unsere Vorstellung vom Raume auch eine nothwendige Vorstellung genennt werden kann, so kommt ihr doch, als Anschauung, auf keine Weise Allgemeinheit zu. Aus diesen Gründen habe ich auch S. 9. den Raum nicht den Gegenstand, sondern das Feld der Geometrie genennt.

Aber so wäre ja die ganze Mathematik, und mit ihr auch die ganze reine Philosophie weiter nichts als ein Inbegriff bloßer hypothetischer Sätze? Leugnen läßt sich dies nicht, aber die Frage bleibt übrig: Schadet das? Reinigungs- und Belebungs-Mittel des Organs der Seele können die Mathematik und, nach ihr, die reine Philosophie deswegen doch in vollem Maaße seyn, und das Organ der Seele ist ja nach Platon wichtiger als tausend Augen des Leibes. Ferner bleiben sie demungeachtet Inbegriffe von Erkenntnissen der Formen aller übrigen Erkenntnisse, und ohne die Erkenntnisse der Formen ist keine gründliche und unumstößliche Erkenntniß der wirklichen Dinge möglich. Endlich sind sie dabey eines solchen Umfangs, und in allen ihren Theilen einer solchen Vollkommenheit fähig, daß durch sie die Philosophie wieder ein Gegenstand der Unterweisung werden könnte, die optimarum rerum cognitio, atque in iis exercitatio, und mater omnium benefactorum, benedictorumque genennt zu werden verdient. Vielleicht näherten wir uns, wenn dieser alte Gesichtspunkt bey den reinen Vernunftwissenschaften der gewöhnliche würde, in dem Gebrauche der Mathematik und Philosophie der Methode der Alten wieder; und sollte es schaden, wenn mit der Zeit auch in den Schulen der neuern Philosophen Gelehrte, Staatsmänner und Helden gebildet würden, wie der Geschichte nach aus der Platonischen Schule hervorgegangen sind?

Ich habe bey dem ersten Kennzeichen der Mathematik als eines Reinigungs- und Belebungs-Mittels des Organs der Seele länger verweilen müssen, als ich es anfänglich Willens war, und bin gleichwohl nicht im Stande gewesen, jeden der vorgekommenen Punkte ganz vollständig zu behandeln. Man verzeihe mir eine Weitläuftigkeit, die schwer zu vermeiden ist, wenn man für Schüler schreibt, und Männer widerlegen muß. Was ich wider eine merkwürdige Behauptung Hrn. Kant's vorgebracht habe, habe ich ohne Umschweife und ohne Zurückhaltung gesagt; weil ein Jugendlehrer aufrich-

aufrichtig sagen muß, was er urtheilt, und warum er so urtheilt; und wenn er sich dabey von großen Männern entfernt, die namentliche Anführung dieser Männer auch deswegen als Pflicht zu betrachten hat, weil dadurch bey seinen Schülern am leichtesten dem praejudicio autoritatis docentis vorgebauet werden kann. Auch bin ich überzeugt, daß selbst dann, wenn wider meine Deduction nicht das mindeste einzuwenden wäre, Hrn. Kant's Critik davon keinen Einfluß erfahren würde, den Kenner bedeutend nennen könnten.

Was die übrigen Eigenschaften anbetrifft, welche die Mathematik als Reinigungs- und Belebungs-Mittel des Organs der Seele nach dem Obigen (S. 287 f.) an sich haben muß: so werde ich mich, und zwar eben wegen der bey der ersten bewiesenen Ausführlichkeit, meistens kurz fassen können. So ist zum Beyspiel die zweyte gar nicht zu verkennen. Denn da wir bey dem Studium der Mathematik, als einer reinen Vernunftwissenschaft, nichts von der Erfahrung entlehnen dürfen, und also nicht nur alle Prädicate, welche den zu untersuchenden Gegenständen ihrer Natur nach zukommen, aus den Begriffen von diesen Gegenständen entwickeln, sondern auch diese Begriffe und ihre Gegenstände, auf eine von der Erfahrung unabhängige Art, uns selbst verschaffen müssen: so ist offenbar, daß das Studium der Mathematik nicht nur hie und da unserm Geiste Uebungen gewähren, sondern vom Anfang an und ununterbrochen denselben sogar zum Selbstgebrauche seiner Kräfte zwingen könne.

Erwirbt man sich seine mathematischen Erkenntnisse nach der Platonisch-Euclideischen Methode, so kann es ferner nicht fehlen, daß man die Mathematik auch mit der dritten Eigenschaft (S. 288 f.) begabt, erblicke. Allein da eine genaue Erwägung der Gründe hiervon verschiedene Vorzüge der Euclideischen Elemente in ein helleres Licht setzen, und dieselben als dem Euclideischen Systeme eigenthümlich darstellen kann: so wird es nicht undienlich seyn, über diesen Punkt einiges mehrere zu berühren.

Die sechs ersten Bücher der Euclideischen Elemente, denn bey diesen bleibe ich auch hier stehen, lassen sich bequem in die drey Abschnitte theilen, in welche man sie in dem Vorhergehenden eingetheilt findet, man kann aber auch die vier ersten Bücher zusammenfassen, weil sie insgesammt bloße Elementar-Mathematik enthalten. Das giebt ein jeder zu, daß die Untersuchung des Kreises, und der in Verbindung mit dem Kreise zu betrachtenden regulären Figuren schwerer und zusammengesetzter sey, als die der geradlinigen Dreyecke und der geradlinigen Figuren überhaupt und der Parallelogramme und der Rechtecke insbesondere, so wie auch, daß

die

die allgemeinen Untersuchungen des fünften Buchs und ihre Anwendungen im sechsten, vor der Elementar-Geometrie auf keine Weise vollständig würden gefaßt werden können. Aber dieses ist nur Stufenfolge unter den Abschnitten, und also noch keinesweges die, worauf es hier vorzüglich ankömmt.

Am deutlichsten und leichtesten erkennt man diesen Stufengang darin, daß im ersten Buche erst zwey, dann drey, und endlich vier Punkte zur Hervorbringung der zu untersuchenden Gegenstände gebraucht, und dabey im zweyten Falle von den daselbst möglichen drey geraden Linien zuvörderst zwey, und darauf erst alle drey zu Hülfe genommen werden; daß im andern Buche die gegebene gerade Linie erst in ungleiche, dann in gleiche und ungleiche Theile getheilt, und im ersten Satze außer ihr eine andere gerade Linie, im zweyten sie selbst noch einmal, im dritten einer ihrer Theile, und im vierten sie selbst, aber nicht mehr wie im zweyten ungetheilt, als gegeben angenommen wird; daß im siebenten und achten Satze die gedachten Theilungen bey den Subjecten nicht mehr so offenbar, wie in den vorhergehenden vor Augen liegen; daß im neunten und zehnten Satze die Verknüpfung der Prädicate mit ihren Subjecten eine viel mittelbarere Verknüpfung ist, als im fünften und sechsten; daß vom eilften Satze an das bis dahin durch Betrachtung gefundene angewandt wird, theils um die Fertigkeit im Handeln, theils die Erkenntniß von den sonst untersuchten Gegenständen zu erweitern; daß im dritten Buche zur Erfindung des Bemerkenswerthen erst ein Punkt, und zwar zuerst der Mittelpunkt, dann ein Punkt in der Peripherie, dann irgend ein anderer Punkt in oder außer dem Kreise, dann zwey Punkte im Umfange Eines Kreises, und endlich gerade Linien und geradlinige Winkel gebraucht werden; daß im vierten Buche von geraden Linien zu Figuren, und von den Figuren mit weniger Seiten zu denen mit mehrern fortgegangen wird. Auf eine ähnliche Art läßt sich beym fünften und sechsten Buche zeigen, daß auch da allemal die einfachen Gegenstände vor den zusammengesetzten, und das Leichtere vor dem Schweren hergehet; ja es ist darin der erforderliche Stufengang von dem, der denselben in den vier ersten Büchern deutlich wahrgenommen hat, bey einiger Ueberlegung gar nicht zu verkennen. Und wie viel läßt sich außerdem schon bey der Erlernung der Euclideischen Elemente in dieser Rücksicht bemerken, wenn die Sätze überdacht werden, die zur deutlichen Einsicht eines jeden folgenden aus dem vorhergehenden gebraucht werden! Von einer andern Seite kann man den gedachten Stufengang erblicken, wenn man die Erkenntnißvermögen aufsucht, welche zur deutlichen Einsicht der vorgetragenen Sätze gebraucht

werden

werden müssen. Nur ein Beyspiel anzuführen, so liegt im zweyten Buche bey den sechs ersten Sätzen alles, was betrachtet werden soll, in Constructionen unmittelbar vor Augen; vom siebenten an muß auch die Einbildungskraft sich thätig beweisen, und im neunten und den folgenden ist es vorzüglich deutliche Erinnerung an dagewesene Gegenstände und die von ihnen kennen gelernte Beschaffenheiten, wodurch man zu der anzustellenden Untersuchung geschickt wird. Endlich muß auch das nicht aus der Acht gelassen werden, daß der stete Gebrauch der von den Elementen bey den ferner anzustellenden Untersuchungen unvermeidlich ist, ein volles Begreifen von jenen frühzeitig zum Bedürfniß mache, daß eben deswegen das Auge unsers Geistes immer mehr und mehr zu überblicken veranlaßt und gezwungen, und folglich auch hierdurch die bey der Erlernung der Mathematik mögliche Uebung der Kräfte unserer Seele desto größer und ausgebreiteter werde, je weiter der Schüler fortschreitet.

„Aber einseitig wird doch bey dem allen die Uebung der Kräfte unsers Geistes durch und bey dem Studium der Mathematik, und die Mathematik also als Schule für den Kopf, selbst in wissenschaftlicher Rücksicht, von sehr zweifelhaften Nutzen seyn?" Es ist nicht zu leugnen, daß man, wie Hr. Rehberg im Januar der Berlinischen Monatschrift vom Jahr

1789 gethan, diese Beschuldigung darauf gründen könne, weil es viele Rechner gegen einen giebt, der seine Wissenschaft so wie Kästner mit philosophischem Geiste behandelt; aber es ist auch nicht weniger wahr, daß alle Beschuldigungen, welche man dem Studium der Mathematik macht, nicht die Mathematik sondern diejenigen treffen, welche sie auf eine andere Art behandeln, als sie ihrer Natur nach behandelt seyn will.

Ich komme zu der vierten Eigenschaft S. 290. Die Mathematik nach den Euclideischen Elementen und Plato's Vorstellung von ihrem Nutzen behandelt, so muß es der Schüler gleich vom Anfang an fühlen, daß er in ein Erkenntnißgebiet geführet werde, welches von dem ihm bis dahin bekannten wesentlich verschieden ist; und kann das seine Neugierde reitzen, so wird bald darauf die Gewißheit alles dessen, was er lernt, ihm auch bald die Mathematik als stärkende Nahrung der Seele zu erkennen geben. Und was die Nutzbarkeit der Lehren der strengsten aller Wissenschaften, der einzigen Wissenschaft in ihrer Art, betrifft, wie sie Hr. Rehberg in der Absicht zu tadeln, in der That aber zu ihrem Lobe nennt: so ist die Anwendbarkeit derselben so offenbar und leicht, daß es überflüßig seyn würde, hier darüber das mindeste hinzuzufügen.

Was

Was fünftens die Wege anlangt, auf welchen die mathematischen Erkenntnisse erworben werden, so sind dieselben nach dem Obigen ihrem Wesentlichen nach, an sich so einfach, daß ihre Beschreibung nur wenige Zeilen zu füllen braucht, und bey aller ihrer Mannigfaltigkeit, wenn sie wirlich betreten werden, gleichwohl stets so leicht, daß sie sich jedesmal ungesucht und von selbst darbieten. Und sollte es schwer seyn, die Vorstellung von dergleichen Wegen, wenn man sie zuerst wirklich gegangen ist, und auf jedem Ruheplatze auf die zurückgelegten Theile mit Aufmerksamkeit zurückgeblickt hat, am Ende zu einer deutlichen Kenntniß zu erheben.

In Ansehung der sechsten und letzten Eigenschaft endlich, (S. 292.) ist das zuvörderst von der Mathematik leicht zu erkennen, daß es Eine, die Mathematik in ihrem ganzen Umfange umfassende, Totalvorstellung gewähre, wenn dieselbe Wissenschaft im strengen Sinne genennt, und durch Inbegriff dessen, was wir ohne Beyhülfe der Erfahrung wissen, erklärt wird, S. 8. Nach den jetzt üblichen Vorstellungen von der Mathematik und Philosophie erstreckt sich diese Benennung und Erklärung sogar noch weiter, und begreift nicht bloß die Mathematik sondern auch die Philosophie unter sich; und soll dieselbe alle ihr sonst noch fehlende Genauigkeit erhalten,

halten, so wird dazu weiter nichts als eine Vertauschung der Worte, ohne Beyhülfe der Erfahrung, und wissen, gegen andere, der Natur der Sache mehr angemessene, aber nicht viel mehr Raum erfordernde Ausdrücke nöthig seyn. Und diese Erklärung vor Augen überdenke man die Mathematik, so wie und so weit sie in den vorhergehenden sechs ersten Büchern der Euclideischen Elemente enthalten ist. Was enthalten diese Bücher, vom Anfang an bis zu Ende, anders als Entwickelung der gedachten Einen Totalvorstellung? Und die Gesetze, nach welchen diese Entwickelung vorgenommen wird und von statten geht, findet sie die Seele nicht insgesammt in sich selbst und in dem, womit sie sich beschäftiget? Und reicht dieses nach hin, so überlege man nochmals, was über die erste Eigenschaft der Mathematik, als Reinigungs- und Belebungs-Mittel des Organs der Seele betrachtet, gesagt worden ist, und urtheile dann.

So legt also Plato der Mathematik, vorausgesetzt, daß sie als reine Vernunftwissenschaft behandelt und erlernt werde, mit Recht den wichtigen Nutzen bey, daß sie das Organ der Seele, das durch die übrigen Beschäftigungen des Lebens ausgelöscht und geblendet ist, wieder reinige und belebe; und sollte er weniger Recht haben, wenn er hinzusetzt: das Organ der Seele sey doch wichtiger

tiger als tausend Augen des Leibes, weil wir allein durch dasselbe die Wahrheit erblicken?

Was wahre Vorzüge hat, braucht keinen Werth von der Verkleinerung des minder wichtigen zu borgen, und Gold bleibt das edelst Metall, wenn man ihm gleich den Glanz, die Härte und die Kostbarkeit des Diamants nicht zuschreiben darf. Auch die Erfahrungs-Erkenntnißvermögen sind Geschenke vom allweisen und allgütigen Urheber unserer Natur, die unsern innigsten Dank heischen; was wäre unser Geist ohne sie? Aber die Erfahrung soll Mutter seyn, die erst durch ihre Milch unsern Geist tränke, und zuletzt ihr Vermögen zum Eigenthume ihm übergebe. Das Kind, das vor der Zeit zur Mutter sagt: Gieb mir mein Erbtheil, kann sein Schicksal in einem bekannten Gleichnisse der Bibel lesen; dem wohlgerathenen und ausgebildeten Jünglinge schenkt die Mutter von selbst und mit Freuden alles was sie besitzt; Wonne ists ihr, von ihm wieder zu empfangen, was sie braucht, das Glück ihres Kindes ist ihr mehr als ihr eigenes. Wer nur immer von der Erfahrung nehmen, stets von ihr gelockt und geleitet werden will, gleicht dem, der sein ganzes Leben hindurch unter Vormündern steht. Es ist wahr, daß wir auch durch bloße Erfahrungs-Erkenntnißvermögen eine Menge von Kenntnissen erlangen können; allein es ist auch bekannt, daß diese Kenntnisse meistens nur von der Oberfläche abgeschöpft, daß sie unvollständig, verworren, ungewiß, und mit einer Menge von Irrthümern vermischt sind. Was wir Erkenntniß im vorzüglichen Verstande nennen, ist, genau untersucht, nie bloße Erfahrungskenntniß, sondern mindestens Erfahrungskenntniß mit reinen Vernunfteinsichten vermischt, und durch dieselben erhöht. Wahr ists, daß wir durch reine Vernunfterkenntnisse nie erblicken was ist; sonst müßten ihre Gegenstände individuell, nicht bloße Gattungen und Geschlechter seyn. Aber dagegen sind die reinen Vernunfterkenntnisse Kenntnisse der Formen, und setzen uns als solche in den Stand, bey unsern Untersuchungen wirklicher Dinge das Wesentliche und Beständige von dem Außerwesentlichen und Zufälligen zu unterscheiden; geben uns das stattfindende Mangelhafte, Unvollständige, Verworrene, Unsichere und Ungewisse in unsern Vorstellungen davon zu empfinden; leiten unser Auge nach den Seiten hin, wo die Quellen vollständiger, deutlicher und gewisser Erkenntnisse fließen; und erfüllen unsere Seele mit einem Wahrheitsgefühle, welches uns selbst da vor Irrthum und Uebereilung zu bewahren im Stande ist, wo das Licht deutlicher Erkenntnisse nur schwach seine Strahlen umherwirft, oder von undurchsehbaren Dünsten umgeben ist. Oder legt man den Glanz

des

des Diamants der Erfahrungserkenntnisse dem Golde der reinen Vernunftwissenschaften bey, wenn man dieses behauptet? Es ist wahr, auch ohne reine mathematische und philosophische Erkenntnisse kann man sich Erfahrungserkenntnisse in einem solchen Umfange und von einer solchen Güte und Vollkommenheit erwerben, als selbst zur glücklichen Führung der wichtigsten Geschäfte des Lebens erfordert wird. Allein da man alsdann dazu auf keinem andern Wege gelangt, als daß man die aus Erfahrungs Anschauungen abgezogenen allgemeinen Begriffe auf ähnliche Art behandelt und benutzt, als solches in denen reinen Vernunftwissenschaften mit den reinen Vernunftbegriffen geschieht: so ist auch das unleugbar, daß durch den rechten Gebrauch der reinen Vernunftwissenschaften nicht nur eine viel höhere Stufe, sondern auch daß dieselbe mit weit weniger Mühe und geringerer Anstrengung, und in viel kürzerer Zeit erreicht werde. Insbesondere ist volle, unumstößliche Gewißheit ein Kleinod, zu dessen Besitz wir einzig und allein durch die reinen Vernunfterkenntnisse gelangen können; auf jedem andern Wege ists hohe Wahrscheinlichkeit allein, was uns zu Theil wird, und so fest wir auch öfters unsere Ueberzeugung halten mögen, unerschütterlich wird sie nie.

Diese Auseinandersetzung des S. 355, unten kurz berührten, schwächt wenigstens den Einwurf sehr, der wider die Nutzbarkeit der reinen

Vernunfterkenntnisse daher genommen wird, daß dieselben keine wirklichen Dinge zum Gegenstande haben, und daß alle Sätze der reinen Vernunftwissenschaften bloße hypothetische Sätze sind. Will man ihn ganz aus dem Wege räumen, so muß man die reinen Vernunftwissenschaften von den Aggregaten oder Systemen solcher Kenntnisse unterscheiden, welche zwar ebenfalls generelle aber nicht reine, sondern von wirklichen Dingen abgezogene Begriffe zum Gegenstande haben. Wir wollen diese Aggregate oder Systeme abstracte Wissenschaften nennen. Wenn man seine allgemeinen Begriffe auf dem Wege der Abstraction von wirklichen Dingen entlehnt, so giebt es eine unabsehbare Stufenleiter; und wer darf von sich behaupten, daß er auf derselben, ohne Sprung, bis zu dem obersten Begriffe des Dinges aufgestiegen sey? Ein abstracter Begriff kann ein sehr hoher, und dabey gleichwohl von dem höchsten noch durch eine Menge von Stufen abgesondert seyn. Man denke sich einen solchen Begriff. Was gehört dazu, wenn er nicht zu den leeren Begriffen gehören, sondern Inhalt haben oder bekommen soll? Da Begriffe ohne Anschauungen leer sind, so ist die Antwort allerdings natürlich und leicht, daß er auf Anschauungen bezogen werden müsse; allein hier muß wieder gefragt werden, was gehört dazu? So bald ein Begriff kein

bloßer

bloßer specieller, sondern ein genereller Begriff von irgend einem Grade ist: so kann er, wenn er vollen Inhalt haben oder wirklich verstanden werden soll, nicht unmittelbar auf Anschauungen bezogen werdeu, denn dies ist bloß bey speciellen Begriffen möglich; jeder generelle Begriff erfordert vor allen Dingen Beziehung auf die zunächst unter ihm stehenden weniger generellen Begriffe. Es seyen zur Wegräumung der Leere eines speciellen Begriffs nicht mehr als zwey Anschauungen, zur Wegräumung der Leere eines generellen Begriffs nicht mehr als zwey specielle Begriffe, und so zur erforderlichen Beziehung jedes höhern Begriffs nur zwey ihm zunächst untergeordnete weniger hohe Begriffe nöthig: so gehöret zur mittelbaren Beziehung eines jeden höhern Begriffs auf Anschauungen eine Reihe von Begriffen, an deren Spitze jener höhere, so wie unten Anschauungen stehen, und worin jedes folgende Glied doppelt so viel Begriffe enthält, als das vorhergehende. Wenn diese Vorstellung nicht erkünstelt oder übertrieben, sondern natürlich und der Wahrheit gemäß ist, so läßt sich daraus auch ohne Mühe begreifen, wie die generellen Begriffe, wenn sie nicht generelle Begriffe der untersten Stufen sind, so selten wirklichen Inhalt haben, daß sie meistens zu den leeren Begriffen gehören. Daß es mehrere abstracte Wissenschaften gebe, wobey man viel Gelegenheit haben

 kann,

kann, sich hieran zu erinnern, ist wohl keinem Zweifel ausgesetzt, einen guten Theil unserer Logiken. Philosophien und philosophisch behandelten Disciplinen führt die Ideen=Association bald herbey; allein gilt das, was von abstracten Wissenschaften, selbst außer allem Zweifel ist, deswegen auch so geradehin von den reinen Vernunftwissenschaften? Da man die reinen Vernunftwissenschaften in Mathematik und Philosophie theilt, so wird es nicht unzweckmäßig seyn, bey der Beantwortung dieser Frage von jedem Theile besonders zu reden.

Was also zuvörderst die Mathematik betrifft, so hat sie nicht mehr Haupttheile als zwey, Elementar= und allgemeine Mathematik, und jene hat es bloß mit speciellen, diese mit dem einzigen generellen Begriffe der Größe zu thun. Was kann es also für Schwierigkeiten haben, jeden mathematischen Begriff in der erforderlichen Völligkeit sich zu denken, oder jeden mittelbar auf Elementar=Anschaunngen zu beziehen? Hat man aber erst von dem zu untersuchenden Gegenstande einen völligen Begriff, so wird zur deutlichen Erkenntniß seiner Eigenschaften weiter nichts als Analyse erfordert; und es ist daher, wenn die Mathematik auf einem ihrer Natur gemäßen Wege erlernt wird, vom Begriffe der geraden Linie an bis zu dem höchsten Begriffe der Differenzialrechnung, in ihr kein einziger Begriff, der

nicht

nicht gleich da, wo man ihn erhält, volle Deutlichkeit haben könnte. Daß mir hier jeder Lehrer der Mathematik, der seine Wissenschaft als abstracte Wissenschaft, und nicht als Wissenschaft der reinen Vernunft behandelt, und vielleicht auch wegen der Lage, in welcher er steht, so behandeln muß, widersprechen werde, ist mir zum voraus bekannt; allein in seiner Lage würde ich es nicht minder thun. Also würde es bey der Mathematik lediglich darauf ankommen, ob die Anwendung und der Gebrauch der Sätze der Elementar-Geometrie und Arithmetik bey wirklichen Dingen mit Schwierigkeiten verbunden sey, so daß dazu außer den Elementar-Kenntnissen noch viele und mancherley Uebungen und Unterweisungen erfordert würden? Aber diese Frage beantwortet sich jedem, der eine Antwort darauf braucht, von selbst.

Gern spräche ich auch in ähnlicher Rücksicht von der Philosophie. Allein da dieselbe jetzt nicht zu meinem Hauptzwecke gehört, so daß ich vielleicht schon des wenigen wegen, was ich darüber gelegentlich gesagt habe, Vorwürfe befürchten muß; da ich mich noch auf kein wirkliches philosophisches System, wie das Euclideische in der Mathematik ist, berufen könnte; da Hr. Rheinhold in einem der neuesten Stücke des deutschen Merkurs geradehin behauptet, daß es uns noch an einer Elementar-Philosophie, und, wo ich nicht irre, der Kantischen Vernunftcritik sogar noch an einem Fundamente fehle: so ist es unstreitig besser, das, was sich mir darüber auf meinem Wege dargeboten hat, einer andern Gelegenheit vorzubehalten.

Aber Plato behauptet (S. 282) nicht bloß, daß die Mathematik, überhaupt genommen, Reinigungs- und Belebungs-Mittel des Organs der Seele sey, sondern seine Worte sind: ἐν τουτοις τοις μαθημασιν ἑκαστοις οργανον τι ψυχης εκκαθαιρεται τε και ἀναζωπυρειται. Diese Worte dürfen offenbar nicht auf die Art genommen werden, daß man unter μαθημα einen mathematischen Satz verstehe, so daß Plato der Seele eben so viele Organe beylege, als es mathematische Sätze giebt; und es ist daher ihr Sinn wahrscheinlich folgender: Man mag ein Mathema, (einen mathematischen Satz) nehmen, was für eins man will, so kann dadurch irgend ein Organ der Seele, welches durch die übrigen Beschäftigungen des Lebens ausgelöscht und geblendet ist, wieder gereiniget und belebet werden, und dies wird gewiß geschehen, so bald dies Mathema als Mathema erkannt ist. Auf diese Art gäbe es freylich nach Plato's Vorstellung mehr als ein Seelen-Organ; aber sollten wir der menschlichen Seele, nicht auch wenigstens ein Organ für die Erkenntnisse aus Anschauungen, und eins für die aus Begriffen, und

dann

dann jedem dieser Organe nach dem Unterschiede, nach welchem sowohl die Anschauungen als die Begriffe mehrere neben einander zu setzende Classen zulassen, mehrere Aeußerungsarten beylegen können? Ob in diesem Sinne Plato's Ausspruch volle Wahrheit enthalte? läßt sich hier noch nicht ausführlich deutlich machen; selbst bey dem, was ich hier nicht zurückhalten darf, muß ich bitten, mich nicht bloß auf den in den vorhergehenden Bogen bearbeiteten Theil der Mathematik einschränken zu dürfen.

Hr. Kant sagt in der Vorrede zur zweyten Auflage seiner Critik der Vernunft, S. XI: Dem ersten, der den gleichseitigen Triangel demonstrirte, (er mag nun Thales, oder wie man will, geheißen haben) dem gieng ein Licht auf; denn er fand, daß er nicht dem, was er in der Figur sahe, oder auch dem bloßen Begriffe derselben, nachspüren und gleichsam davon ihre Eigenschaften ablernen, sondern durch das, was er nach Begriffen selbst a priori hineindachte und darstellte, (durch Construction) hervorbringen müsse, und daß er, um sicher etwas a priori zu wissen, er der Sache nichts beylegen müsse, als was aus dem nothwendig folgte, was er seinem Begriffe gemäß selbst in sie gelegt hat.*) — Ferner ist bekannt, was Pythagoras über

*) Man vergleiche hiermit das, was ich oben S. 333-336, und 353-355. gesagt habe. Als ich solches schrieb,

die Erfindung des von ihm benannten Lehrsatzes für Freude empfunden hat; denn mit dem Opfer, was er dafür den Göttern dargebracht haben soll, mag es sich verhalten, wie es will, das bleibt aus den Erzählungen davon immer übrig, daß Pythagoras sich wegen dieser Erfindung sehr glücklich schätzte. Nun ist das zwar allemal etwas angenehmes, wenn man eine Wahrheit entdeckt, die bey andern Untersuchungen große Brauchbarkeit hat; allein, wenn der Nutzen dieser Wahrheit ein bloßer materieller Nutzen ist, so ist es ein sicheres Kennzeichen des Stehens auf der Stufe der Schüler und Anfänger, wenn man sich darüber so freuet, daß sich diese Freude in der Stärke eines hinreißenden Affects äußert. Wollen wir annehmen, daß Pythagoras, er der in einem höhern Grade als irgend einer seiner Vorgänger und Nachfolger, reife und oft überdachte Erfahrungen mit unergründlicher Tiefe des Genies vereiniget hat; daß der Stifter einer Gesellschaft, deren Gründung und Fortdauer mehr glückliche, so wie ihr Umsturz mehr nachtheilige Folgen für die Sitten, Freyheit, Staatsverfassung und Aufklärung eines großen Theils von Griechenland gehabt hat, als die Entstehung und der Untergang irgend

schrieb, fiel mir die hier angezogene Stelle nicht bey; sonst ist es offenbar, daß ich mich an mehrern Orten auf sie hätte berufen können.

irgend einer andern Secte; daß das Haupt einer Schule, aus welcher mehr große Dichter, Erfinder und Erweiterer von Wissenschaften, mehr berühmte Staatsmänner, Tyrannenwürger, Feldherrn, Gesetzgeber, oder Bilder von solchen hervorgetragen sind, als keine, weder ältere, noch neuere Schule erzeugt hat,*) sich wie ein Kind, wie ein Schüler und Anfänger gefreuet habe? Also wie, wenn Pythagoras Freude daher entsprungen wäre, weil er bey seinem Satze, wie Thales bey der Erfindung der Demonstration des gleichseitigen Triangels ein Licht erblickt; weil ihm dabey die reine Wahrheit mit himmlischer Klarheit durchblitzt hätte? Wenn die reine Wahrheit uns durchblitzt, so sind das keine Momente, keine Stunden, oder, den Nachklang im Herzen mitgerechnet, höchstens Tage. Dann entsteht Gewißheit, die bleibt; etwas festes, woran man sich immer, auch in dürren, todten Stunden halten kann. Es ist nicht bloßes Blitzlicht, das uns hintennach die Finsterniß um uns her nur peinlicher macht.**) Bey dieser Vorstellung wäre Pythagoras Opfer begreiflich, auch wenn es ihm sein ganzes Vermögen gekostet hätte, selbst dann, wenn er dabey ei-

 nem

*) Geschichte des Ursprungs und Verfalls der Wissenschaften in Griechenland und Rom, von Christoph Meiners. Erster Band, Lemgo, 1781, S. 179.

**) J. L. Ewald über die Kantische Philosophie, Berlin, 1790, S. 44, 45.

nem gehabten Aberglauben hätte entsagen müssen. Denn gegen das Kleinod der Wahrheit giebt man gern vergängliches Gut, und vorzüglich dann gern hin, wenn seine Aufopferung als Beweis der Dankbarkeit betrachtet wird; und der Aberglaube flieht, sobald die Wahrheit sich nähert. — Endlich überdenke man die Erfindungen Cavaleris, Wallis, Newtons und Leibnitzens in den spätern Jahrhunderten, und suche den ersten glücklichen Gedanken auf, der allein sie dazu in den Stand gesetzt hat. Aus allem wird sich ergeben, daß es irgend Ein Mathema war, wobey sich vor den Augen ihres Geistes selbst eine neue, noch nicht betretene Laufbahn eröffnete; und erhellen, daß sie nur der Richtung nachzugehen nöthig hatten, welche ihre Denkkraft dabey bekam, um auf dem entdeckten Felde um sich her immer mehrere und desto herrlichere Früchte reifen zu sehen, je weiter sie dasselbe durchgiengen. Sollte aus diesen Beyspielen die Wahrheit des Platonischen Ausspruchs nicht mit Recht gefolgert werden können?

Aber ein Mathema muß es seyn und ein Mathema im strengsten Verstande, was diese Wirkungen hervorbringen soll; je mehr oder je weniger es ein solches ist, desto mehr oder weniger werden sich auch die dadurch erwirkten Effecte diesen Wirkungen nähern. — Was ist ein Mathema: was insbesondere ein Mathema im strengsten Verstande? — Irgend

gend ein Satz, dessen unumstößliche Gewißheit wir mit voller Deutlichkeit und so erkannt haben, daß wir, wenn wir Plato's Schüler wären, sagen würden, wir hätten ihn nicht gelernt, sondern uns nur wieder an ihn erinnert. Ein selbsterfundener Satz also; aber nicht bloß das, sondern auch ein selbsterfundener Satz aus dem Gebiete der reinen Vernunft, weil es darin nur unumstößliche Gewißheit und volle Deutlichkeit giebt, und auf die Art erfunden, daß wir seine Wahrheit wie unmittelbar erkannt haben. Außerdem aber, was vorhin angeführt worden, hängt die Beschaffenheit und die Größe der Wirkungen, welche ein solches Mathema hervorbringen kann, auch noch davon ab, ob man bey Sätzen aus eben der Classe vorher die Regeln der Entwickelung durch andere kennen gelernt hat oder nicht; mit andern Worten, ob es ein Mathema von einer uns sonst schon bekannten, oder einer bis dahin noch nicht bekannten Art ist; ferner von der Stärke, welche man vorher seinen Erkenntnißfähigkeiten angeübt hat, und von der Menge der durch Uebung erhöhten Erkenntnißvermögen; desgleichen von der Menge und Mannigfaltigkeit und der Güte der bereits erworbenen Kenntnisse u. s. w. Mit einem Worte: Je mehr Streben vorangegangen ist, je bessere Fähigkeiten jemand hat, und je wichtiger das Mathema selbst ist, desto größer und ausgebreiteter sind auch die Wirkungen, welche es hervorbringen kann; aber jedes Mathema kann ein Mittel zur Reinigung und Belebung des Organs der Seele werden, es sey von welcher Art es wolle, wofern es nur auch subjectiv Mathema genennt zu werden verdient.

Und hieraus erhellet zugleich, worauf ein Lehrer der Mathematik, der seine Wissenschaft zur Erreichung ihres erhabenen formellen Ziels benutzen will, sein Hauptbestreben zu richten habe. Darauf nemlich, daß er seine Schüler von Anfang an zu Selbsterfindern zu bilden suche; daß er zu dem Ende anfänglich ihnen auf eine solche Art den Gang der Selbsterfindung vorgehe, daß sie ohne Mühe und gern ihm nachfolgen; dann ihnen zum Selbsterfinden Gelegenheit und Veranlassung gebe, und nur da zutrete, wo sie ohne seine Leitung still zu stehen gezwungen seyn würden; daß er ihnen Begierde, so viel als möglich durch eignes Nachdenken auszurichten, einflöße, dieselbe immer mehr und mehr zu verstärken suche, und zuletzt selbst erwirkte und erzeugte Kenntniß zum Bedürfniß und zum dringenden Bedürfniß mache.

Ganz gehört es hier nicht her, allein es wird nicht ohne Nutzen seyn, noch zu berühren, wie insbesondere die höhern Mathemata dazu dienen, das Organ der Seele zu schärfen, daß es bey den niedern Gegenständen der Elementar-Mathematik

mehr

mehr und schneller und leichter wahrnimmt, als es ohne diese Mathemata vermögend war. Dadurch entsteht zugleich eine bequeme Gelegenheit, auch des sechsten Buchs der Euclideischen Elemente zu erwähnen, wovon bis jetzt noch nicht geredet worden ist.

Ueberhaupt enthält dieses Buch weiter nichts, als Erweiterung und Vervollkommnung der durch die vier ersten Bücher möglichen Elementarkenntnisse, mittelst der Lehrsätze des im fünften Buche enthaltenen Anfangs der allgemeinen Mathematik. So brauchen z. B. die in ihm vorkommenden neuen Sätze von der Gleichheit der Dreyecke und der Parallelogramme, von der Theilung gerader Linien und geradliniger Winkel, nicht besonders berührt zu werden; und was für Sätze von ganz anderer Art, als die in den ersten vier Büchern seyn konnten, finden sich außerdem darin. Was für eine wichtige Erweiterung eines sehr merkwürdigen Satzes ist die im ein und dreißigsten Satze? In der folgenden Abtheilung wird sich Gelegenheit darbieten zu zeigen, wie der Gebrauch der Sätze der allgemeinen Mathematik selbst den Vortheil gewähre, daß unsere Ueberzeugung von der Wahrheit der Sätze der reinen Mathematik stärker werde, und die Sätze mit ihren Beweisen sich der Seele auf einmal weit fester einprägen.

Es muß also die Frage: Sind wir im Besitz einer Wissenschaft, welche alle Merkmale eines Reinigungs- und Belebungs-Mittels des durch die ersten Beschäftigungen des Lebens ausgelöschten und geblendeten Organs der Seele an sich trägt? (S. 292.) allerdings bejahet werden, und wir können uns daher nun zur Beantwortung der (S. 292.) folgenden Frage wenden: Ist dieses Mittel in seiner Würde und Wichtigkeit erkannt und zweckmäßig und allgemein genug gebraucht worden?

Das oben (S. 346.) von Hrn. Kästner über die Euclideischen Elemente angeführte Urtheil kann die Vermuthung erregen, daß auch diese Frage bejahet werden müsse. Aber dieser, eben so große Mathematiker als würdige Greis, sagt auch in seinen Vorerinnerungen von der Mathematik überhaupt und ihrer Lehrart: Man hat die mathematische Methode besonders nach dem Verfahren des Euclides abgeschildert, und sie daher die geometrische oder Euclideische genannt. Schwerlich wird man sie auch recht kennen lernen, wenn man nicht diesen Schriftsteller, und solche, die ihm getreu folgen, liest. Neuere Lehrer der Geometrie sind von der gehörigen Schärfe im Beweisen oft weit abgewichen. Man muß dieses besonders von den Franzosen sagen. Es ist bey ihnen eine Folge zum Theil der National-flüchtigkeit, zum Theil einer lobenswürdigen Ursa-

che,

che, der Neigung, welche vornehme Kriegsleute und andere, deren Hauptbeschäftigung das Studieren nicht ist, zur Mathematik tragen. Solchen Personen hat man die Erlernung der Mathematik erleichtern und angenehm machen wollen. Aber Euclides wußte Königen keinen Weg zur Geometrie zu ebenen. — In Andreä Dichtungen kommt eine Erzählung von der Aufnahme vor, die Euclides bey einem Besuche der Oberwelt vor zwey oder drey Jahrhunderten erfahren. Indeß da dies eine Dichtung, und es besser ist, von dem zu reden, was jetzt statt findet: so will ich lieber noch einmal des Umstandes Erwähnung thun, daß man aus den neuern Lehrbüchern der Mathematik das fünfte Buch der Euclideischen Elemente, verwiesen hat. Elementar-Arithmetik, in der Vollkommenheit, in welche uns Euclides die Elementar-Geometrie hinterlassen hat, besitzen wir noch nicht; allgemeine Mathematik, im wahren und genauen Sinne, trifft man nirgends; was wir davon haben, ist nur ein Analogon von ihr; möglich vollständige und wahrhaft scientifische Erweiterungen der Elementar-Mathematik durch die allgemeine, noch weniger; selbst die Elementar-Geometrie ist in den meisten neuern Lehrbüchern, auch nach Hrn. Kästners Urtheil, von der schon vor zwey tausend Jahren ihr gegebenen Vollkommenheit entfernt. Und die Methode, welche

beym

beym Unterricht in der Mathematik befolgt zu werden pflegt; hat sie das zum Ziel, was sie nach dem Vorhergehenden (S. 378) zum Hauptendzwecke sich vorgesetzt haben mußte?

Dieses Urtheil klingt hart in Ansehung anderer, und stolz in Ansehung dessen, der es fällt; und es soll mir daher auf keine Weise unerwartet seyn, wenn sich auch hierdurch einer oder der andere zu Beurtheilungen der gegenwärtigen Reflexionen verleiten lassen wird, die der Beurtheilung meiner Anmerkungen und Zusätze zu meiner Uebersetzung des ersten Theils der Eulerischen Differenzial-Rechnung, im 65 und 66sten Stücke der Hallischen gelehrten Zeitungen *) vom 15ten August dieses Jahrs ähnlich

*) Was ich über dergleichen Recensionen, in Ansehung der darin gefällten Urtheile, sagen könnte, habe ich in der Vorrede zu meinen Anfangsgründen zur Buchstabenrechnung und Algebra, Berlin 1788, S. XII XIV. gesagt, und auf den darin herrschenden Ton paßt sehr gut, was in meiner Vorrede zur Uebersetzung des oben gedachten Eulerischen Werks S. LII. LIV. steht. Beyde Erklärungen habe ich ein für allemal gethan. Sind jemands Augenmuskeln so steif geworden, daß er seine Augen nur nach einer Richtung hin in seiner Gewalt hat, und hat er dabey eine solche Denkart, daß er den, dessen Augen mehr Beweglichkeit haben, und der nicht gerade so sieht als er, anschnarchen zu müssen glaubt; — ein Gesitteter fängt mit einem Halbblinden keinen Zank an, wenn er auf einem Spaziergange von demselben angestoßen wird, sondern setzt gelassen seinen Weg fort.

lich sehen. Auch würde ich darüber kein Wort sagen, wenn ich solches nur um mein Selbstwillen thun könnte; aber die Sache ist zu wichtig und kann dabey gewinnen, wenn ich dergleichen Urtheilen noch zuvor zu kommen suche. Aus diesem Grunde will ich mich über den Gesichtspunkt, auf welchem ich stand, als ich Vorstehendes niederschrieb, ausführlich erklären, und dieser Gesichtspunkt ist natürlicher Weise auch der, von dem ich wünsche, daß meine Beurtheiler ihn betreten mögen.

Solche eingeschränkte Kenntniß, sowohl in der Mathematik als in der Geschichte derselben, wird mir hoffentlich Niemand beylegen, daß ich nicht wissen sollte, daß die Mathematik sowohl in Ansehung ihres Umfangs als in Rücksicht auf die Deutlichkeit und Gewißheit ihrer Lehren, und auch in Ansehung ihrer Brauchbarkeit für den Gelehrten und den Geschäftsmann auf einer viel höhern Stufe stehe, als von irgend einer andern Wissenschaft behauptet werden kann; wenigstens habe ich gerade auf diese Art über die Mathematik in meinen Gedanken über ihren gegenwärtigen Zustand, und über die Art, ihre Vollkommenheit und Brauchbarkeit zu befördern, geurtheilt, und in diesem Buche eben deswegen die vortheilhafte Seite der Mathematik nur im Allgemeinen berührt, weil ich diese als unverkennbar und bekannt betrachtete und noch betrachte.

trachte. Eben so wenig ist es je meine Absicht gewesen, und ist und kann es auch hier nicht seyn, irgend eins von unsern guten mathematischen Lehrbüchern zu verkleinern, oder von einer nachtheiligen Seite darzustellen; ich verkenne den Werth des Wolfischen nicht, und noch weniger die Verdienste, welche sich nach Wolfen, von Segner, Karsten und Hr. Kästner durch ihre Lehrbücher erworben haben; des letztern Anfangsgründe habe ich sogar mehrmals für musterhaft, der Absicht, welche ihr, mein Lob nicht bedürfende, Verfasser dabey gehabt hat, durchaus entsprechend, und unübertreflich genennt, und lege allemal sie und kein anderes Buch zum Grunde, sobald ich Schüler oder Zuhörer habe, die die Vorübungen in der Mathematik überstanden, und die erforderlichen Vorerkenntnisse und Fertigkeiten im mathematischen Denken sich erworben haben. Aber haben Deutschlands Lehrer in der Mathematik ihre Lehrbücher für Kinder, und für Schüler der niedern Schulen geschrieben? Was meine Gedanken über das betrifft, was in der Philosophie geleistet ist, so sind sie diesen Vorstellungen über die Mathematik und das, was wir darin haben, vollkommen ähnlich.

Die Frage: Wie muß der Unterricht in Wissenschaften, einmal in Büchern, und dann bey der mündlichen Erklärung oder dem Gebrauche dieser

Bücher beschaffen seyn? läßt sich nicht ohne vorher vorgenommene Theilung dieser Frage so beantworten, als sie ihrer Wichtigkeit wegen beantwortet zu werden verdient. Wir haben niedere und hohe Schulen, oder kürzer, Schulen und Universitäten, und es ist wohl keinem gegründeten Zweifel unterworfen, daß sich der Unterricht auf Schulen (von Klipschulen ist hier die Rede nicht) von dem auf Universitäten, nicht sowohl durch seine Gegenstände, als vielmehr durch die Behandlungsart derselben, und durch die Beschaffenheit und Menge der davon zu erwerbenden Kenntnisse unterscheiden müsse. Auf Schulen hat man es mit Anfängern zu thun, die weiter nichts mitbringen als die Erfahrungskenntnisse und Fertigkeiten, welche man sich in den Kinderjahren und in seiner Eltern Hause und durch Unterweisung, die nicht selten diesen Namen kaum verdient, erwerben kann. Von dem, was sie nach den klagenden Behauptungen insbesondere der neuesten Erzieher außerdem in großer Menge und nicht geringer Stärke mitbringen, habe ich hier nicht nöthig zu reden, denn ich habe hier keine Absicht, welche dergleichen Klagen entschuldigen könnte; und ich denke überdies, daß krumm gebogene junge Bäume wieder gerade gemacht, und selbst ein sandiger Boden durch guten Dünger in einen fruchtbaren verwandelt werden könne. Nun giebt es bey jeder

Menge von Dingen, die zu einer und derselben Classe gehören, eine zwiefache Art des Unterrichts, eine natürliche und eine künstliche, und bekannte Beyspiele dieser doppelten Art sind die natürliche und künstliche Methode in der Naturgeschichte, deren Beschreibung ich aus Dietrichs Anfangsgründen der Pflanzenkenntniß, Leipzig 1785. S. 84. 85. hersetzen will. „Der Verfasser eines Systems oder Methode kann bey dessen Errichtung zwey ganz verschiedene Wege gehen, welche man bisweilen den Weg der Abtheilung und den Weg der Zusammenfügung nennt. Nemlich er kann sich im voraus zum Anfang seiner Musterung des Pflanzenreichs nach eigenem Gefallen und Ermessen einen Plan desselben entwerfen, und von Oberabtheilung zu Unterabtheilung ausführen, und dann jeder Pflanze die Stelle anweisen die ihr nach den angenommenen Gesetzen zukommen kann, und dieses ist der Weg der Abtheilung, da der Schlüssel zuerst gemacht wird; oder er kann erst die Arten in Sammlungen vereinigen, wie er es natürlich findet, hernach die kleinern Sammlungen wieder in größere zusammenfügen, welche entlich das ganze Pflanzenreich zusammen ausmachen, also von den Unterabtheilungen zu den Oberabtheilungen schreiten, und dieses ist der Weg der Zusammenfügung, wo der Schlüssel zuletzt gemacht wird. Man sieht leicht, daß die Methode durch die Abtheilung eigen=

eigenmächtig ist, und der Natur viel Gewalt anthun muß, man nennt sie deswegen Methode der Willkühr oder der Kunst. In der Methode durch die Zusammenfügung nimmt man die Aehnlichkeiten, wie man sie findet, und läßt sich von der Natur leiten, weswegen sie füglich die natürliche Methode genennt wird." Auch bey der Unterweisung in den abstracten Wissenschaften und den Wissenschaften der reinen Vernunft giebt es eine natürliche und eine künstliche Methode, und will man beyde auf ähnliche Art beschrieben haben, so darf man nur in dem Vorhergehenden allenthalben specieller Begriff statt Pflanze setzen. Oder sollte das deswegen nicht hinlänglich seyn, weil in der Naturgeschichte die Methoden bloß zur Anordnung der Gegenstände dieser Disciplin und der davon zu erwerbenden Kenntnisse dienen sollen, keineswegs aber zu Mitteln, sich diese Kenntnisse zu erwerben? In irgend einer Ordnung müssen doch allemal die verschiedenen Gegenstände der Disciplinen den Schülern vorgeführt werden, wenn ihnen nicht die Erwerbung vollständiger und gründlicher Kenntnisse davon ohne Noth erschwert werden soll, und in jeder Disciplin giebt es außer den individuellen und speciellen Begriffen, bald in geringerer bald in größerer Menge, mehr oder weniger höhere Begriffe, als Gegenstände dieser Disciplin. In welcher Ordnung sollen nun diese Begriffe untersucht werden? Etwa vom Anfang an und allein in einer künstlichen Ordnung? Dann lernten sie die Schüler lediglich in einer willkührlichen Verknüpfung kennen, und die meisten ihrer erworbenen Kenntnisse würden Wortkenntnisse seyn und weiter nichts. Auch weiß ich nicht ob diese Methode von der mit Recht verworfenen Tabellar-Methode wesentlich verschieden seyn könne? Oder theils in einer künstlichen, theils in der natürlichen? Dann frägt sich, von welcher der Anfang gemacht werden müsse, und welche deswegen auf Schulen gehöre? Hier ist nun wohl kein Zweifel, daß die natürliche Methode vor der künstlichen vorhergehen müsse; und wäre es allenthalben so, wie in der Naturgeschichte, daß wir nemlich nur deswegen zu einer künstlichen Methode unsere Zuflucht nähmen, weil wir keine natürliche Methode hätten und auch gewiß so bald nicht hoffen dürften, die Fragmente der natürlichen Methode, welche wir bis jetzt nur besitzen, zu einer vollständigen Methode ausgearbeitet zu sehen: *) so mögten in der Mathematik und Philosophie die Vertheidiger der künstlichen Ordnungen Mühe haben, darzuthun, daß in diesen Wissenschaften, als reine Vernunftwissenschaften betrachtet, die natürliche Ordnung uns unerreichbar sey. Ist es aber in

*) Dietrichs Anfangsgründe der Pflanzenkenntniß, S. 147, §. 233.

in jeder Disciplin wider die Natur unsers Geistes, die Gegenstände derselben früher in einer künstlichen Ordnung zu untersuchen, als man sie in ihrer natürlichen Verbindung kennen gelernt hat: so fehlt es unserer Sprache sogar an einem Beyworte für den Fehler, wenn eben dies in den reinen Vernunftwissenschaften gethan wird. Denn geschieht dies, so werden alle Urtheile oder Sätze dieser Wissenschaften synthetisch, und dann ist, nicht bloß in der Philosophie, sondern auch in der Mathematik, das, worauf sich der Verstand stützt, wenn er außer dem Begriffe von A ein demselben fremdes Prädicat B aufzufinden glaubt, welches er gleichwohl damit verknüpft zu seyn erachtet, *) durchaus ein Unbekanntes, und nicht einmal = x, denn durch diesen Buchstaben bezeichnen die Mathematiker nur das, was sie aus etwas Bekannten entwickeln, und also ebenfalls zu etwas Bekannten erheben können. Sollen die reinen Vernunftwissenschaften unserer Seele ein Reinigungs- und Belebungs-Mittel ihres Organs werden, so ist das nicht hinlänglich, daß sie objectiv genommen reine Vernunftwissenschaften sind, sie müssen dazu solches auch subjective werden. Dann aber gleichen die Mathematik und Philosophie Gebäuden, die ganz unser Eigenthum sind, und als wissenschaftliche Gebäude können sie solches nicht

 seyn,

*) Critik der reinen Vernunft, S. 13.

seyn, wofern wir sie in unserer Seele nicht selbst gegründet, aufgeführt und vollendet haben. Würde man über den Bauherrn lachen, der vor allen andern für den Hausschlüssel sorgen, und nun erst an die Erbauung eines Hauses denken wollte; woher sollte das Recht entstehen, Schullehrer zu zwingen, daß sie diesem Bauherrn ähnlich zu werden suchten? Wenn sie wissenschaftliche Gebäude zu verkaufen hätten, so wäre es freylich ihre Pflicht, spätestens sogleich nach Empfang des verabredeten Kaufpreises dem Käufer die Schlüssel zu übergeben, und ihn dadurch in den vollen Besitz jener Gebäude zu setzen; aber ein ähnlicher Fall findet nur dann statt, wenn Resultate angestellter Untersuchungen, allenfalls mit ihren Gründen und ihrem Gebrauch, in Worten mitgetheilt werden. Der Lehrer auf Schulen muß sein Hauptbestreben darauf richten, daß er die Geistesfähigkeiten seiner Schüler erwecke, entwickele, bilde, stärke und vervollkommne; Hervorbringung der Erkenntnisse ist nur in so fern sein Ziel, als sie jenem Hauptendzwecke untergeordnet ist. Der Lehrer auf Universitäten und durch Schriften setzt Zuhörer und Leser mit ausgebildeten Fähigkeiten voraus, und theilt die Resultate seiner und anderer angestellten Untersuchungen mit. Thun beyde ihre Pflicht, so zieht jener Gesellen, aus welchen dieser Meister bildet, die in ihrem Meisterstande desto mehr Verdienst

und

und Ruhm sich erwerben werden, je mehr sie darin die erworbenen Kenntnisse und Geschicklichkeiten zu erweitern und zu vergrößern suchen.

Dies vorausgesetzt, so bin ich Lehrer an einer Schule, und alle meine bisherigen öffentlichen und Privat-Arbeiten sind Geschäfte eines Schullehrers gewesen. Der Fabrikant hält sich nicht für beleidigt, wenn der Handwerksmann, der für ihn arbeitet, über das Handwerk spricht, welches er gelernt hat und treibt. Geschieht solches von diesem, weil er aufrichtig wünscht, daß die Vortheile, die er sich durch Erfahrung und Nachdenken bekannt gemacht hat, und welche ihn in den Stand setzen, in kürzerer Zeit und mit weniger Mühe, und also auch für einen billigern Preis, Waaren zu verfertigen und zu liefern, als es seine Mitmeister vermögen: so ist das freylich etwas gewöhnliches, daß diese Mitmeister scheel sehen, oder wohl gar einer unter ihnen den Einfall hat, dagegen etwas in ein Intelligenzblatt setzen zu lassen. Aber der Fabrikant wird ermuntern, wo er Gutes, und mit Herablassung und Güte belehren, wo er Irrthum und Fehlerhaftes bemerkt.

Gleichnisse erläutern, nur müssen sie nicht weiter ausgedehnt werden, als der selbst thut, welcher sie braucht. Also die Frage: Ist der Unterricht, der in den meisten Schulen in der Mathematik ertheilt wird, so beschaffen, daß die Lehrer auf Universitäten in eben dieser Wissenschaft, Ursach haben, sich darüber zu freuen? Ist die Anzahl derer groß, die zur Universität mehr Kenntnisse in der Mathematik mitbringen, als im Lateinischen etwa diejenigen besitzen würden, die ein solches Uebermaaß von Fähigkeiten in sich fühlten, daß sie kein Bedenken trügen, einen Tertianer unmittelbar in einen Studenten zu verwandeln? Wenn diese Fragen mit keinem Warlich nicht beantwortet werden können *), so will ich gern alles, was ich bis jetzt über die Verbesserung des Unterrichts in der Mathematik auf Schulen gesagt und geschrieben habe, wieder zurücknehmen, und nie ein Wort wieder darüber vorbringen.

Stolz ist es nicht, daß ich gesprochen, und öfters und laut gesprochen habe. Wäre Stolz mein Fehler, so hätte ich keine Risse vorgelegt, nicht die von Kennern darüber gefällten Urtheile so treu und gewissenhaft benutzt. Dann hätte ich mich an große Männer

*) Der Herr Magister Plagemann meint aber auf der 13ten Seite seines im vorigen Jahre geschriebenen Programms: Gedanken über den Verfall und die Aufnahme öffentlicher Schulen; daß die Mathematik auf den meisten Lectionsverzeichnissen nur zum Schein und ohne wahren Nutzen, als Blendwerk und scheinbare Larve gründlicher Gelehrsamkeit da stehen, weil wenige Köpfe zur Mathematik, und noch weniger Lust haben, und daß sie daher auch nie zur allgemeinen Lection gemacht werden sollte.

Männer angereihet, und Hrn. von Irwings *) Ausspruch als Regel angenommen: Man baue nur erst da, wo es nöthig ist, bessere Gebäude auf, die alten werden sodann schon von selbst bald genug verlassen dastehen, oder etwan noch irgend einem eigensinnigen Poltergeiste zur Behausung dienen.

Stolz ist es insbesondere nicht, daß ich in diesen Reflexionen gelegentlich der Philosophie gedacht, dabey öfters Herrn Kant's Erwähnung gethan, und einige seiner Sätze, wie manche sagen werden, zu widerlegen gesucht habe. Der Weg der reinen Philosophie geht durch das Gebiet der Mathematik, und in Elementen der Mathematik für solche, die sich den Wissenschaften widmen wollen, müssen auch darüber frühe Winke vorkommen. Daß Hrn. Kant's Name öfters genennt worden, war unvermeidlich; denn wer kann jetzt von Philosophie, insbesondere von der reinen Philosophie, sprechen, ohne Hrn. Kant öfters zu nennen? Daß manche glauben werden, ich hätte Hrn. Kant eines Irthums zu zeihen gesucht, ist mir auf keine Weise unwahrscheinlich; vielleicht urtheilte ich selbst so, wenn ich Hrn. Kant's Critik, so weit ich sie gelesen, mit weniger Aufmerksamkeit und mit weniger Nachdenken gele-

*) Erfahrungen und Untersuchungen über den Menschen. Erster Band, 2te Aufl., in der Vorrede.

sen hätte; träumte dann vielleicht von, ich weiß nicht was für, einem Einflusse, der aus meiner Widerlegung auf Hrn. Kant's ganzes System entstehen würde. Aber so lange jemand das Obige aus einem solchen Gesichtspunkte betrachtet, betrachtet er es falsch, und meine Behauptungen erscheinen ihm schief, weil er selbst sie schief gestellt hat. Wie erklärt man die theoretische Philosophie? So daß darin die Begriffe nach der natürlichen, oder so, daß sie nach der Ordnung der Kunst, auf einander folgen müssen? Ist dies letztere, so entsteht die Frage: Mußte Hr. Kant in seiner Critik der reinen Vernunft von der theoretischen Philosophie so reden, als man sie sich seit Aristoteles Zeiten gedacht hat, oder nicht? Kann der erste Theil dieser Frage nicht mit Recht verneint werden, so sind allerdings alle Sätze der theoretischen Philosophie, als Philosophie nach der Ordnung der Kunst behandelt, vorausgesetzt, daß diese Sätze nicht zu denen gehören, die durch bloße Wortanalyse gefunden werden können, synthetische Sätze; ja es werden auch alle mathematische Sätze synthetische, sobald man auch diese Wissenschaft der Ordnung der Kunst unterwirft, und davon ausgeht, daß sie Wissenschaft der Größen sey. Dies erscheint mir wenigstens nach meiner Vorstellungsart wahr; aber es sey bloß mir, oder es sey wirklich wahr, das folgt daraus unwider=

widersprechlich, daß ich von mir nicht meinen kann, als hätte ich gegen Hrn. Kant gefochten.

Hrn. Kästners Fabel: Der Seidenwurm und die Spinne, *) endigt mit der Erinnerung:

Abstracte Logiker, merkt euch den Unterricht,
Euclides lernt von euch des Denkens Regeln nicht;

und die gleich darauf folgende, mit der Ueberschrift, die Eulen, und den Schlußzeilen:

Der Grillenfänger Heer, von eigner Weisheit voll,
Lernt, was sonst niemand lernt, und niemand lernen soll;
Wo man nur menschlich denkt, da mag es nichts verstehen,
Und denkt sich adiquat, abstracte Grundideen;

ist so treffend, daß man sie schwerlich ganz verstehen kann, ohne dadurch gegen alle abstracte Philosophie einen Widerwillen zu bekommen, wenn man ihn auch bey der Erlernung derselben nicht schon hätte fassen müssen. Gienge Hrn. Kant's Bestreben in seinen Critischen Schriften dahin, der abstracten Philosophie eine Stütze zu verschaffen, so könnte es vielleicht sogar verdienstlich seyn, dagegen aus allen Kräften zu kämpfen; und dann wäre es auch nicht zu bewundern, wenn seine Philosophie bis jetzt das Glück noch nicht erfahren hätte, von einem Mathematiker schmackhaft erfunden zu werden. **) Aber wenn

*) Vermischte Schriften, 3te Aufl. S. 170. 171.

**) Nach dem Verfasser der S. 382 angeführten Recension

wenn Hr. Kant gerade in Rücksicht auf die abstracte Philosophie mit Recht der alles Zermalmende genennt werden kann; wenn sein Hauptbestreben bisher darauf gerichtet gewesen, derjenigen Philosophie, die eine Tochter der reinen Vernunft und eine Schwester der Mathematik ist, noch Plato und Euclides diese letztre gedacht, den Weg zu den Menschen wieder zu bahnen; so heißt ja das nicht wider Hrn. Kant streiten, wenn man eine wichtige und unterscheidende Behauptung von ihm, die er nur wider die abstracte Philosophie als Waffe braucht und dazu erfunden hat, in der wahren Philosophie und in der vor ihr und zu ihr unentbehrlichen Mathematik für unbrauchbar erklärt.

Um auf mich zurück zu kommen, so gestehe ich gern, daß ich Hrn. Kant's Critik der reinen Vernunft nie ansehen und brauchen werde, um Philosophie daraus zu nehmen, daß mir aber dagegen diese Critik eine Quelle von Hülfsmitteln und Anweisungen zur Philosophie zu seyn scheint, dergleichen wir vor ihr noch

sion in den Hallischen gelehrten Blättern ist dies noch nicht geschehen, und Unrecht kann derselbe wohl schwerlich haben, er spricht dazu in einem gar zu entscheidenden Tone. Hr. Schulz der Verfasser der oben genannten Anfangsgründe der reinen Größenlehre, und Hr. Schulz der Erläuterer und Prüfer der Kantischen Critik müssen aber nicht für Eine Person gehalten werden!

noch nicht gehabt haben, und wie sie nur ein Kant entdecken und eröfnen konnte. Was Hrn. Kant betrifft, so dünkt mich, daß sein Name in der Geschichte der Wissenschaften einst auf eben der Stufe glänzen werde, wo in der Geschichte der Naturlehre Bacons Name steht. Selbst der Mathematiker kann in seinen Schriften Veranlassung, Reitz und Anleitung finden, seine Wissenschaft aus reinern Quellen zu schöpfen, und ebe dadurch derselben eine grössere Festigkeit, mehr Reitz, weitere Ausdehnung und eine ausgebreitetere Brauchbarkeit zu geben, als sie, ihrer wirklich gemachten bewundernswürdigen Fortschritte ungeachtet, schon hat. Zwar haben Thales und Pythagoras aus Egypten Saamenkörner gebracht, aus denen Wälder hervorgewachsen sind, die schon Jahrtausende die Menschen mit Nahrung und Früchten versorgen. Aber sollte es unmöglich seyn, wenigstens Theile dieser Wälder in noch fruchtbarere Gärten zu verwandeln? Wichtig scheint mir jeder Versuch hierin, nicht sowohl um der Mathematik selbst, als vielmehr um der wahren Philosophie willen, wovon wir, nach Hrn. Rheinhold wenigstens, noch nicht einmal die Elemente haben. Hat Hr. Kant zu seiner Critik die Mathematik nicht entbehren können, so wird dieselbe, zur Erfindung der reinen Philosophie selbst, noch weniger entbehrlich seyn. Aber wird sie, als abstracte

Wissen-

Wissenschaft der Philosophie, als Wissenschaft der reinen Vernunft, beförderlich seyn? Und wenn das echste Buch der Euclideischen Elemente ein merkwürdiges Beyspiel von dem Einflusse ist, den ein zweckmäßiger Gebrauch von Resultaten allgemeiner Untersuchungen zur Erweiterung und Vervollkommnung der niedern mathematischen Kenntnisse haben kann: wer kann leugnen, daß nicht auch von den noch höhern und allgemeinern Lehren einer wahrhaften Elementar-Philosophie wichtige Vortheile, erst für die allgemeine, und dann auch für die Elementar-Mathematik entspringen könnten?

Was ist denn nun, um zum Beschlusse die letzte der S. 292 stehenden Fragen zu beantworten, durch das Bisherige geschehen? — Es ist ein Versuch gemacht worden, zu zeigen, daß sich die ganze reine Mathematik aus dem Begriffe der Mathematik entwickeln lasse. — Also enthalten die vorstehenden Bücher der Euclideischen Elemente den Anfang der Mathematik nicht ganz in der Gestalt, in welcher er sich bey dieser Entwickelung selbst darstellen würde; oft sind bloß die Resultate der Entwickelung und die Gründe dieser Resultate mitgetheilt worden; theils, weil Anleitungen vorhergegangen waren, die diese Abkürzung erlaubten, theils, weil sonst eine, vielleicht zu große, Weitläuftigkeit unvermeidlich gewesen seyn würde. Denn so wenig auch bey der mündlichen

lichen Unterweisung der Weg der Entwickelung den Vorwurf verdient, daß man darauf später sein Ziel erreiche, als auf dem Wege der Mittheilung der bereits gefundenen Resultate: so erscheint dieser gleichwohl in Schriften allemal weit kürzer und ebener als jener; und warum sollte man bey einer Schrift, welche bestimmt ist, bey mündlicher Unterweisung gebraucht zu werden, dem Lehrer gar nichts aus seinem Gedankenvorrathe hinzuzusetzen übrig lassen? — Ferner ist bey diesem Versuche, weil er zum Gebrauche auf Schulen, und also für erste Anfänger in der Mathematik geschrieben ist, auf die wenig geübten Fähigkeiten erster Anfänger häufige Rücksicht genommen worden. Daher rührt es, daß in den Elementen manches unvollkommner gelassen, manches sogar übergangen worden ist, was an sich nicht weniger bemerkenswerth gewesen wäre. Wegen dieses Unvollkommenen und Fehlenden enthalten die vorhergehenden Reflexionen an verschiedenen Orten nützliche Winke; und findet der Lehrer bey der mündlichen Unterweisung seine Schüler fähig, strengern und vollständigern Unterricht früher zu fassen, so fällt in die Augen, was seine Pflicht sey. — Vielleicht nimmt auch der Schüler, der nach gegenwärtigen Buche geführt wird, unter seine mathematischen Kenntnisse nicht nur manches auf, was er künftig erst recht entwickeln kann, und dann auch erst entwickeln

wickeln muß, sondern wohl gar manches, was denen Ansätzen bey einem jungen Baume gleicht, die kein verständiger Gärtner ungehindert fortwachsen, sondern abschneiden oder abreißen wird. Wenn der Schüler auf dem Wege der Entwickelung in das Gebiet der Mathematik geführt wird, so gleicht der ganze Inbegriff der Kenntnisse, welche er sich erwirbt, einem Baume, den er selbst, wenn auch unter eines andern Leitung, im Saamen gepflanzt und selbst gezogen hat. Welche von den fruchttragenden Bäumen erfordern, jung, mehr die Pflege und auch das Messer des Gärtners? — Endlich durften wegen der fünften Eigenschaft, welche die Mathematik als Reinigungs- und Belebungs-Mittel des Organs der Seele nach dem Obigen an sich tragen muß, dem unternommenen Versuche die Bemerkungen nicht fehlen, welche er über die Mittel und Wege enthält, die zu der Erfindung der erkannten Wahrheiten führten; allein da er nur auf eine Art von mathematischen Gegenständen sich erstreckt, so konnten auch diese Bemerkungen nicht sowohl deutliche und vollständige Belehrungen, sondern größtentheils nur Winke seyn. Also ist denn auch durch diesen Versuch nur ein Anfang gemacht worden, der noch nicht einmal so weit reicht, daß man von ihm deutlich und mit Gewißheit auf das folgende schließen könnte. Der Weg, der darin ge-

gangen

gangen ist, ist nur erst ein Theil des Weges, der durch das Gebiet der Geometrie führt; wenn wenigstens eben so weit das Gebiet der Arithmetik offen und deutlich übersehbar vor Augen liegt, und das Feld durchwandert ist, was an beyde zunächst grenzt, und der Geometrie und Arithmetik gemeinschaftlich zugehört, dann werden diese Winke zu vollständigen, ausführlich deutlichen, gewissen und auch außer der Mathematik brauchbaren Belehrungen erhoben werden können. Diesem gemäß wird die folgende zweyte Abtheilung die Elementar-Arithmetik, die Erweiterung der Elementar-Arithmetik durch die im fünften Buche der Euclideischen Elemente enthaltene allgemeine Mathematik, die Anwendung der Arithmetik auf die Geometrie, und endlich ein System der reinen Logik enthalten, deren Lehren bey den bis dahin vorgenommenen Entwickelungen bereits öfters befolgt, und zuletzt bloß aus mehrern Fällen durch Vergleichung derselben abgeleitet, in eine natürliche Ordnung gestellt, und dabey auch ihrer anderweitigen großen Brauchbarkeit nach ausführlich entwickelt worden. Am Ende dieser Abtheilung wird das, was bisher nur von einer Seite und mühsam untersucht und vorgestellt werden konnte, von mehrern Seiten einem leichten Ueberblicke sich darstellen, dann erst, aber dann auch ohne Mühe, ist man im Stande, die erworbenen Theil-Erkenntnisse in in ein einziges wohlgeordnetes und mit einem Blicke übersehbares System zu vereinigen; dann braucht nirgends Dunkelheit und Unvollständigkeit übrig gelassen zu werden; dann wird selbst erhellen, daß es besser gewesen, wenn bey dem Bisherigen nicht bloß auf die Sache, sondern auch auf diejenigen, die sie untersuchen und kennen lernen sollten, Rücksicht genommen worden ist.

Druckfehler.

S. 23 Z. 15 lese man DAB statt DAC.
— 45 — 2 von unten streiche man: desgleichen AEC und CEB, aus.
— 59 — 5 lese man im 10ten und 12ten Satze, statt im 1[illegible]ten Satze.
— 72 lese man 55 statt 56
— 73 — 2 lese man DC für AC.
— 76 im Beweise des 35sten Satzes lese man 61 für 60, und im Beweise des 36sten [illegible] 1. 8, für 61.
— 79 im Beweise des 40sten Satzes lese man BE für AE.
— 91 — 11 lese man AD für AB.
— 96 — 8 und 11 lese man ACGF für ACFG.
— 131 — 13 lese man AE für AD.
— 139 — 12 setze man zwischen DE und DB ein Comma.
— 145 — 13 lese man I Dq für Fdq
— — 17 lese man KCq für KDq.
— 155 — 9 lese man 151 für 157.
— 201 — 16 lese man 17 für 12.
— 281 — 3 lese man BDA für BFA.
— 281 — 4 lese man AGC für AEC.

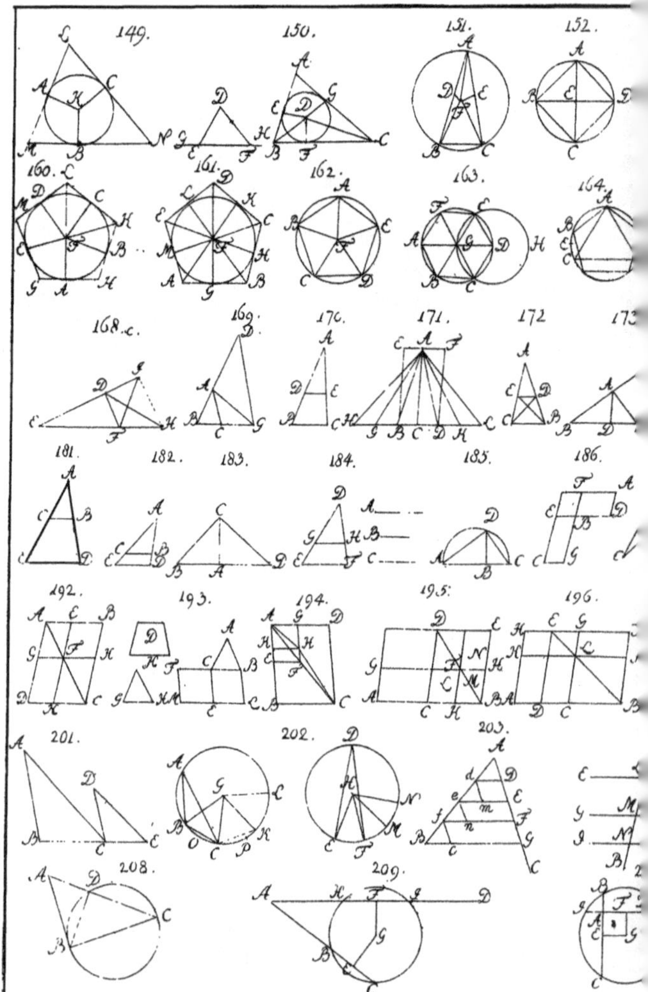
149.
150.
151.
152.
160.
161.
162.
163.
164.
168.c.
169.
170.
171.
172
181.
182.
183.
184.
185.
186.
192.
193.
194.
195.
196.
201.
202.
203.
208.
209.

III

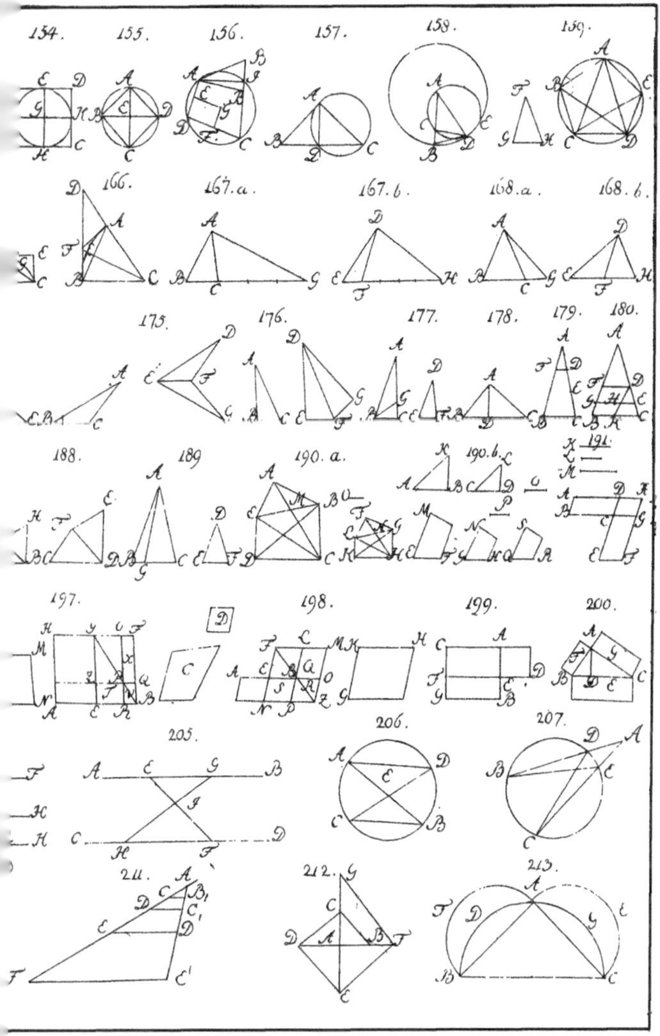
154.
155.
156.
157.
158.
159.
166.
167. a.
167. b.
168. a.
168. b.
175.
176.
177.
178.
179.
180.
188.
189
190. a.
190. b.
191.
197.
198.
199.
200.
205.
206.
207.
211.
212.
213.

MIX
Papier | Fördert gute Waldnutzung
FSC® C083411

Zeitfracht Medien GmbH
Ferdinand-Jühlke-Straße 7
99095 Erfurt, Deutschland
produktsicherheit@kolibri360.de